营造幸福人生的8堂必修课

——命运博弈秘籍

刘志伟　编著

金盾出版社

这是一本专门讲述怎样营造幸福人生的大众通俗读物。书中针对人生的普遍经历和需要面对的一系列重大挑战，就求学、求职、婚恋、教子、理财、创业、社交、养生等八个方面的安身立命原则和待人处世方法，以及必须注意的问题，作了精辟的分析与具体的指导，以帮助广大读者营造幸福美满的人生。本书内容充实，语言精练，面向大众，通俗易懂，针对性、指导性、实用性强，是一本非常值得一读的人生教科书。

图书在版编目(CIP)数据

营造幸福人生的 8 堂必修课：命运博弈秘籍/刘志伟编著. --北京 ：金盾出版社，2011. 6
ISBN 978-7-5082-6870-5

Ⅰ. ①营… Ⅱ. ①刘… Ⅲ. ①人生哲学—通俗读物 Ⅳ. ①B821-49

中国版本图书馆 CIP 数据核字(2011)第 028441 号

金盾出版社出版、总发行
北京太平路 5 号(地铁万寿路站往南)
邮政编码:100036 电话:68214039 83219215
传真:68276683 网址:www. jdcbs. cn
封面印刷:北京金盾印刷厂
正文印刷:北京万博诚印刷有限公司
装订:北京万博诚印刷有限公司
各地新华书店经销
开本:850×1168 1/32 印张:10.75 字数:230 千字
2011 年 6 月第 1 版第 1 次印刷
印数:1～8 000 册 定价:21.00 元

前言

幸福美满的生活，是人类共同的理想和追求。怎样营造幸福的人生，是当今人们最关心、最现实的一大课题。

可以说，人的一生，就是为了社会不断进步、国家不断发展而努力奉献的一生，同时也是为了个人及家庭的幸福而奋斗不息的一生，充满各种挑战的一生。历来如此，永远如此。

然而，幸福不会从天而降。古往今来，无数人的经验和教训告诉我们：幸福只能靠智慧与勤劳去获取。要想过上幸福的生活，创造美好的人生，就必须懂得并学会如何安身立命，怎样待人处世，尤其是在人生的各个重要阶段及关键时刻，面临一系列挑战时，掌握正确的原则和方法，给予科学的应对和处理。只有这样，才能在人生的旅途中，少受挫折，少走弯路，一路平安，一生幸福。否则，就很难避免失败而陷于痛苦与烦恼。而要做到这一点，其中有很多道理和方法需要我们去感悟、去学习，并在日常工作、生活中时时处处加以正确的运用，从而一步一步地营造出一个幸福美满的人生。这也正是我们编写这本书的动机与目的。

本书针对当今社会各界人士的普遍人生历程和需要面对的各种重大挑战，就求学、求职、婚恋、教子、理财、创业、社交、养生等八个方面的安身立命原则和待人处世方法，以及必须注意的各种问题，作了精辟的分析与具体的讲授，以指导帮助广大读者顺利地打开幸福之门，走上幸福之路。

本书内容翔实，观点精辟，面向大众，通俗易懂，具有很强的针对性、指导性和实用性，是一本非常值得认真一读的人生教科书。如果本书能对您的人生有所启示、有所教益，便是编者最大的欣慰。

编　者

第一章　获取知识的窍门

第二章　职场生存的妙招

第三章　美满婚姻的基石

第四章　望子成龙的良策

第五章　理财致富的技巧

第六章 投资创业的精髓

第七章　人际交往的秘诀

第八章　休闲养生的大法

第一章

获取知识的窍门

知识的问题是个科学的问题，来不得半点的虚伪和骄傲。决定地需要的倒是其反面——诚实和谦逊的态度。

第一节　成为卓越人才的途径

对学识的不知足，是成名立业的基础。

☺涉猎文化课之外的学科

求学的用途是娱乐、装饰和增长才识。在娱乐上，学问的主要用途是修身养性、健康长寿；在装饰上，学问的用途是文采飞扬，善于辞令；在增长才识上，学问的用途是对于事物的判断和处理。一个人必须先学习基础文化知识。不论你是否能够上大学，你必须学完中学课程。这样才有能力在你自己感兴趣的领域里继续学习以求发展。

世界上有许多从政或者经商的成功人士，并不是都受到过系统教育，但他们有一个共同点就是不断学习，而且他们都涉猎过许多学科，譬如：哲学、逻辑学、心理学、经济学、法律、管理学等。一个人只有在具备文化基础上，又具备上述许多门学科的常识，才能在事业上蓬勃发展，才能快乐富有地过一生。

在这里，笔者想简单地介绍上述六门学科的概要。目的是启发读者丰富大脑的思维范畴。详细内容可以研究各学科专著。

哲学就是世界观的学问。世界观就是人对于生活在整个世界的根本观点和看法。哲学的根本问题是思维和存在、精神和物质的关系问题。它阐述了事物、现象的普遍联系及其联系的复杂性，多样性。为人们认识世界改造世界提供了科学的方法。事物、现象的复杂性，多样性可以以一个人工作在群体中为例说明。

假如你工作的团体由十个人组成。其中有男、有女，有老、有少，有性格内向的，有性格外向的。这就具备了事物的多样性。当你与这十个人相处时，就要因对象不同，采取的语言、行为方式也不同。这就是事物的复杂性。只有具备了这些科学的方法，才能恰当地应付面对的问题。

事物的普遍联系性可以生产一种产品为例加以说明。一种产品是由材料、设备、加工技术三方面要素构成。当产品出现了质量不合格的问题，就要从这三方面因素中查找原因。这很有可能是一方面因素，也很有可能是多方面因素造成的产品质量不合格的问题，所以，就要仔细分析各个环节，找出根本原因才能解决问题。这就是事物的普遍联系性。

哲学中有一种关于事物矛盾的运动、发展、变化的一般规律的重要学说——辩证法。它是和形而上学相对立的世界观和方法论，认为事物处在不断运动、变化和发展之中，是由于事物内部的矛盾斗争所引起的。这一学说对于人们处理一切事物都具有重要的指导作用。

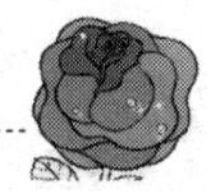

逻辑学包含着两大类，就是辩证逻辑和形式逻辑。汉语里“逻辑”一词有规律、规则理解之意。辩证逻辑是研究思维辩证法的科学，它要求人们必须把握、研究事物的总和，从事物本身矛盾的发展、运动、变化来观察它，把握它，只有这样，才能认识客观世界的本质。

对于形式逻辑，为什么称为形式逻辑？因为形式逻辑只研究思维的结构，而不研究思维的具体内容。它阐述了思维的基本规律以及一些认识客观现实的方法。

形式逻辑在实践中有两个方面的作用：一是有助于我们正确地认识客观世界，包括认识客观事物，了解他人的思想，揭露逻辑错误等；还有就是有助于我们准确地表达思想。

人们认识客观事物不能仅凭直接经验，直接经验很有用，但是局限性也很大，不够用。因此在认识客观事物时，必须会推论，必须会从已有的知识推论出新的认识。例如，居里夫人在从沥青矿里提炼出来铀以后，她发现提炼出铀以后的沥青仍有放射线放出。有放射线就有放射性元素，所以一定还有放射性元素。后来经反复实验，又发现了镭。居里夫人在这里就是凭借逻辑获得新收获的。

再举一个有助于清楚而准确地表达思想的例子：当你问一个新班的学生，谁是班长？一位同学回答说：“是那位男同学。”这个回答当然不清楚，因为班上男同学不止一位。又一位回答说：“是那个高个男同学。”这个回答也不准确。因为班上高个子男生也不止一位。又一位回答：“就是班上那位穿蓝色运动服，瘦高个子的男同学。”这样就清楚了。他提出了事物的所有属性，运用了表达思想的概念，判断、推理、论证的方法。

心理学是研究人的心理现象客观规律的科学。人的心理现象指认知、情感、意志等心理过程和能力、性格等心理特征。它的内容是：研究人在实践中通过认识活动所形成的意识的倾向性，以及它们在人身上所具有的个性特点。人们的社会存在决定他们的意识，人性中具有的优点和弱点决定了人们对事物的不同看法。

人性中常见的优点是：勤奋、毅力、博爱、自信、自尊、自强等。

人性中常见的弱点是：贪婪、虚荣、狡诈、自卑、自私、自负等。

只有你了解了这些人性中的优点和弱点之后，才能够把握好与人打交道的艺术，也才能够处事坦然，生活得游刃有余。

人与人在心理上有许多不同之处。原因是多方面的。譬如，性别差异，年龄不同，出身不同，社会经历不同，文化水平不同，经济条件不同，政治背景不同等。由于人与人存在着种种不同的生活环境，就造就了人与人不同的心理素质。不同心理素质的人对同一事物就会有不同的感知，不同的情感，不同的意志，不同的对待方式，所以，这就需要我们在人际交往中因人而异地采取适当的解决问题的方式方法，以避免矛盾的产生。

经济学是关于财富的性质和增长的科学，在日常生活中它指导我们如何谋生、如何快乐地生活。它阐述了如何利用和配置稀缺资源进行生产以及如何把社会产品分配给社会成员供他们消费的问题。经济学的作用在于人们生产什么、生产多少、怎样生产，为谁生产等提供决策指导，它还告诉我们市场组织和价格机制如何运作。对于我们个人生活中常遇到的问题，譬如：就业机会，工资高低，为什么一升汽油比一升水贵，以及通货膨胀对个人有什么影响等，都会有一定的参考价值。

提倡人人都学点经济学，并不是希望人人都成为职业的经济学家，也不是因为经济学告诉了我们致富的点金术，而是因为在现代社会中人人都应该像经济学家一样思考。像经济学家一样思考，就是要学会用经济学提供的方法、工具、概念和理论来分析现实问题，并作出正确的决策。

为什么提倡一个想成就事业的人必须学习法律，也包括一些地方法规，管理条例呢？原因有两个：一个是我们生活在人类社会

中，就得按照人类社会中的法律制约我们的活动，这样我们才可以不违法，以避免不懂法而误入歧途，锒铛入狱，遭受监禁之苦或失去性命。另一个是我们从事任何活动都离不开与人打交道。由于人性中存在着各式各样的弱点，就会导致人与人之间发生种种冲突。懂法既可以防止被人欺辱，又可以避免自己过失伤人，还可以利用法律手段保护自己。

另外还有重要的一点是：我们在从事一项事业中，可以根据法律条文中的一些"软性"条款制定我们的方针策略，这样既可以保障我们获得合理的利益，也不会触犯法律。

众所周知，凡是有许多人共同工作、生产及活动的地方，就存在着管理。无论是管理者还是被管理者，都是通过高效的管理来达成个人或团体目标的。因此，作为社会组织或团体中的每一位成员，管理学已经成为一门必修课。

法国著名的管理理论奠基人亨利·法约尔在《工业管理和一般管理》一书中，主要强调了管理理论的三个核心方面：

——从经营职能中独立出管理活动；

——强调教育的必要性；

——提出管理活动所需的五大职能和十四项原则。

法约尔将管理活动分为计划、组织、指挥、协调和控制五大管理职能，并进行了相应的分析和讨论，五项管理职能的任何一项都不能离开其他职能而单独存在，同时，当每一个计划目标实现时，便又开始新的管理目标并形成一个新的管理过程。

法约尔提出的 14 项管理原则是：劳动分工；权力与责任；纪律、统一指挥；统一领导；个人利益服从整体利益；人员报酬；集中；等级制度；秩序；公平；人员的稳定；首创精神；人员的团结。

这 14 项管理原则回答了"管理者实际上要做什么？他们工作希望达到什么目标？"的问题，这些原则与确保这些原则得以有效实践的管理者五大职能，是管理这门科学的普通的、基本的特征。

现代管理学越来越重视人在企业中的重要性。特别强调管理好企业的关键问题是做好人的管理，做到人尽其才，物尽其用。当然，管理学涉及许多学科的知识，我们这里只是简单地介绍一下它的概念，为的是使你头脑中建立管理学的意识，具体问题有待你日后工作中进一步研究。

管理学的内容主要包括下面九方面的内容：

1. 管理经济学——正确决策的工具；
2. 经营策略——竞争中制胜法宝；
3. 组织行为学——个人与企业利益的融合；
4. 市场营销——周密分析与理智判断；
5. 人力资源——为有源头活水来；
6. 财务管理——以钱生钱之道；
7. 生产与作业管理——效率分析实战；
8. 管理沟通——技术加艺术的学问；
9. 管理控制——把握企业航向的技术。

现代管理大师彼得·德鲁克提出了管理者需要承担的五项基本责任：确定目标、进行组织、激励和沟通、进行衡量以及培养人才(包括管理者自己)。他还强调管理是一种实践，其本质不在于“知”而在于“行”。其验证不在于逻辑而在于成果。其惟一权威就是成就。

☺做自己命运的建筑师

也许你不止一次地问过自己：“如果动员我的全部力量、全部潜力，我能成为什么样的人呢?”可以毫不夸张地说，谁也不知道自己潜能的界线。被称为第四心理学的超人心理学认为，人的内部蕴藏着一种有待释放的神性火花——与生俱来的从心灵感应能力到预知能力。在人生追求方面，如果你能够把眼光更多地投射到社会前进和历史发展的车轮上，渴望在大变革时期能充分展示自

我的力量和才华，能释放自身内蕴的光和热，就要在体力、心理和脑力的最大承受范围内开发自己的潜能，努力实现通常需要支付巨大精力和才能的目标。具体做法有以下几个步骤：

1. 自我发现

科学研究表明，人的创造潜力是非常巨大的，你只需激发并加以合理引导，即使普通人也能创造出巨大的奇迹。一个人的自我发现可以从直觉、梦、睡眠、潜意识、思维等方面入手。

直觉——沉睡的天才。我们常常在决策前，听到来自内心深处一个微弱的声音，这声音提示说："这么办！""再等一等！"这就是被称为"第六感官"的直觉。它是独立于理智和逻辑之外的一种心理功能，是人们对事物的一种瞬间的理解。

梦——心灵深处的精灵。梦专家发现，大凡在第一、第二次有梦睡眠中的梦，以重演白天的经历为主；第三、第四次有梦睡眠中的梦，多半是把往年和儿时的体验和情景搬出来；第五次有梦睡眠持续时间最长，往往是近事搅和着往事，充满了隐喻和象征。而且，在多数情况下，梦反映人们隐秘的生活和内心深处的冲突——关于自由和安全，爱与恨，是与非，生与死，成功与失败，希望与恐惧等。照这样看来，只要了解我们做了些什么梦，就能更清楚地了解我们自己——那隐秘的、深层的自我。

睡眠——待开发的宝库。由于在睡眠或半睡眠的状态下，大脑皮质的活动全部被抑制（注意力集中点除外），皮质部分（意识的脑子）和皮质下面的部分（潜在意识的脑子）之间的栅栏（控制机能）被撤除了，平常不出来的潜在意识的内容就浮出来了。这样就把想不出的过去的记忆引出来，提高了想象能力，使自由奔放的事物组合和影像形成有了可能。

潜意识——有限智慧与无限智慧的媒介。潜意识，按照精神分析专家弗洛伊德的解释是遭受压抑而被排斥于意识领域之外、意识所不能涉及的领域。有的人把潜意识比作"已经没有火的火炉子”。意思是说先前给它加过热，以后虽然没有了火种，却仍然在为人们烧水做饭。科学史上曾有过不少这样的记载：德国数学家高斯是在自己也说不清楚的一瞬间，解开了求证数年而未解决的数学之谜；达尔文是在马车里，突然冒出了解决个性变异问题的答案。

潜意识对于创造性成果具有极大的决定力量，它可以为你所希望的计划、欲望和目标获得达到目的的途径和方法，并能够自动地把人的欲望转化为现实。

思维——亟待探索的人脑“百慕大之谜”。人类的思维活动具有能动的转化性，是客体、主体和实践基础的认识活动这三个环节中任何一个环节的变化，都会引起概念的变化，或者方向性变化，或者层次性变化，或者程度性变化，从而达到概念的完善化、深刻化，尽可能地与客观实践相符合。

2. 自我认识

青年人所进行的活动和实践必须首先从正视和分析此时此地的我开始。俗话说：“自知者智，自胜者强。”一个人只有把活动的目标建立在与自己的才能相适应的基础上，才有取得成功的希望与可能。

正确认识自己可从以下十二个方面着手：

(1)认识自己的素质类型。这是指一个人先天所具备的生理器官的形态结构。例如高矮、胖瘦、强弱、灵敏、笨拙以及感觉器官的发展程度等。这些生理形态结构决定了一个人适合从事什么工作。

(2)认识自己的能力类型。这是指一个人能顺利完成某一种或几种类型工作所必需的内在条件。能力按其适应性，可以分为智力、专门能力和创造力三类。

(3)认识自己的气质类型。这是指一个人的典型的稳定的心理特点的综合，它的表现往往不以实践活动的目的、内容及实践者

的动机为转移，具有显著的独特的个人色彩。

(4)认识自己的高级神经活动类型。这是指一个人的神经活动是属于思维型、艺术型还是中间型。思维型长于运用概念，爱好抽象思维和理性分析；艺术型长于对事物的直接感觉和印象，爱好形象的记忆和描绘，感情丰富外观；中间型的特点是常常把逻辑思维和形象思维结合起来，如果发展和利用得较好就可能成为多面手。

(5)认识自己的性格类型。这是指一个人在对现实和行为方式中经常表现出来的稳定但又可变的倾向，是具有社会评价意义的心理特点。性格的分法有多种，诸如理智型、情绪型、意志型、外倾型、内向型以及顺从型、独立型等。

(6)认识自己的兴趣类型。这是指一个人的个性心理特征的差异。诸如持续型、波动型、专一型与分散型等。一个人只有认识自己的兴趣类型，才能较好地发挥兴趣的动力作用和支持作用。

(7)认识自己的意志类型。意志是按照既定目的，克服种种困难，以调节内外活动的一种意向活动。意志的主要类型有坚强型、懦弱型、朝气型、暮气型、制他型与他导型六种。

(8)认识自己的情感类型。情感是人的心理的波动状态，是人对于客观事物是否符合人的需要的一种反应。情感的主要类型有兴奋型、稳定型、热情型、冷淡型、外倾型和内倾型六种。

(9)认识自己的健康状态。健康的身体是你最重要的资本，没有它，你的其他资本几乎都变成与你不相干的了。我想聪明的人不会用财富换取自己的健康吧！

(10)认识自己的家庭。家庭的潜移默化是产生兴趣、干好一项事业的前提，而往后的成才过程则是自觉地去发掘和寻找社会环境中信息源的过程。

(11)认识自己的朋友。交朋结友是一种双向性的感情、信息传导系统。俗话说："近朱者赤，近墨者黑。"多交正直、多识、友善

之友，不仅有使人心情上的平和与理智上的扶助的功效，而且对一个人的各种行为、各种需要都有所帮助。

(12)认识自己的出身和经历。社会环境是人才成长的土壤，发掘和利用自己出身和经历的地域因素中的有利条件，对人才成长有着极大的促进作用。

3. 自我设计

敢于设计自我，是现代人处世的新观念之一。美国著名职业选择指导专家戴维·坎贝尔博士说过："最坏的生活可能是没有选择的生活，对新事物没有任何希望的生活，走向死胡同的生活，相反，最愉快的生活是具有最多机会的生活。"人生的真正起点是主动选择。自我设计是科学地安排人生，充分发挥聪明才智，使人生更有意义，更有价值的主观行动。

自我设计有以下几方面的策略：

——根据社会需要的基本设计。人是社会中的人，人的成长与一定的历史条件和社会时代是密切联系的。因此，一个人应该在社会需要中寻找你的最佳位置，在社会需要中寻求终身的职业或事业。

——把握好时机的发展设计。看准时机，学会审时度势，是不断发展自己，以求取得更大成就的关键。一般采取的设计形式有：纵向深化发展设计；横向拓宽发展设计；斜向分支发展设计；职内标准发展设计；不定标发展设计等。

——拓宽成才天地的调整设计。由于各种因素随着时间的推移而发生很大变化，很可能原来的优势变为劣势，也可能在另一方面出现新的优势，所以，必须对自己的目标进行适当调整，根据自己的条件和智力特点，适当调整自己的专业方向，有时能使自己进入一个新的境界。

4. 自我实践

幸运、才华、献身精神对造就一个杰出的成功者固然重要，然

而你是否意识到当你追求成功时，将大脑和神经系统构成一种奇特而又复杂的“成功机制”更重要。控制论科学上的新发现导致一个结论，人的大脑与神经系统构成一套供你使用的伺服机制。如果你内心有一个目标，如果你具有实现它的强烈愿望，你的内在伺服机制便作为一种“导向系统”，自动引导你沿着正确方向达到既定目标。

因此，一个人在通过自我发现开发了自己的潜能、进行了自我设计之后，重要的是进行自我实践，具体方法是：

——运用你的奇特的目标追求机制。不要怕提出自己达不到的目标，也不要为达到目标而过于着急。假如你有一个难题经过努力思索仍无结果的时候，最好命令自己的工作转入潜在状态，过一段时间后，当你有意识地再回到这个题目时，就会发现问题迎刃而解了。

——积极发挥“自我暗示”的作用。暗示是人类一种特有而又普通的心理现象，它是用含蓄、间接的方法对人的心理状态产生迅速影响的过程。积极的暗示具有镇定、集中、提醒等作用，它可以发挥一个人的潜在能力，从而取得成功。

——建立“人皆可成为天才”的自信心。每一个人诞生到世上来，都是独一无二的个体，他的使命便是了解他在这个世界上具有独一无二的特性，实现他不可替代的、永不重复的潜能。正是在这个意义上可以得出结论：只要勇于承认自身拥有“超级矿藏”，并信心十足地、持之以恒地着力开发，每个人都可以有意识地使自己独树一帜，脱颖而出。

——做一个最好的你。这虽是一个新奇的念头，但却是人生追求卓越的诀窍，意思是说用自己的长处为社会建树功绩，尽管不能做世界之最，但起码应做自己之最。根据自己的条件，找准自己人生的定位，充分发挥大自然赋予你的一切，是你成为最好的你的关键。

5. 自我管理

人的自我发现、自我认识、自我设计以及自我实践都需要自我管理,人应该成为自己命运的建筑师。人的一切美好梦想的实现,皆在管理自我的磨砺之中,包括习惯管理、时间管理、行为管理、人际关系管理、自我身心管理等。力争做到能够自觉、严格、科学、坚持不懈的自我管理,能够遇逆境而不折,处顺境而不惰,终生进取。

第二节 获取知识的技巧之——高效阅读

学校不过如同一座"镀金炉"。社会确实如同一块"试金石"。你镀的金越薄,就越抵不住试验。

☺快速泛读、详读四步法

1. 高效阅读。我们必须学会选择性阅读！选择那些最适合自己、最有价值的书来阅读。阅读不博就不能全,往往得出片面狭窄的结论,而阅读不专就不能得到该学科领域的精华而达到顶峰。有的书只粗略地看一看目录、内容提要或者看每章节开头的第一、第二段。因为许多书的旨意都在开头阐述。或者只看书中举例说明论点的段落。有些书必须仔细地看,逐字逐句地详读,并且边看边用笔画出重点。有的书的内容我们比较熟悉,就只挑我们不熟悉的章节看。对于我们比较生疏的书,不要盲从,而应权衡轻重,去粗取精,以审清事理为目的。

2. 快速阅读。书籍浩如烟海,信息日新月异。我们必须学会快速阅读,具体做法有:

(1)找好最适合你的阅读引导器,如铅笔。将笔头一端放在需阅读行的下面,并连续做移动,移动的一端应当随视线,并随着大

脑吸收的信息情况，自然运动，勿疾勿缓。

(2)沿着书页的中部往下看，这里强调的是书页中间部分往下看，而不是沿着中间直线往下看。只要把笔头放在书页中间做整行移动就可以了。这样使你的眼睛的工作量最小化，使注意力集中，从而轻松、高效、快速，以每分钟达到1000字为宜。

详读四步法。

第一步，从标题入手提问将标题转为问题。如，“时间就是金钱”可转为“为什么说时间就是金钱。”

第二步，真正细读，把意思抓准。利用圈点画线，在书页空白处写眉批，联系上下文把实质内容找出来。

第三步，积极独立思考。不求甚解在传统学习里被视为大忌。精读性内容需积极地思考列设问句，深入求解。

第四步，总结全书，根本原则是把一本书的内容在阅读过程中，因为思考设问，也因为写心得评论，加上问题论解，从而扩大了书的内容，使原来的一本书变“厚”了。而进步就是把握要点，掌握核心内容，读懂了，理解了，记笔记了，这本书在我们的大脑中的概念就变得“薄”了。从而使我们紧紧地抓住了本书的核心内容，才便于记忆与学习。

☺传统阅读的六大弊端

(1)阅读时发音影响了阅读速度。

(2)眼睛移动频率高影响了阅读质量。

(3)缺乏灵活性影响对整体内容的把握。

(4)目光视野小影响了阅读信息接收面。

(5)重复阅读影响了阅读的效率。

(6)缺乏专注影响了阅读的创造性。

☺提高阅读效率的六大因素

(1)选好位置,最好靠窗户。

(2)光线照明要平衡。光源位于左上方,对着写字手方向射入,避免炫目的光与阴影。

(3)资料放在随手可及的地方,是心理帮助。

(4)选自己喜欢的姿势,但不要太舒适了以免睡着。

(5)桌子高度应比椅子坐势高20厘米。

(6)眼与书的距离一般为50~60厘米。

第三节 获取知识的技巧之二——高效听讲

读书时,不可有己见;读书后,不可失己见。

☺听讲的四个技巧

现代学习学与教育学研究表明,大多数人特别是中学生,仅有20%的人能科学正确地听讲。所以接受科学、系统、权威的听讲、学习与训练是绝对必要的。

听讲的第一技巧是带着问题听。要知道老师在本书课中要讲的主要内容是什么,重要内容是什么,难点是什么。

听讲的第二个技巧是在明确并知道上述问题的基础上,通过自查工具书,或向老师请教或与同学讨论等方法解决不懂的内容。

听讲的第三个技巧是正确把握听讲过程中的三个时间阶段:

(1)开始时的10分钟,学生应根据上一节课学到的内容调整注意力与状态,轻松地跟随老师讲解的新内容,注意哪些内容可能会跟下面的主重点、疑难点有密切关联,从容地进入下一时段的高

潮阶段。

(2)本段时间约30分钟。老师将从知识的提纲难“点”开始，从点到线到面地阐述与讲解本课的主要、重要、疑难内容，并将结合例题把知识的具体运用、演示在具体的题目上。这时，学生们应当以最佳状态，让思维敏捷地触类旁通，对前后知识的联系充分体会，并特别注意听疑难之处。在听例题时，要注意积极地思考寻找自己的方法与答案，养成独立思考的习惯。抓关键词做笔记，提纲挈领一目了然。

(3)结束时的约10分钟。同学们应放松情绪，总结全部内容，对所有知识进行整理，进一步体会知识在具体内容上的运用技巧。

听讲的第四个技巧：学会“用眼睛倾听”。“用眼睛倾听”是超高效听讲的一大创造。它拓展了常规意义上的“耳朵听”，把单一地接受讲话者的声音传达信息拓宽为用眼睛观摩对方的五官表情、身体姿态等无声言语，从而快速准确地理解与把握信息。

“用眼睛倾听”应注意三个方面的特点：

(1)观察面部表情。讲话者面部五官所流露出的情绪会结合语言内容，辅助表现讲话者的意思。大脑研究结果表明：大脑左半球控制言语与智力活动，而右半球控制情绪、想象与感觉活动。所以脸的左半部分总是能较为真实地告诉我们讲话者的真实情感。我们可以根据对方的面部表情特征判断听讲内容的真实情况，从而调整我们处理知识与信息的态度、方式及反应。

(2)留心听对方的语言语调。凡是要讲授的知识重点，或极为简洁而有条理地概述纲领性的知识结构时，老师往往用较重的语调强调。而当知识由点及面地铺开时，声音就会变得平缓而较为理性。这时，我们应调动自己的听课情绪，不放松注意力，捕捉把握老师的思路与讲解目的，明确这一阶段的主要点及疑难的解释。

(3)看姿态的身体语言。每当老师讲到重点时，他们总是习惯

于重重地点一下头或拿粉笔敲黑板或讲桌。讲到精彩的地方时，他们会眉飞色舞，当你的回答不太正确时，他们会轻轻地摇头或挥挥手。总之，我们应当准确地领会老师或同学的意思，根据他们的身体语言判断对方的反应，要全身心地调动眼与手来共同完成高效的听讲。

☺听讲中应克服的八个坏习惯

(1)对较为枯燥的内容不愿意听，这时应想想父母挣钱让自己上学多么不容易。

(2)不愿意听不喜欢的老师讲课，这时应想想听课是听知识而不是“听”老师。

(3)对引起哄堂不笑的课堂内容，要及时收回思维，应理智地明白，事例是对原理等的论证及说明，在“热闹”中寻找知识的“门道”。

(4)不要揪住某个不懂的知识点不放，陷入沉思以致影响下面的内容。要抓住一堂课中完整的知识框架。

(5)记笔记的方式太拘谨。这时，我们应当以听为主，以记核心为主，形式灵活多变，形式为内容服务。

(6)日常生活中的情绪波动进入听课中。这时应时时记住：自己是学生，应先注意听讲，有任何与课堂无关的问题都应在课后解决。

(7)上课走神，想别的事情。这时你要强迫自己在纸上随老师讲课的内容写出来，果断迅速地拉回思路。

(8)自认为听讲不如自学，三心二意。此时你应明白，老师讲课是多年教学经验的传讲，切不可忽视，很多东西是自学不到的，况且你完全可以把你认为已知的内容借听讲的机会进行复习。

第四节　获取知识的技巧之三——高效解题

读书少的人对环境不满，读书多的人对自己不满，这正是一个人能否成为栋梁之才的分水岭。

☺解题四步法

解题在整个学习流程中是知识掌握与应用的必备环节。不论文科或是理科，首先要熟练掌握基础知识，其次才是通过一些基本技能的训练达到高效解题。解题最重要的是要达到举一反三的效果。解题关键是寻找分析各类题的共同规律、特征及内外部心理环境因素等，来达到快速准确的目的。所有的题目都可以分成两大类：一类是推理性极强的专业题。如数理化的习题，一般都包含着严谨的逻辑结构，需要极为严密的推理活动。在题型上偏向于问答、解析和求证题；另一类是非严格论证的题，如文史类题目，没有严谨的逻辑关系，也不一定要严格论证。在题型上偏向于填空、选择和简答题。无论解哪一类型的题目，有四个步骤是必备的。那就是：第一步认真审题；第二步思考解题途径；第三步认真解答；第四步认真检验。

第一步：认真审题

每一个命题都在给出时已具备已知因素、条件、未知项等几个信息。而审题就是要求我们读懂每个符号，每句话，前言后语的各种关系，不得遗漏疏忽。对于一些带有过程、现象、空间、事件的描述性文字的题目，应在头脑中形成图像，尤其是立体几何和理化类题目。审题过程中还要把题目中未知条件明确出来，审读主观性题目要求有极强的阅读理解能力及保持对问题的高度敏感性，切

勿粗枝大叶。

第二步:思考解题途径

这一步就是充分调动自己掌握的已有知识,分析已知条件和未知条件的内在联系,找出解题的基本途径来。其中最关键的就是抓住题目中的关键问题和解题点,从各个角度来分析问题。对于近似于规律性的题目,只需依照其规律进行就可以了。对于复杂难懂的题目,采取逆向思维常常能使我们在"山穷水尽疑无路"时突发奇想,从而达到"柳暗花明又一村"的效果。逆向思维就是从未知出发倒退而行,通过"解决此问题需要怎样,再怎样"的追问,然后再从已知出发,突破难点。

第三步:认真作答

解答的过程中要在平时训练及考试中都注意培养自己解答的规范化。解推理性强的专业题时要做到:正确写清所运用到的公式、定理、定律和如何运用它们分析题目的情况;注意写清有关数学运算的字母与文字表述的关系,再代入数值运算所得出的结论,并注意带单位的数值要写清单位。运算能力的基础训练,要求准确快速。平时要注意训练简单的计算能直接写出结果而不用细算的能力,切莫养成在草纸上先算出再抄上试卷的习惯。要善于合理地运用猜测预值调查整个解题脉络的能力。大胆地假设,灵活地思考,再小心求证。对于主观性题目解答要主线明确,结构严谨,脉络清晰,恰当使用连接词。注意全文的起承转合对各种逻辑关系的表述。严格使用所学学科的术语和专有名词。

第四步:检验

考试中最重要的检验工作是核算答案,以确保得分的完整。验算方法可以是从头到尾再算一遍,也可以从答案反推,还可以运用一些快速直观的方法。

第五节　获取知识的技巧之四——高效复习

学校只能够造就名义上的人才。真正的人才，全是靠自己肯用心，肯吃苦，肯耐烦，肯为人所不能为，所造就起来的。

☺四轮复习法

复习在学习的整体中具有极其重要的意义。它是巩固知识达到掌握与熟练运用的重要手段，是整个学习程序中的核心环节。复习是把知识进行长久性记忆，并深入理解，进而能判断、分析、归纳、综合运用的过程，让各学科的知识体系结构完善，切实地达到融会贯通。所以，我们一定要把复习定位于整个学习过程中的战略性地位。把所有的方法与技巧都利用起来，整体地、系统地、多角度地、多形式地进行复习。

国内专家学者们研究发现：整体系统的复习必须经过四轮。它的根本原因在于它符合人的思维规律与记忆理解的心理规律。是现代教育学、心理学与脑科学研究的重大成果。世界是物质的，任何物质都有三个变量：空间、时间与数量。空间是东、南、西、北四面八方。时间有春、夏、秋、冬四个季节，而数量有计量空间的四面和分时间的四季。四轮系统复习的“四”这个数字是客观存在思维规律的数字计量。

现分述如下：

第一轮：根据教学大纲与考试大纲的要求，构建各学科的知识体系结构，以课本为本，以大纲为纲，以笔记、资料为辅助，从而全方位地铺开复习。重点是求全面，打粗略的知识框架基础。

第二轮:在第一轮基础上,明确全科中的重点与难点内容,并针对重点、难点深入理解,从深度与精度上分纵向、横向地细细梳理,从而达到彻底掌握知识与训练思维的目的。实际是弃轻就重,抛粗取精,力抓重点,突破难点的阶段,根据对知识掌握的水平来取舍速度和分配时间。

第三轮:在前两轮的基础上,根据理解掌握的程度,有点、有线有面地做题,巩固知识,查漏补缺,达到解题能力的提高。注意不要忽视量的训练与速度的突破。第三轮复习解题能力训练是多角度的,特别是一些知识跨度相当大的一些题目,多方面地一题多解,从各个角度推理或论证那些具备相当典型的题目,学会打破前两轮逐章逐节复习的套路,专题训练综合归纳,调度驾驭知识的能力。

第四轮:是对前三轮复习总结性工作。构建出明确的知识框架体系,针对缺漏的知识点进行突击,一个知识点相应的横线、纵线以及由此而及的知识都要完整地提取出来。主要做好以下三大内容:

1. 利用复习笔记进行以点带面的最后复习。
2. 做三至五套全卷式仿真题目的模拟试卷。
3. 做好考试前的各项准备工作,保证现场真正的发挥。

第六节　获得知识的技巧之五——学习方法

求学好比逛风景。须自己时刻、步步地留心观察,才能得到真正的知识和阅历。

☺智力因素+非智力因素=成功

学会学习对于一个人适应未来的社会的确至关重要。

一个人学习的好与坏取决于两种因素:一种是健全的大脑,即所谓的智力因素;另一种是性格和体质,即所谓的非智力因素。智力因素体现在一个人对知识的接收和理解能力,以及对事物的判断和处理能力上;非智力因素体现在一个人求知、做事的效果上,是由一个人的性格和体力表现出来的。

生活的经验和事实表明,那些在事业上获得重要成功的人除了知识以外,总是还具备一种生存的技能,如善于讲话,善于转移和改变他人的思想,善于推销自己和出售自己的意见,同时还必须指出的是——他们都具有令人羡慕不已的高级心态。

这里我们主要谈谈如何发挥个人的智力因素,制定良好学习方法的问题。俗话说:良好的开端是成功的一半。因此,我们建议制定如下学习措施:

一、根据自己的学习类型来安排学习

学习类型是以下几个因素的综合:

1. 你怎样最容易发觉信息——你是通过看、听、运动还是触摸学习得最好。

2. 你是如何组织和加工信息的——主要是左脑还是右脑;是"分析的"还是"综合的"。在感觉中运用"综合",表明你是一个"粗略"的人而不是一个系统的思考者。

左脑能力强的人以逻辑或线性顺序的方式吸收信息;右脑能力强的人通常喜欢先吸收大的整体的描述,如果你能把大脑两半的力量联结起来,并把它们与"七种智力中心"联结起来,你就能更有效地吸收和加工信息。

3. 帮助你吸收和储存信息的条件中什么条件是必需的——情感的、社会的、物质的以及环境的。

4. 你是如何修正信息的——它也许与你吸收和储存信息的方式完全不同。

我们强调学习类型没有好坏之分，它们只是不同而已。每一种类型都可以它自己的方式而成为有效的。

二、发挥自己的强项并使用多方面的智力

根据哈佛大学的教育学教授霍华德·加德纳多方面的研究成果证明，每一个人至少有七种不同的“智力中心”：

1. 语言的智力，即读好或写好的能力；
2. 逻辑数学的智力，即推理、计算和处理逻辑思维的能力；
3. 视觉空间的智力，即绘画、摄影以及雕刻的能力；
4. 身体动觉的智力，即运用四肢和躯干的能力；
5. 音乐的智力，即作曲、唱歌以及演奏乐曲的能力；
6. 人际交往的智力，即与别人相处的能力；
7. 进入内心的智力，即进入一个人的内在情感的能力。

三、开发最有效的智力因素

自觉培养自己的记忆力，观察力，分析力，理解力，想象力，预见力，创造力。

四、展开最有效的时间运筹

把握现在，优化事序，统计反馈，持续效应，形成习惯，效率至上，积极休息。

五、进行最有效的群体合作

掌握并运用共生、整体、互补、互激、锻打、活化、接力、保护等效应的作用。既能营造学习气氛，又能够缓解饱和心态。

六、拜请最合适的名师指导

寻找导师及时指导，养成不懂就问的治学学风。

七、运作步骤：

1. 选择适应自己个性的时间、地点学习。
2. 将所记忆的内容进行分类整理。

3. 设立特定的目标并限定期限。

4. 多问勤思，找出重要原则。

5. 用图像和声音强化学习。

6. 通过做来学习，尽情娱乐，敢于梦想。

☺学习三十六计

第一计：预习

预习是学习中最重要的一种学习习惯。这能够使你在听课的时候有目的性，而且会让你获得一种心理上的优势。

预习时先找出自己认为是难点、重点的地方，先以章节为单位了解大概内容。对每章节内的插图、标题或解说，以及每页的注脚都不要疏漏。在预习过程中应该把精力投入在对知识的思考上而不是对书上知识的浏览、记忆上。这本身就是提高自己分析能力的过程。

对于文科，预习时要注意理解，搞清楚问题的实质，在那些不懂的地方做好记号，以便上课时有重点地听讲。

对于理科，预习时要自己动笔亲自算。先不要看书上的解题过程，实在想不出来时，再看书上的标准答案，然后仔细体会解题技巧。一般情况，理科教材在编制时的重点、难点比较突出，适合浏览预习，用在每科的预习的时间十几分钟就足够了。

预习给你带来的直接好处是增加了学习的兴趣，提高了听课的效率，同时减轻了学习的负担。

第二计：听课

听课是学习的最有效途径，而会听课更重要。

听课时，最关键的就是能时刻跟上老师的进度，积极思考。需要记录的及时记录，需要验算的当堂验算，遇到自己不懂的，做出特殊标记，留待课下请教。

一堂课的前几分钟和最后几分钟是最重要的。老师授课是有

明确的目的和策略的，通常一堂课的内容提炼出来很可能就聚焦在一两个关键点上，以它们为核心进行扩散性思考。因此，你要多问几个为什么。这样，你可以弥补知识上的漏洞，而且能更深入理解这个知识点与其他知识点之间的联系和区别。

不同的学科要有不同的“听法”。如果是理科课程，对概念、理论一定要认真听，要注意老师讲解的顺序是怎样的，要在老师解题之前，先想想解题思路，看老师的方法与你的方法有什么不同，谁的更好。

如果是文科课程，要注意听清哪些是观点，哪些是事例，哪些是用观点解释课程要点，哪些是背景、过程、意义和作用等。

总之，听课就是要有重点、有缓急、有针对，精力集中，爱听才会赢。

第三计：做笔记

做笔记是门很少有人研究的学问。有的人上课时记得并不多，但很有效。有的人上课时记得很多，看笔记如同看书本，不仅效果差，甚至会影响听课效果。所以说学会有效地做笔记是很重要的。

首先，笔记应建立在预习的基础上，对所学内容有大致了解后才可能做到有的放矢的记录。记笔记时尽量简略，有的内容只记在书上就行了。只有自己觉得很重要，老师反复强调的内容才记。

其次，笔记要“对症下药”。上课时，不要一个劲地记老师在黑板上写的内容，而是集中精力听老师的思路，揣摩他的分析、论证过程。把他讲的关键性的词语记下来，把他的分析过程简要地勾画出来。对比较复杂的内容，用自己能够理解的话记录下来。当老师讲到书上没有的补充内容时，更要集中精力去记。

再次，注意摆布好听课与记笔记的关系。上课时，要先听懂老师对问题的分析思路，切不可只是一味地记，而忘记了去思考和理解。但是，如果有一个问题很难懂，已经没时间再让你思考，你不

妨先记下来，下课时再弄懂。

笔记的大部分应该是自己在听课时的思考和老师教的一些分析问题的方法，只有一小部分是老师讲的重点和难点。这样就可以同时得到自己和老师的方法，进行对比有助于掌握该学科的知识结构。

第四计：复习

复习的方法有很多，效果也会因人而异。关键是形成一个适合自己情况的复习方法，坚持下去使之成为自己的一种学习习惯。

复习最好是在学习了一个相对独立的知识段落之后再进行，这样可以使你对知识有一个整体上的把握。在复习时重点放在看自己不会的东西，不要死记硬背所有的知识，而是抓住各知识点的实质，以及与各章内容，各种方法的本质联系，把要记的东西缩小到最低程度，努力使自己理解所学知识，从横向和纵向上去抓住问题之间的关联，而且尽量用自己的语言、自己的理解还原知识本身。

复习时应把握好两点：时间和频率。

第一点是时间。当天学的东西当天就复习，一方面，通过看书、看笔记来回忆老师讲课的重点；另一方面通过做相应的练习题来巩固强化。

第二点是频率。新学的东西，当天要复习，过三天还要复习一遍，到周末则把本周所学的再整体复习一遍。

除此之外，还要进行"循环复习法"。即目录—内容—联想—目录。把章节的知识脉络理清，在头脑中形成一定的知识框架，以求细致理解每一个知识要素，并联想书上的知识点，做到再翻目录就能在头脑中再现知识点的程度。

第五计：做作业

作业是巩固课堂教学效果最主要的教学手段。如果你懂得老师留的作业都是掌握知识的一些关键点的话，你就会十分重视做家庭作业。

做作业时尽量不依赖书本，而是把作业想象成考试，认真、独立地完成。对各科的作业，要合理分配时间、精力，尽量兼顾。在自己较弱的科目上，多花点时间。如果某科作业太多，分成两部分做，中间插做别的科目，可起到调节的作用。

做作业时，要把以前的知识进行广泛的联系，对作业中的问题抓住紧紧不放。作业中有了错不能先看答案，要把错误用专门的本子记下来，分析问题出在什么地方，最终追溯到某个知识点的欠缺上，并把正确的思维过程和注意事项进行详细的标注。然后再做这道题，最后看答案。

做理科作业的四个步骤：

一、认真审题。分解成各个部分，切勿看错。

二、寻找解题途径。一题多想，探索解题的各种可能性，从中选择最优解法。

三、正确解题。书写规范化，格式明了。

四、注意检查，看看是否题目要求的解都求了出来。

总之，只要你能把老师布置的题目全部弄懂，同时一定要转化为自己的东西，那么你一定会得到好成绩。

第六计：自习

自习对学生来说是个不容易把握的学习过程，许多人最大的问题是除了完成老师布置的作业，就不知道自己还可以做些什么。要想做一个优秀的学生一定要有一套自习的方法。

一个人要想取得较高的分数，就不要只满足于掌握课堂上的那点知识，还应该注意在更大的范围内自习。课外的书籍往往生动易学，内容广泛，通过对它们的阅读可以拓展自己的视野，打开思路。

自习时段分为在校的自习和在家的自习。在校的时间，要把难点和问题及时请教老师和同学，而把那些比较容易的作业留到

回家之后再做。在家自习时要用整块的时间集中精力扩大各学科的知识面,从而对各学科的书本知识有了更深的理解。

自习时一定要讲究效率,不要利用零散时间自习,以避免头脑凌乱不堪,仅让知识停留在浅层次,无法形成一个有序的脉络。

第七计:归纳

当你对一门学科或一个章节有了全面的掌握,而且具备了对知识的一定运用能力之后,才能够对知识进行归纳。否则,就不要急于去归纳知识,以避免盲目地得出一些错误的或是片面的总结。

在课堂上或读书过程中,应该随时进行归纳,这主要是为了抓住重点进行总结,对课后复习很有好处。

对于数、理、化学科要按章节,归纳定义定理;按题型,归纳此类题目的解题方法;还按照"某个定理可以证明哪些问题"或者是"一类问题可以用哪几个定理证明"来归纳;还可以按照自己经常错的题目类型来归纳。

对于语文,主要是归纳诗词名句、成语俗语、文言实词、虚词、病句类型、作文写法等。

政治、历史、地理等学科要按照史实的发展、朝代的变迁、地理位置的重要性等所有有联系的知识进行归纳。

在英语学习中,要对遇到的一些特殊问题进行总结。比如:名词单数变复数时,一般加 s,有的则是不规则变化。又如:有的动词接不定式,作宾补时要省略 to。这都应该专门准备一页分别记下。

一个好的学者必定会从很多纷繁复杂的现象中发现规律,从许多问题中归纳出一些心得体会,并把许多知识加以总结,便于记忆。

第八计:读书

书大体分为四类:描述类、叙述类、论述类和分析类。

描述类书籍包括小说、诗歌和散文集等文学作品。读这类书

时主要是去感受作者的感受和文中的情与景。所以要细细品读。

叙述类书籍包括史书、纪实性文学等。读这类书时，主要是了解书中所记载的一系列人物、事件的相互关系。因果关系和时间关系等。所以要把整本书串读。

论述类书籍包括政治类。读这类书主要是了解书本身所阐述的观点。可以先读结论，再去有目的地读一些论据。这样可以提高阅读效率。

分析类书籍包括数、理、化、生物、地理等。读这类书主要是理解和接受科学知识的内容，通常围绕某一核心去读，思路清晰，收效甚高。

读书时，要先读前言，掌握书的重点和整体脉络，了解自己将从书中获得什么。读书不在于多，而在于看书的过程中能举一反三，触类旁通。不管是读课本还是看参考书或习题集，都要有意识地加以总结，边读边思考，发现不同现象表层的差异和它们深层原因之间的关系，从中发现一些规律这样记得就牢固了。

笔者觉得课本是一切考题的根本。所谓万变不离其宗，就是指所有的考题都是以课本上的某个知识点为核心衍生而来，只有抓住课本才有成功保障。那么怎样读课本呢？大致可分三个阶段。

1. 大致浏览。通常是先翻目录，把章节的知识脉络理清，让自己对某一部分的内容有整体的了解，在头脑中形成一定的知识框架，并逐渐回忆每一个部分的具体内容。

2. 细致地看一遍。根据上一步浏览大致得出的重点，用不同颜色的笔标示出难易程度。对自己觉得很简单或已掌握的部分可以省略不看了。

3. 纵览全局。细看之后，如果把书中每部分都联系起来比较困难，特别是偏理的科目，这时，你就要对照着书再列出一个类似的提纲，找出每一部分的知识是如何应用的。

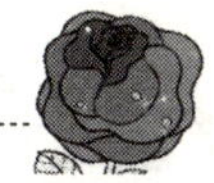

总之，读书要博而精。读书不博，就不能成为眼界开阔的人，而读书不精，就不能得到该学科领域的精华而达到顶峰。

第九计：记忆

就学习而言，理解是必经的过程，但记忆才是最终的目的。对于理科知识来说，先理解会帮助学生有效地记忆；对文科知识而言，先记忆可能会有利于理解和掌握。

记忆状态可以分成三种：感官记忆、短期记忆、长期记忆。人们通过五种感官：视觉、听觉、味觉、嗅觉、触觉所产生的印象或记忆是最初的记忆，只有不断重复，资料才能形成短期记忆，当所需资料够重要的话就得转化成长期记忆。

既然记忆是学习的重要工具及催化剂，那么，每个人都要选择自己喜欢并且适应自己习惯的记忆方法，现举出几种记忆方法，供大家参考。

认知记忆、回想记忆、暂存记忆、联想记忆、图像记忆、背诵记忆、连锁记忆、挂钩记忆，定位记忆、分类记忆。

上述各种记忆法又可分成几种不同的形式，这些留待同学们自己去体会实践及具体地运用吧！

需要强调的是：虽然记忆要讲究方法，但千万不要迷信方法，因为光有好的记忆方法还不行，有的知识就需要扎扎实实地硬背下来，达到熟练运用。

第十计：作息时间

一个人养成良好的作息时间，对学习和工作都会产生很大的影响。学习是一个持之以恒的过程。给自己定一个作息时间表，然后一直坚持下去，努力把计划日程变成一种生活习惯，就像一日三餐一样自然。

在制定作息时间表时（这当然主要是课余时间），首先在大的方面要以每星期为单位有一个基本的学习任务；在小的方面要在每天的课余时间安排一门功课的复习或预习。而不同的年级课程

安排又不一样，要目标明确，重点突出，集中精力攻克一点，便于清晰掌握自己的学习进度。

其次，要松紧适度。作息时间关系到学习的精神状态，要根据不同的情况加以调整，要想提高学习效率，就要懂得劳逸结合，要学就踏踏实实地学，要玩就痛痛快快地玩。不要一味地埋头苦读，丰富的生活和社会活动有利于培养意志，树立目标，博闻广识和博采众长有助于培养学习兴趣，提高学习效率。

第十一计：语文

语文是我们的母语。学习语文不仅仅是为了表达，同时也蕴涵了一种思维模式。当一个人在学习语文过程中逐渐形成一种善于表达的特质，这可能奠定了他未来的发展。因此，同学们应该重视语文的学习。

笔者觉得语文是一门需要悟性很强的学科。它的特点是零散、随意性大，因此，语文课的学习与复习不能采用集中突击，而是靠平时的积累。这可以用说、记、读、写四个字概括。

说就是锻炼自己的口头表达能力与交流能力，多演讲、多辩论有利于思维灵活化、缜密化。

记就是要学会用别人的精华来丰富自己。学习时，一些生僻字的字形与发音、名言名段、文学常识等只要对自己认为有价值或有指导意义的内容，就要摘录要点作为资料保存。

读就是兴趣要广泛，不仅要读好课本，课后更要找很多的好书来读。这样可以提高语感和积累素材，日后写作可让作文文采飞扬。

写就是在阅读时遇到精彩处写一些随笔，写下自己的感受，或者摘录一些诗词短文，空闲时写写日记，这样都可以提高自己的写作水平。

语文是一门从小学到老的学科。要学好语文就得把它与生活紧密结合，平时做个有心人，在生活中就可以发现和获得很多的知

识和素材，经过日积月累，就能在潜移默化中提高自身的阅读能力和语言的综合能力。

第十二计：数学

数学是所有学科中逻辑性最强的一门学科，也是最难的一门学科。它之所以难，主要是由于数学的变化高深莫测，对学生灵活运用知识的能力要求很高。

学好数学有三步曲：第一步理解，要理解并且掌握每一个公式、定理的来历和推导过程；第二步熟练记忆所有的定理和公式，熟练程度应该达到可以信手拈来的程度，只有这样，在解题时才有可能运用这些基础知识；第三步是题型训练，数学的灵活解题能力仅仅靠掌握基础知识是难以达到的，最有效的办法是熟练掌握一定量的典型题目的解法，凡遇到新的题型，就应该及时总结题目的特点和可能的形式变化，要努力向自己熟悉的方向思考，找到题目中隐含的那个“已知模型”。同学们只要把握好这三个步骤的特点，持之以恒就一定能够学好数学。

学好数学还应注意以下几点：

1. 超前一步。即提前预习带着问题听讲。

2. 切莫偷懒。遇到难题不要急着看书上的答案或求助于同学。

3. 重在基础和“一遍做对”。平时做题既要练习速度，又要力争一遍做对。

4. 初中和高中的知识联系非常紧密，所以一定要把每一阶段的数学都学好。

第十三计：英语

英语不是一门学科，而是一种能力。尽管英语语言中有许多变化的规律，这主要是人们为了便于记忆和使用做出的公认的一种规定而已。所以学习英语主要就是模仿、记忆和熟练应用的过程。

学习英语有三个重要的环节：一是词汇量。二是语言规律，即习惯和语法。但要注意语法学习的目的是快速掌握语言规律，从而达到养成语言习惯的目的。三是熟练运用。所以多听、多说、多写是培养语言习惯的最有效办法。

对于学生来讲，刚开始学英语时一定掌握好标准的语音语调，切勿形成错的习惯。要经常地大量而且大声地朗读，或是做一些对话段落练习口语。至于语法知识，只要按照老师的要求，把课本上的语法点通过读课文，读熟了、记住了就行了。不要孤立地背某个单词，要尽量把它放到具体的语境或例句中，那样既容易记忆又利于加深记忆。

高中阶段的英语学习重点是强调能力的培养，这时培养自己的语感很重要。所以要大量地阅读，包括一些英文杂志、小说或英汉对译的简写本。通过阅读既可以逐步积累语言习惯和语法知识，又可以增强你用英语写作和表达交际的能力。

高中英语的学习主要有三个重点的学习阶段：第一是熟练掌握教材中的基本单词；二是语法训练，最好精做一本语法练习册；三是要做大量的综合题。这样不仅是为了见识更多的题型，也可以使自己对英语的熟练程度增加，让你的手不“生”。

英语答题技巧：

1. 做完型填空题时，要先只看文章，不看选项，把文章阅读一两遍，弄懂大意后，再开始做题。

2. 做阅读理解题的方式有两种：一是先阅读弄懂文章大意后再开始做题。另一种是先看问题，然后再带着问题来阅读，最后再做题。这两种方法各有优劣，可以根据个人情况选择。

3. 英语作文方面，如果你英语写作水平一般，应以简单句为主，可以减少文法错误。在不出错的情况下，即使全部使用简单句也会得高分。而对于写作水平高的人，则可以适当进行发挥，甚至可以在文章中运用一些名言名句，或是加上自己的评论，这更能获

得高分。

第十四计:物理

物理的特点是定律多。数学与物理的明显区别是:数学多是推导出来的,物理则更多是实验出来的。所以在学习物理时,应该特别注意任何一个定律成立的条件是什么,因为这个定律一定是在某种条件下实验出来的,条件变了,定律或许就不成立了。

学习物理,笔者认为关键在于对基础知识的正确掌握,对基础概念的理解。与其抓题、押题,不如踏踏实实地把所学知识点调出来,挨个分析,运用自如。学习物理的窍门有:

1. 要善于“想”。在做一道物理题时,先盯着题干看二至三遍,在脑中构想出一幅图景,或在纸上勾画出这个物理过程,想想题目讲的到底涉及哪些物理过程和物理定律,应该用何种物理模式去思考。

2. 要有良好的数学方法意识。在考虑物理问题的时候,将其作为一个数学问题从另一个角度去思考。如一些力学的综合题,有时候要用到数学中数列的理论与方法去解。

3. 对于那些容易引起误解的概念和那些公式,要仔细琢磨一下,搞清楚适用的条件,切勿“张冠李戴”。

4. 物理的难点在于力学和电学。力学的重点在于掌握列方程的规律和解方程的熟练;电学则在于对那些公式的熟练运用。而力学是物理学的基础。因此,在学习过程中,充分注意力学,并将力学的成果运用于电学、热学,学习就会很轻松。

物理顾名思义就是重在“悟理”。所以学习物理最难的地方就是把文字性的叙述转成自己熟悉的物理情景,解题就相对简单。

物理考试基本有三种题型,一是定量计算;二是定性分析;三是概念类型题。对于定量计算的题目,可分为三个步骤:

1. 审题,提取题目信息,考虑用到的物理规律;

2. 按照物理规律,根据所求的量,列方程;

3. 解方程。

如何练好前两步？首先要明确概念，对题目中所涉及的物理现象作出定性的判断；其次是多练习题目，掌握题型，看到题目就能够知道使用哪个物理定律。在审题列方程时，尤其要抓住“不变量”、“守恒”这两个环节，看看在这个过程中什么物理量没有变化，什么物理量是守恒的，才能列出正确的方程，注意判断守恒量需要的前提。

关于定性分析和概念类型题，主要涉及物理的基础知识点的理解和把握，这需要在平时学习时打好基础、注意积累，没有捷径可走。

第十五计：化学

学好化学的重点是掌握规律。掌握规律是离不开记忆的，所以应该在记忆的基础上去掌握规律，学起来就不会觉得难。

学习化学首先应该有极大的耐心和细心。化学是“理科中的文科”，各种细小的知识点非常多，需要花工夫去记忆。

其次，学好化学的关键是把握知识脉络。比如说，考虑化学教材的章节顺序为什么这样安排？目的是什么？重视各章节规律性的知识点，如元素周期律便贯穿了无机化学的全部内容，学好了这一章，各主族元素的性质递变就会了然于心。

再次，化学重在实验。化学的许多知识通过做实验就会在脑海里储存下来。通过做实验就可以熟悉各种方程式，各种物质的性质。通过做实验就可以开拓思维空间。

第四，做化学练习题时，要考查题中的知识点，思考答题的过程、格式、语言注释的必要性等，把题型分类，解法心得记入笔记，建立这门课的知识结构。

化学与物理有很大的区别。物理最重要的是了解过程，重在思维方式；而化学最重要的是条件、现象和结果，是研究在什么条件下反应才能发生其现象和反应结果又是什么？在考试时往往一

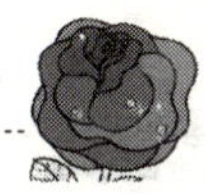

两个细节想不出，导致其他的也不敢确认。所以在解化学题时，先要猜测出题者的意图，思考范围要有个界线。然后寻找突破口，题干越长，给的分支越多，实际越简单。

第十六计：生物

生物是研究生命的学科，而生命的存在是与环境紧密相关的，环境和条件的变化都会带来生命的变化，因此，把生命的存在和生存条件之间的依存关系作为理解知识的重点。

就生物这科而言，掌握书上的内容最为重要，因为几乎所有考题都是书上知识点的衍生体，甚至有些是书上的原话，一字不变。

在复习生物时，主要采取两种方法：识记类知识点和运用类知识点。

对于复习识记类知识点，首先，利用辅导书上知识框架来进行整理；其次，对书上的图表熟记于心；再次，对每个知识点提到的典型生物，典型现象一定要了解，因为许多选择题往往会考到。

对于复习运用类知识点，首先，通过判断，分析、解释某种现象或是计算估计生命活动中的具体数量等，详细了解各知识点的对应关系；其次，加强一定数量的题目训练；最后，牢记一个原则，就是要从生物学的某些基本原理出发去思考、判断。比如：生物的各种特征、习性都有其进化原因等。

在生物的学习上，关键的一点是要及时解决平时遇到的问题，不懂就问，因为生物的知识前后联系较大，不要让自己在某个环节跟不上。

第十七计：历史

历史是一门相关性很强的学科。大多数同学认为历史离不开死记硬背，其实不然，当你把一段历史当做看小说一样地看懂时，你不仅会发现记忆并不困难，而且还会发现历史十分有趣。

为什么要学习历史，很简单，就是要以史为鉴。要想学习历史这门课，除了记忆历史事实之外，还需要开动脑筋，找出历史事实发生的原因、结果、影响等深藏在历史现象内部的东西。

学习历史除了上课仔细听老师分析之外，课下还要认真做好练习册和历史地图册，这对理解历史事件有积极的作用。

在记忆过程中，要经常在题目中写下相关的比较内容，复习起来非常方便，对做选择题更是有莫大的帮助。

第十八计：地理

地理是一门知识性很强的课程。学习方法主要是三多：多记、多读、多看。多记就是记住地理事物的地理位置及周边环境，并且勤思考分析各个地理事物之间的联系，同时某一地理事物的变化又是由多个地理事物变化引起的，这样既感受到趣味，又学到知识。

多读有利于提高学习兴趣而增加对已有知识的理解。

多看地图，因为地图把地理事物的位置、相互关系、变化过程等非常直观地表现出来。

地理分为两大部分：人文地理和自然地理。

对于人文地理，要采用记忆和理解相结合的方法。在学习记忆基本的地理知识同时，注意联系它所涉及的政治、历史等方面的知识。

对于自然地理，不仅要牢记一些基础的知识点，还要注意理解这些知识点背后的规律和相互之间的内在逻辑。

虽然自然地理和人文地理是两个性质截然不同的领域，但要特别注意挖掘二者之间有内在联系的地方。

第十九计：政治

政治是一种世界观。它培养学生分析问题、判断问题的能力和行为准则，同时也是学生认识社会的起点。

政治课的知识结构非常清晰，总的来说包含三块：经济常识、哲学常识、政治常识。分块之后便可以分而治之，学起来就容易了。

政治是一门时政性很强的科目，“工夫在书外”，多接触新闻，多培养观点、多思考、多练论述。不仅要对课本上的知识深刻理解与熟练应用，还要对现实的国家政治、经济、文化等领域发生的重要事件及党的重要会议、决策相联系。熟悉前因后果，并作适当的分析。

政治的考试给分是按照答对的知识关键点给分的，而且首先你答题的方向要对，否则答了很多却一分没有。所以你要在听课时，掌握老师的思路也就是掌握了考试答题的思路。只有掌握了基本的知识点并力争理解消化，记住了，才能找到应用它们分析问题的途径。

第二十计：综合

综合课是多门学科相互联系产生的一种综合知识的运用。要想在综合考试中取得优异成绩，就要基础扎实，见多识广。所谓基础扎实，就是指对单一学科知识基础要充分理解和掌握；见多识广则是多关心身边经常发生的事物，并且学会运用几门学科知识去分析一个现象。

文科综合靠的就是知识广博，多多增加课外阅读，开阔视野。日常的积累和平时的兴趣、爱好、生活习惯等都会潜移默化地增加你的综合知识。

理科综合靠的是打好各单科的基础。事实上，只要各单科能力上来了，综合试题就不会成为障碍。

综合能力的提高还有一点应特别注意，就是注重各学科间融合的问题。物理与化学的，结合点之一便是热学，所以在复习化学时，就要注意跟气体有关的各种现象和规律；化学和生物的结合点是条件，所以就要关注一些与环境污染、水土流失、能源开发、利用等方面的科普知识。

第二十一计：写作文

许多学生写作文的主要问题是写不足要求的字数，主题不突

出，文章平淡。导致这种问题的主要原因是写作时对所要写的内容还没有一个完整的框架，而是想到哪写到哪。为克服这些问题，我们建议如下：

1. 立题求准。对给出材料的作文要特别重视审题。根据题目的要求，反复研读所给的材料，冷静地把思维集中到自己感受最深、素材相对较多、自己能够驾驭的主题上。

2. 立意求新。文章的题目一定要鲜明、新颖，而且最好的是短小精悍的。不同载体的文章题目也有不同的特点，记叙文题目可以点明中心，可以表达情感，也可以选择一个具有象征意义的对表现文章主题有重要作用的事物作标题。议论文的标题必须旗帜鲜明，最好是能在题目中提出自己的观点。题目可诙谐幽默，可发人深省，还必须有力度。

题目确定后，文章的基本格调就应该有谱了。写作的立意要建在独特的思考上。比如，别人从正面的角度来分析，你可从另一个侧面的角度来切入；或者当大家都举实例说明一个道理时，你却偏偏用推理来论证。

3. 行文求稳。写作手法如何运用，如何遣词造句，所有这些一定要考虑自己的习惯和专长，不要勉强自己采用不擅长的文体或文字风格。

由于考试时间有限，篇幅有限，所以不要把心思花在如何把论证搞得特别巧妙或犀利，那样往往有走偏的危险。笔者想应该在写作时主要在文章气势上下工夫，让人读起来有一气呵成的感觉，行文一定要求稳，不要盲目追求风格的多变，也不必在语言上过于字斟句酌，只要能通畅，就算论述得不太高明，还是能取得好的成绩。

4. 写作步骤。在对文章整体有了好印象之后，就是要想方设法让文章闪光的地方一下子映入阅卷老师的眼中，这包括标题、句子、段落、主题、总结等。

第一步：用一二百字引述所给材料，归纳出自己的论点，做到论点简洁而击中要害。

第二步：用一段文字的篇幅对所引用的材料进行分析，但要围绕自己的论点说话。

第三步：联系身边的实际情况材料进一步展开。中心句放在段落的开始；包含论点的那几句话最好能单独成段。恰当的地方加入精妙的句子，如格言警句等。

第四步：对照自己的论点进行总结，必要时把自己的论点换一种方式加以强调，结尾时，一般用一句或几句优美的词句来深化自己的论点。

5. 短期提升作文素质的方法。

A. 常常翻看、诵读经典散文选段，琢磨一下名家们是怎么描写的。

B. 浏览文学作品的前言或故事梗概，增长丰富的材料事例。

C. 经常分析别人的文章，记下精彩的论述和积累素材。

D. 审阅作文题目时，把大脑中瞬间产生的与此题目有关的素材写在草稿纸上，并用一两个词记下来，这包括与主题有关的正反论点、例子、名言诗句、成语等。然后具体地构思、列提纲、开始写作。

第二十二计：文言文学习

掌握文言文，多读是个有效的方法。在多读的基础上，选择一些典型的范文进行精读，精的程度不仅是理解大意，更要掌握每个字、词、句的用法，甚至把文章倒背如流。

对于某篇文言文，先找到它的白话翻译文，从而能了解该文写作时的历史文化背景，对全文的内容有个全局的掌握，对各段之间的关系也能大致地把握住。之后，再逐个看字词的解释和翻译。

在做文言文理解题中的选择题时，各选项中间的差别有时仅仅在于一个语法点上，如果对各种语法点的掌握比较熟练，即使不明白整个句子的意思也仍然能够得出正确的答案。

文言文的最大特点是简洁,尤其是实词和虚词,往往是一词多义,背下来很困难,对于一个词的不常用的译意,只有放在句子中记忆,就很难忘记。

辨别文言句式也是应该注意的一个问题。要弄懂常用的固定的句式表示的固定含义,还要通过看注解、查询资料来了解。

第二十三计:现代文阅读

阅读现代文一是泛而快,二是精而准。

泛而快是训练眼睛和大脑的配合了解文章大意。精而准是通过分析研究和运用技巧达到掌握复杂句子结构的本质,正确答题的目的。

解答现代文阅读题目的步骤方法:

A. 先浏览一遍文章后面所提出的问题;

B. 再通读全文,了解文章所要表达的中心内涵与主题思想;

C. 然后分析各段落之间的层次关系,了解整篇文章的结构布局;

D. 最后针对文章后面的问题,重点阅读提出问题的段落部分,理清句群结构。

解答科技说明文的关键可以说有两个步骤:一是思维跳跃、灵活,能迅速抓住和理解文章中所提出的重要信息,把握整体大意。二是认清题目要求,正确分析设计题目要求,正确分析设计题目的角度与意图,排除干扰选项,从而选出正确答案。

现代文阅读的答案一般都出自文章里,极少需要个人发挥。那些相互呼应的关键词往往就是答案的标志。问题的先后顺序也是答案出现地方的先后顺序,所以要分析题目的内涵,把握文章的整体思想,并注意文章各部分的细节。

第二十四计:背单词

背单词最简单的办法就是强记。在一段时间内背记一定数量

的单词，第二天重复第一天忘记的单词，如此往复，坚持下去突击完成，你就会发现有一种成就感。

背单词有三种层面的要求：一是记住单词的拼法；二是记住单词的读音；三是记住它的意思和用法。

单词的拼法和读音是相辅相成的，这需要构词知识和经验的积累。具体记法有以下几种，供读者参考。

1. 拆分记忆法。就是把一个单词从中断开，变成熟悉的单词。比如："hundred"这个单词，可以它拆成"hand＋red"，然后记忆"红手"再把"a"变成"u"就很容易记住了。

2."阴阳怪调法"。在抄写或朗读一个单词时，每一遍抄写或朗读都换成不同的语音语调，就会调动手脑并用，效果就好多了。

3. 感情记忆法。在朗读英语文章、句型时，要根据内容的语境注入自己体会到的感情，大声朗读，不要怕出错。这样不仅便于记忆单词，而且对词组、语法的学习和培养语感都会有好处。

4. 逻辑记忆法。通过单词本身内部逻辑关系，词与词之间的外部逻辑关系记忆单词。例如 light、right、sight 等。

5. 分类记忆法。把单词分门别类记忆。如：对动物、植物等进行分类，最好找一本分类词典作为参考。

6. 理解记忆法。对一词多义的单词，要力图正确理解单词的本义，引申义和比喻义来记忆该单词，这样记忆效果很好。如"second"的本义是"秒"，它来源于古代对时间的"六分法"。"秒"是二次划分，因此有"第二"的意思，进一步引申，还可理解为"辅助"。

7. 英汉默记法。学到一个新单词时，对照音标先把单词读准，然后根据字母的发音规律边读边看边写，把字音、字义、字形结合起来记忆。课后复习时，同学之间"报中文默写英文单词"或"报英文单词默写英文单词"。这样既有利于记字音，也有利于记词义。

8. 联想记忆法。学习一个单词,要把它置身于一种情景和语境中去才便于记忆,如,在学"beautiful"时就可联想起"handsome"、"ugly"。同时自己设立一些对话情景。例如 Is she (he) beautiful or ugly? 回答可以是:She (he)is very beautiful (handsome or ugly)。

总之,记忆单词不要"孤单"地记,要养成一种用英语思维的习惯,更会事半功倍,收效显著。

第二十五计:英文写作

英文写作在很多人看来很难,其实并非如此,写英文作文的要求主要是为了使学习掌握英语文章的基本结构和一些句型的用法,内容深刻与否是第二位的。

突破的办法是平时刻意地记一些优秀英语作文的结构,包括一些句型和连词、副词的使用方法,牢牢记住这些关键点,然后用同样的文体或基本一样的句型多写几篇文章,就会提高你的英文写作水平了。

写作技巧:

1. 摆脱母语写作的影响,学会用英语思维的方式写作。

2. 多用地道的单词、短语以及一些短句。这要在平时阅读时积累一些文章中用得比较好的词或短语。

3. 在句子与句子之间善用名种关联词。如:when 、then、as a resuit 等。

4. 句型多变。不要重复使用一两种句型。

5. 结尾简洁。文章的最后,用一两句概括性的话总结全文,使文章更加完整。

第二十六计、英语快速阅读

中学英语快速阅读是对学生英语基本能力的培养,更强调字面意思的理解和句子结构的熟练掌握。既然它是一种能力,就需要训练,只有通过训练才能使这种能力迅速提高。

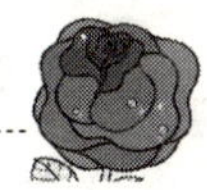

对于阅读来说，速度和阅读效果是最重要的。有一种简单有效的方法就是不要将英文单词在心中翻译成汉语再来理解它的含义，而是跳过这个环节，直接理解英文单词。这样会大大提高阅读速度和效果。

在具体阅读过程中，要采用“两遍阅读法”，即第一遍着重训练阅读能力，第二遍着重扩大词汇量并培养语感。

在第一遍阅读过程中，将重点放在训练速度和掌握文章及基本结构上，制定在一定时间内的阅读量，迫使自己养成快速阅读的习惯 。

在第二遍阅读过程中，重点在于培养语感，仔细体会精彩的语言，留意词的使用以及搭配，这就为写作打下了良好的基础。

另外，你可以鼓足勇气阅读一些超出你英语水平的文章。对不认识的单词跳过去，大概猜测意思，读多了速度就会变快。虽然有很多单词不认识，但文章的主要意思很容易就把握住了。通过这样的训练，在做英语阅读题时，就不用再逐字逐句去分析文章句子也能很准确地把握文章细节了，而且速度快，准确率高。

第二十七计：辅导书的选择

一本好的辅导书是学习所必需的。但要注意选择要精，要选一本市面上公认的比较好的辅导书就行了。把精力集中在一本书上，潜下心去钻研，踏踏实实地弄懂，这样往往会更容易“钻出水来”。

选择辅导书应该从以下几个标准入手：

1. 明晰的知识框架结构。有各章的知识点总结。

2. 透彻的例题讲解。要有本章的重点和难点解析。

3. 习题应该适合题型不断变化的特点 。

4. 书的内容要适合自己的学习方式和思维方式。

5. 书的题目难度深浅是否适合自己的弱点，是否与教科书及平时课上练习的思路一致。

6. 考虑参考书的内容是否与不同年级、不同学科特点相吻合。

7. 要根据老师的授课特点或老师指定的购买参考书。

8. 要选择有大多数题自己都会做的辅导书,以便提高熟练程度,并增强信心。

如何使用辅导书?

1. 知识点系统复习,多看一些典型例题。

2. 大量习题练习,并同时看一些例题讲解。

3. 查漏补缺,强化重点 。

4. 先做例题,后查答案。

5. 分时间段、分题型做练习,这样容易总结出每类题的窍门,又能形成良好的时间观念。

第二十八计:课外辅导

请家教,上辅导课,听讲座可以在相对完整的时间里获得一些较为专题性的知识,并可以进行相对集中的思考 。但要考虑以下因素:

1. 教师要有一定的知名度,而且你要对主讲教师有所了解。

2. 所讲内容与自己的学习有密切关系,而且水平比自己要高。

3. 请家教不要考虑他或她是否来自名校,而是考虑他或她的真实水平。

4. 针对自己的薄弱环节请家教,并与老师密切配合。

5. 要选择正确的时间请家教。一般在考试前一两个月请家教。

6. 要选择适合自己学习阶段的人做家教。如果是针对高考,最好是请一些有高考辅导经验的老师。

第二十九计:辅助工具的使用

在学习中工具主要在三个方面起到很好的作用,一是帮助理

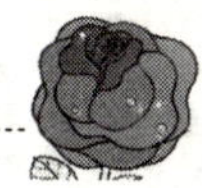

解。例如电脑、VCD 等多媒体手段能够把抽象的知识形象化，易于理解；二是帮助记忆。如复读机、电脑、电子词典等都使记忆更有效；三是提高效率。因为，电脑可以快速地分类检索，对学习当中出现的问题能储存记忆。

使用辅助工具应注意的问题：

1. 不要太过分依赖辅助工具，那样可能会省略必要的学习过程，会起到相反的作用。

2. 要避免陷入玩游戏、听广播节目中，学会控制自己。

3. 使用辅助工具要因事制宜，不可一切代劳该查词典时查词典。

第三十计：善用班级环境的影响

重点学校的优势不单单是师资力量强，教学条件优越，更重要的是班级的良好学习环境，同学之间的比、学、赶、帮、超的学习风气，对于身在其中的学生来说，几乎没有理由学习不好。

尽管你处于学习优越的环境中，究竟怎样利用和协调却还是大有学问的。

首先，要学会“分享”。当自己学习上有收获时，要与同学分享快乐；当别人有困难时，要主动帮助别人，与人分享忧愁。这样，你就会心情愉快地与同学们交流，从而减少你学习上的压力，就能对问题的理解更加深人和系统化了。

其次，在要多交几个“辩友”。每个人都有自己的优点，能够互相取长补短。同学之间一起讨论问题，通常会想出多种解题方法，大家你追我赶，互相促进。

再次，在班级中摆正自己的位置。如果你的班上有不太守纪律的学生影响大家学习的气氛，那么你就要创造自己的小环境，与同桌和前后排的同学融洽相处，找到一个适合于自己的环境，才能让精神处于最佳状态，以便全身心地去学习。

最后，抽时间与同学进行心态交流，每星期要安排一次短时间

的心态交流。或者大家在一起高谈阔论，或者互相取笑，或者一起参加体育锻炼，或者进行学习讨论，互改作业，互判卷子，从中感受到家的温暖。

第三十一计：家庭的帮助

学生们在相同的学习条件下，为什么出现不同的结果呢？这主要是取决于家庭的生活环境，学习环境，家长的心理素质。

作为家长应该做好下面几项工作：

1. 为孩子准备营养搭配合理，适合口味的饭菜。

2. 为孩子创造舒适的生活和学习的安静环境。

3. 鼓励孩子自觉学习，独立完成各项作业的能力。

4. 为孩子树立战胜挫折的信心。

5. 对孩子不要施加太大的压力，树立正确的学习态度。

6. 为孩子树立高尚的做人楷模，让孩子懂得爱的力量。

第三十二计：心理调整

目前学生所承受的来自各方面的压力越来越大，不能正确地调整好自己的心态，可能会导致学习障碍。

那么，怎样才能调整好自己的心理状态呢？

1. 有意识地看一些关于心理学的书籍，获得如何调整自己心理的一些理论知识。

2. 面对生活、学习上的困难和压力，重要的是保持一颗平常心，保持性格开朗 。

3. 正确对待日常生活中的得与失、学习成绩的好与坏，做到胜不骄、败不馁。

4. 找一位值得信赖的良师益友，把心里的迷惑倾诉出来。

5. 用最节省时间、最适合自己的方式轻松轻松，保证自己的身体和精力都处于最佳状态，在快乐的生活中学习。

第三十三计：信心的建立

学习好的同学都有信心，因为他们有信心的资本。那么学习

不好的同学又该怎样建立信心呢？办法是有的:那就是不断地挖掘自己的优点,发现自己的长处,甚至能够从自己身上找到一些比其他同学强的优点,相信自己能够在其他方面同样做得好,随着时间的推移,你就会增强自信心。

一般来讲,信心的建立涉及一个自己未来的预期问题。开始应该把目标定得低一些,这样经过自己的努力达到了自己预定的目标后,就会极大地增强自己的信心,在完成了第一步目标之后,再定一个自己能达到的第二步目标,完成之后再定第三步目标,这样经过一次次的努力,所定的目标也一个个完成,你的自信心就会大大地提高了。

建立信心,首先要自己肯定自己,自己相信自己行。只要自己给自己一种超越平凡的心理暗示,就会产生千帆竞技的动力,就会把自己的天赋发挥得淋漓尽致。

信心的建立还要有一种不怕失败、不服输的勇气。当你受到别人的肯定时你的信心也会加强。

信心的建立还要靠树立某种功利性的目的去达到。如果你对某学科特别投入,为的是日后找工作时以此为特点,那么,你就会产生极大的兴趣,兴趣可以使一个人在他喜欢的任何领域获得成功。

第三十四计:学习如何转变

如果你的学习成绩不太好,只要你不认为自己在智力上存在明显的弱势,那么就要努力改变自己的学习状况。

学习状况的转变,首先是一个学习目的问题,你要问问自己为什么学习？准确地说,学习是为了实现自己的理想。明白了这一点,你就会增强学习的主动性。

学习状况的转变,其次是一个认识问题。要正确认识自己的优点和不足,然后才能够对症下药,迅速转变。

学习状况转变的第三个要素是态度问题。作为学习,当务之

急的主要任务是学习，而不是玩。所以你要端正态度，制订一套学习计划，也要每周给自己安排一定的娱乐时间，但要保证完成基本的学习任务之后才去玩。

第三十五计：应考经验

如果你每次考完试，总觉得是差一点点就丢分，这大概是你缺乏应试技巧，或者难以精力集中所造成的。如果是这样，就要注意下列几个方面的技巧：

1. 走进考场的那一刻要制造“学科感受”。考什么科，思维就向什么科方向集中。

2. 平常每次考试都把它当成高考，次数多了，也就习惯了，不会再进考场就紧张了。

3. 答题要先易后难，对占分数比重大的题应重点投入。

4. 考完一门丢一门，不谈论、不核对答案，不要影响你下一门考试的状态和考试心情。

第三十六计：考前心理放松术

1. 考前一周制定合理的复习时间表，按照进度安排复习，保证每科都有足够的复习时间。

2. 考试之前要休息好，心里一定要静，做到心无杂念，不看电视，不做剧烈运动。

3. 不要小题大做，不要把参加高考看成决定命运的时刻，要把期望放低，即使考不上重点大学，起码可以考上一般大学。

4. 舒适地坐在一个安静的地方，紧闭双目放松肌肉，进行深呼吸。

5. 通过想象一个你所喜欢的地方，如大海、高山等放松大脑。

6. 家长要克制自己的紧张情绪，不让考生看出来自己的心神不宁。不要对考生说“你一定要考好”之类的话。不要在考试前过分关心考生。

第二章

职场生存的妙招

职业是你生命中最重要而且最深远的两项决定中的一项。因此，在你采取行动之前，多花点时间探求真实真相。如果你不这样做，在下半辈子中，你可能会后悔不已。

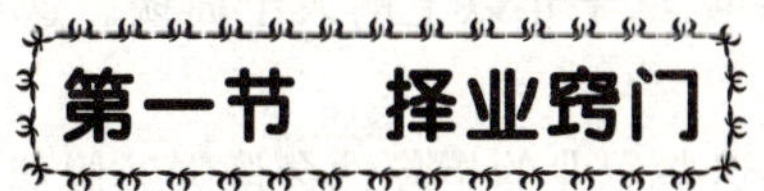

第一节　择业窍门

每件高贵的工作，最初都是不可能的。

☺选择职业的六项原则

1. 社会需要的原则

人是社会的人，职业的选择总是与一定的历史条件、社会时代密切联系。同时，人也是现实的人，都有自身的现实条件。选择就业，既要符合社会需要，又要适合自身的发展。

2. 考虑特长的原则

选择职业要知己之短，还要知己之长。然后根据自己的爱好和特长，选择自己感兴趣的职业。这样才能把工作当成一件愉快的事情去做，才能在这个领域干出成效来。爱迪生在实验室一天工作十八个小时，有人问他："你干那么长时间的工作累不累?"他回答说："我并没有工作啊。我只不过是在娱乐啊!"

如果你想成就一番事业，那么就找到自己喜欢的工作，并以此为起点，努力工作，一步一步地朝自己的事业目标前进。如果你只是想得到一份有生活保障的工作，就不要去找挑战性太大的工作。

3. 避免拥挤的原则

据调查：在一所学校内三分之二的学生都选择了二千种职业中的五项。难怪一些企业事业会人满为患，难怪在人的心里产生不安全感和忧虑。诚然，你要想进入那些人才竞争激烈、人满为患的圈子内，是要下一番大工夫的。

4. 全盘考虑的原则

在你决定投入某一项职业前，先花几个星期的时间对该项工作做个全盘的认识。如何才能达到这个目的？你可以和那些已在这一行中干过十年、二十年以上的人士面谈。这对你的将来可能有极深的影响。

你如何获得这些职业的指导性会谈呢？假如你正打算做一名建筑师，可以从电话薄的分类栏里，找出他们的姓名和地址，在与他们见面之前，你要拟订一个请教问题的提纲：

(1)您为什么要做建筑师呢?

(2)您看我是否具备成为一名建筑师的条件?

(3)我学习了四年建筑学课程，我首先应该接受哪一类的工作?

(4)当一名建筑师，有什么利与弊?

(5)您愿意让你的孩子当一名建筑师吗?

5. 多角度录取的原则

每个正常人，都可以在多项职业上成功；相对的，也可能在多项职业上失败。但你必须克服“你只适合一项职业”的错误观念。以笔者为例：如果笔者研习并从事下列各项职业，成功的机会一定很多，并且对所从事的工作深感愉快。这一类的工作有：建筑、美术、教书、医药、外语、计算机等。而另一类工作，笔者不一定喜欢，而且很可能会失败。比如：餐饮业、销售、广告、农艺等。

6. 排除心理障碍的原则

择业的过程是一个复杂的心理变化过程。你应克服以下几方面的心理障碍：(1)盲目自信；(2)自卑畏缩；(3)急功近利；(4)患得患失；(5)依赖从众；(6)性别弱势等等。

☺了解人才市场的新冲击

在人才市场上找工作，一方面你要掌握一定有效的面试技巧，另一方面你也必须了解人才市场的新冲击。新冲击的主要特征包含六个转变，它构成了雇主与员工之间新型雇佣关系的基础。

1. 从终生就业转变到互利就业

你不要期望在一家企业或者一个职位上工作一生。企业看中的是当前需要和现实期望的能力，以及你的潜在贡献。你是为了满足自己的某种需求，一旦任何一方发现这种雇佣关系无利可图时，就业关系就会终止。

2. 从注重行动转变到注重业绩

在应聘中，招聘者并不在意你曾经做过什么，他们在意你是怎样完成那些任务的。如果你在描述工作经历中的业绩时，别忘了告诉招聘者最关心的问题：你的努力产生了怎样的影响或效果？那么你就把握住了“新冲击”这个关键理念。

3. 从意愿衡量转变到效果衡量

如今在很多岗位上，长期的相互忠诚已经被短期共同投入所

取代，企业只想招聘到高效的员工以实现短期目标。这种劳动力方面的变化趋势提醒我们，招聘者不再关心你是否有为企业作出长期贡献的意愿，而更关心你是否有能力很快地为企业作出贡献。

4. 雇主的角色从老板转变为伙伴

企业不必像以前那样关心员工的职业发展，企业与员工已经转变成一种伙伴关系，企业只是希望员工能够完全胜任自己的职业。

5. 从等级结构转变到水平结构

企业向水平结构发展的趋势使业务关系发生了本质的变化。如果你遇到企业已经减少了中层以下的机构，而且正准备使用授权模型来行使职能，那么你应该向雇主表明，知道该如何在一个水平结构的企业中把握航向，这既可以表明你是一个自我激励的人，也可以增强自己的自信心。

6. 从服从战略转变到奉献战略

如果你正在申请某个管理职位，就要明白，那种把服从作为一种管理战略，并且习惯于发号施令的管理者已经退出了历史舞台。现实就是这样，在快速发展、高度动荡、日益变化的人才市场上，“服从”这种控制方法已经过时，员工对企业的忠诚已经日益减少。聪明的管理者只有与所管理的人建立互相奉献的关系，还要成为别人发展的楷模和指导者，他们才能真正地对员工施加作用和影响。

第二节　应聘技巧

“不可能”这个词，只有在愚人的字典中找得到。

☺应聘者必备素质

根据深入、细致的研究，许多有招聘权力的人非常看重应聘者必备的以下一些素质。

1. 进取心和热情

具有进取心和热情的人是自信和沉着的。他们能够清楚地表明，对企业作出显著的贡献是他们生命的首要任务。同时，他们也会表现出自己的热情以及参与企业经营的意愿。

2. 沟通技能

信息时代的一个重要特征，就是经济向服务经济转变。既然优质服务取决于同顾客的沟通能力，那么应聘者的沟通能力就变得极为重要。如果把信息比作力量，那么能够最有效地进行沟通的人就是最有力量的人。

3. 成功的经历

大多数应聘好企业、好职位的人都曾有光辉的历史。如果你可以阐释自己成功的原因，诸如你在某项活动中的重要地位，或者是突出你个性的展示方式等，就可以把这些因素转换成你应聘的职位所需要的技能和特长。

4. 理性思考过程

当市场变得越来越复杂的时候，企业就更加迫切地需要能够解决问题的员工。尽管实施、执行的角色也很重要，但是从长远来看，是有想法的人创造了非凡的业绩。如果你在应聘时，能够显示自己的关键思考能力，将使你受益匪浅。

5. 成熟度

为了证明你足够成熟，能够在企业不可避免的困难和挑战中生存，最好的办法就是向面试人表现你的责任感，以及能够克服困难的意志和能力。

6. 计划与组织

当企业组织结构趋向扁平化时，每位管理者能否履行自己的职责，每个员工能否管理自己的工作就变得至关重要。因此，你显示出的计划和组织能力将决定面试人的感觉。

7. 面对压力

大多数企业认为，为了保持领先地位，自己必须不断超过竞争对手。所以，对招聘者来说，他们希望找到的人不仅能够应对压力，而且最好还能在压力下焕发勃勃生机。

☺面试方略

1. 书写简历的窍门

简历应使用简洁明了的词汇。一个具有专业知识的人，多年来往往习惯用专业术语来进行思维和表达。应注意的是简历常常要让“外行人”读懂，那就不用专业性很强的专门术语来表达，而且篇幅不宜太长。

突击“卖点”。首先写求职意向书要提供一目了然的信息。开门见山地说明你想从事哪种工作或职位，阐述你在过去工作中的出色表现。比如：做事细心、思维活跃，吃苦耐劳，曾经创建过什么业绩，最好以数字表明。许多老板都希望能够看到确实的数字证据。如果你能使他们相信你过去的业绩，也就使他们相信了你具有重要价值。所以你一定要充分发挥想象力，创造一些画龙点睛的东西，以给别人留下深刻印象。如果你刚刚毕业，无工作经历，不妨写一两件经历过的比较特别的事，以证明自己有某个方面的特质。当然，更应表明自己愿意学习，愿意接受培训，愿意尽快融入公司体制的态度。

2. 面试要领

就应聘而言，面试的成功取决于方方面面的因素。应聘者应根据招聘单位的性质、规模、业务范围、经营特色、工资标准和福利

等方面的情况以及招聘单位的发展状况，设想面试时可能遇到的具体情况，并预测主试人会针对哪些方面进行提问。应该把可能提出的问题按难易程度逐一排列。必要时可事先做好书面回答，反复练习试讲，以保证应答无误。此外，还必须按要求准备好履历表、学历证书和推荐材料。

3. 穿着得体

服饰是个人形象的重要标志，是个人气质、素养、审美情趣等的外在体现，是面试的重要一环，切不可掉以轻心。应聘者应仪容整洁，服饰得体，以给主试人留下良好的第一印象。前往面试时，应试人要注意在面试过程中表现出良好的文化修养。应试人应敲门进入，主动问候主试人。如果主试人伸出手来表示握手，应试人应立即热情大方地上前与对方握手，但应试人不应主动要求握手。应试人应坐直、放松，双手自然下垂，放于身体两侧或前面，身体不要晃动。面试过程中，应试人应与主试人保持目光接触，不可东张西望。在谈吐方面，应试人应用适度的声音、语调、用语规范，表述流畅，专业术语使用恰当无误。如果你没听清主试人的提问，应有礼貌地请对方再说一遍。面试结束时向主试人致谢，然后再恭敬地退出面试室。

4. 接近真正的决策者

在找工作时，最好的办法就是与你想工作的部门直接联系。如果必须经过人力资源部门才能接触到目标，那么你一定要记住不要对他们寄予太大希望，你所要做的就是让他们相信你，并允许你通过他们这到“门”。当你向雇主自我介绍时，应该重点介绍自己的专长，说明你希望从事哪些领域的工作，并且描述得越具体越好。

5. 后续联系

许多有权做招聘决定的人都是非常繁忙的人，为了确保让他们记起你来，你可以坚持做一些后续联系。你可以给与你谈话的每个人发感谢信，时不时地打打电话，或者通过电子邮件与他们保

持即时沟通等。后续联系可以向这家企业表明你很看重这个职位,也表明你是一个有恒心、有毅力的人。你还有机会获得可能已经遗忘的面试信息。

☺常用面试题

1. 主试人经常提出下列问题。这些无固定的答案的问题,你不能简单地用“是”或“不是”来回答。你应该充分了解自己,真实地给予回答。

你为什么对我们公司感兴趣呢?

——你的强项和弱项是什么?

——你的上一份工作是怎么得到的,为什么不干了呢?

——你对你原先的负责人怎么看?

——如果你能挑一件工作,你想挑哪一件?为什么?

——你认为这一行业当今是如何运作?

——你的业余时间是怎么过的?

——什么是幸福?怎样才算成功?

——你生活中最大的遗憾是什么?

——你指望工资是多少呢?还有任何问题吗?

应试人可以问的有代表性的问题:

——这件工作的主要责任范围是什么?

——你们要求搞这份工作的人要具备哪些素质?

——关于我的背景材料,您还有其他问题吗?

——你们的具体目标是什么?

——你们给雇员进一步培训或深造的机会吗?

——我能问一下你们的工资标准吗?

——你们对雇员还有哪些福利?

2. 问答要略

问:你认为你的工作中什么是重要的?

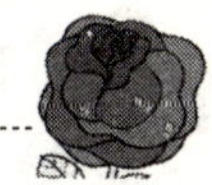

答：勤奋、信息以及计划。但最重要的还是要取得效果。（你还可以提及管理、配合、信心等方面的事情）

问：有那么多公司，你为什么来本公司工作？

答：贵公司精于管理，给雇员很多机会，赞誉四方，其他公司比不上你们。

问：你有令人信服的理由让我们聘用吗？

答：是的。正如我的求职资料中写的那样。我能胜任，并可以保证为贵公司带来利润。

问：如果你被录用了，你准备怎样开展你的工作？

答：首先，我要进一步弄清我的目标、途径、对手、管理状况等，然后，订出计划。之后，我将竭尽全力实现计划。（你可以提到一些改革方面的棘手问题）

问：如果你没做好工作，你会怎么办？

答：我将如实汇报。同时要符合实际地、客观地分析原因。也许还会引咎辞职并付赔偿。但是，我有我的判断成败的方法。有时，成功不能在短时间内就能取得，成功与否也有不同的衡量标准。

问：你有任何缺点或不足吗？

答：有。有人说我太老实了一点或者过于轻信他人。

（注意：你说的缺点要让他们听起来实际是潜在的优势。）

问：干了这份工作，你的指望是什么？

答：获得在像你们这样有名望的公司工作的愉快经历；获得更多的我所学的专业知识；获得更高的薪水和地位。显露出你的信心和品格。

问：如果让你来挑选干这个工作的人，你要挑选哪种人？

答：我要在所有申请人选条件最好的。这个人不一定是最能胜任的，但他一定是择优录取的，尽管要多付一些报酬。

第三节　理想的工作

一旦决定已经达成，就要付诸实行，而不应顾虑有关结果的一切责任。

☺怎样面对第一份工作？

初涉工作岗位的年轻人，是应当发挥特长。但这个特长只是自己认可的，未必符合单位所需。因为每个单位都有自己的经营特色和管理方法。个人特长只有让单位了解，并作为整体构成的一部分时，才是真正需要发挥的特长。年轻人的特长，应当成为适应环境的“催化剂”，而不应成为挑剔工作的“资本”，应该是特长服从需要，而不是需要迁就特长。这个关系要摆正，否则就会引起不良后果。

一个人应先在“不对口”的工作岗位上积累一些经验，要明白，要胜任一个职位，就需要了解比该职务更广泛得多的知识。没有其他门类的知识作辅助，要想升到一定境界，干出成绩来，是很难达到的。

初到一个工作单位，要安得下心，耐得住寂寞。这既是初涉人世胜任工作的需要，也是给人以好印象的开端。要安心眼前的工作，不要这山望着那山高，老是跳来跳去。不给别人检验的时间，别人怎么知道你是人才呢？只有你随时调整自己，把自己的本事显露出来，别人才会信任你，重用你。

你的第一份工作，无论喜欢与否，都要忠于职守，努力工作。你可以体会到就业的气氛，锻炼你的耐力和应变能力。那么，怎样才能有一个良好的开端呢？

1. 愉快地服从，高高兴兴地就职。

2. 少说多做，留心观察。

3. 以诚相待，忠厚为怀。

4. 谦虚谨慎，礼貌待人。

5. 脚踏实地，扩大影响。

☺怎样才能提高自己的薪水和地位？

一个人选择职业，一般有两个目的：一个是通过工作发挥个人专长，既为企业创造益处，又能从中获得乐趣。另一种是多挣些薪水生活得轻松舒适些。因此，你应该努力做好下面六个方面的事情。

1. 树立积极的自我形象

要严于律己，宽以待人。说话讲信用，勇于承担责任。不要将工作看成是公司或别人的事，要当成自己的事去办，才能既获得经验、能力、自信，又可以使自己成为本公司组织中被认为十分重要的人物。

2. 自我领导

必须学会在各种各样的状态下做出正确决策的能力，学会各种各样的解决问题的技巧。遇到困难时，或对上司布置的任务一时不能理解时，你要找几位相好的同事，商讨解决的办法，而不要向上司请教在他看来是十分浮浅的问题，以免他把你看轻。

3. 从大局出发

要善于发觉和你一道工作的雇员们的个人目标与公司的目标发生冲突的情况。要明确公司的福利和雇员的福利要求之间的冲突情况。站在上司的角度，从利润方面考虑，着手处理你所面临的问题。

4. 提高工作效率

效率是对工作合理组织的结果。如果你学会将工作分解成若干易于处理的部分，然后再着手解决一个部分，那么，你就可以比

一位没有做这种组织的人更迅速、更完善、更经济地取得成果。力求时间或精力的合理消耗,认真研究你的工作,把你的工作要轻重缓急,有主有次地分类并列入计划表,然后坚持你的计划,确保工作得到最快的处理。

5. 真诚地合作

要取得工作良好的进展,必须学会与别人一道工作。不要处处事事都按自己的意志行事,学会在一些无关紧要的小事上做出让步,避免不必要的争执。既使你要坚持自己的做法,而且自己认为无懈可击的方案,也要循循善诱、耐心说服,切不可以言辞激烈,傲人傲物。

6. 争取认同

不要做一个孤独的斗士,要尽量和同事们搞好关系。要明白在人类社会中,有两种势力是任何人也无法改变的。一是重组织,二是重数量。其含义是:一个人类团体就是一个组织,这个组织中形成的思维定式、管理模式,谁也无法抗拒。另外,一个人类团体中面临一个问题时,总会分出拥护或反对的两大人群。尽管许多哲人反复强调有时真理在少数人手中,但现实是大多数人的观点总是左右着决策的意志。重组织重数量的观念终究占上风。

如果你的同事们欣赏你,推崇你,即使老板对你的印象不太好,也会有所顾忌。反过来,如果同事们都疏远你,讨厌你,老板就不可能将加薪、升迁之类的好事送给你。

第四节　职场生存策略

相信自己能,便会攻无不克。

☺做一个好下属应注意的十个方面

人都希望自己的工作一帆风顺,都希望自己在事业上蒸蒸日上。因此,你必须学会凡事从一点一滴做起,学会与上司处好关系。

1. 服从领导

任何一个组织都是通过对上级的服从来建立其秩序的。尽管一位上司也许在很多方面并不比普通人强多少,或品学兼优,或不学无术,或和蔼可亲,或刚愎自用,或公正廉明,或狭隘自私。但不管是什么样的上级,只要你在这部门工作,都必须听从他的正确领导。要明白工作是一回事,人品是另一回事。

2. 领会上级意图

准确地领会上级意图,是获得上级好感,与上级发展关系的重要途径。领会上级意图的关键是掌握听的诀窍。就是说能够简单扼要地概括出上司的指示意图并能立即作出回答。在上司讲话时,要抛弃胆怯心理,集中思想认真听请上司所谈的一切,而且要听出其中的重点。听不清或不明白的一些重点,要试问一两次,或简单地概括一下上司所说的内容,看看他的反应。记住,上司是不喜欢要把他的话说两遍的人。

3. 适应上级的要求

上级得意的部下应该是能够很好地理解上司的要求,创造出出色成绩的部下。具体地说,适应上司的要求,就是能够掌握上级的性格、特点和工作方法,并与之配合。比如:有的上司喜欢口头布置工作;有的习惯书面布置;有的注重关系和人情;有的注重按章、按理办事;有的办事果断利落;有的办事拖沓慎重。所以,作为部下,必须抓住这些特征积极地适应。

4. 体会上司处境

一位上司在遇到难以决策的问题时,往往要征求部下的意见。

这时，你要把自己想表明的观点的理据，事实整理出来，直言不讳地讲。一个善于社交的人，必须做到使他的上司有多种选择。不要强人所难，尽量设法使你的上司亮出他的观点。

5. 善于向上级汇报

一件工作是不是进行得顺利，是上司最担心的问题之一。及时地汇报是可以缓解上司的这种心情。连情况如何也不知汇报的部下，是最令人轻看的。部下作汇报要选取适宜时机，情况要真实，不要只报喜不报忧。

6. 理解上级难处

一位上司很可能既要带领部下共同奔向目标，又要承受上司给予的压力。因此，作为部下，要主动为他分忧解难。而你能为上司所干的最好的事就是做好你的工作。一个人没有比他无法解决自己职务上的问题更浪费上司的时间和精力了。学会独立地排除你面临的困难，不仅培养有效的工作能力，发展有效工作所需要的门路，而且能够减轻上司的负担，提高你在上司眼中的价值。

7. 尊重上司意见，不轻易质问

在考虑或决策某项事情时，最聪明的做法是表达自己的观点要留有修正的余地。这样可满足上司的优越感。当上司提出问题时，不要迫不及待地回答。那样，会让对方感觉自己的意向已被看穿，是一个凡事都不经思考的人，极易引起嫉妒。

8. 勤于传递情报

一般而言，上司对下属的各个方面，都有了解的欲望，尤其是下属的私事方面，更是上司掌握下属的有力武器。

值得注意的是：上司需要你的情报并非你对某人的恶意批评，或同事之间的闲言碎语。而应该是：某人生了儿子，某人要结婚，某人要买房等私事。上司掌握这些情况，以利于笼络下属，是维持自己地位的一个方面。

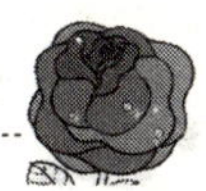

9. 了解上司,亲疏适度

了解人也是一种技能。要善于了解上司的背景、工作、学习的习惯,职业目标,喜好与厌恶。了解上司并不是要你卷入他的私生活,因为你与上司在公司里的位置并不均等。在加深友谊的同时,危险也随之产生。上司也是人,他的生活中也有许多平凡的小事。如:衣、食、住、行等方面,也需要有人给予帮助。你应该在了解上司的生活背景前提下,适当地为上司做一些工作之外的事,但切记不可以形影不离。与上司形影不离,可能会导致同事对你的不信任,他们会设法挖你的墙脚。任何个人如果想在一个公司里仅仅靠上司的个人关系来站稳脚跟,那只能是把自己的根基种在稀疏的土壤里,很容易被水冲掉。

10. 切勿锋芒毕露。古人云,“木秀于林风必摧之;人出于众人必非之”。这就是说,既使你才华出众,又出于公心,当你有良好的想法要与上司讲的时候,也要注意恰当的时机。需要注意的两个方面是:一是在领导悠闲的时候,二是旁边没有其他人的时候。如果你不注意这两个方面,就会惹上司不耐烦,也会引起同事们的嫉妒。

假如你看出公司存在什么漏洞或弊端,你可以直接向上司反映,若是你想提出一些改进措施,一定要谨言慎行。嫉贤妒能是人类普遍存在的劣根性。稍不注意,别人就会认为你有意抬高自己,即使再好的方案,也不会被采纳。人生应该光明磊落,兴利除弊,但是若不讲方式方法,必将事与愿违、功败垂成。

☺职场博弈

1. 自我激励

一个人要想在职场出类拔萃,就应该自觉地进行自我激励,即以本行业或本企业的最高标准严格要求自己,以本行业或本企业的顶级专业人士的技术、业务水准作为自己追求的目标。

为了实现自己追求的目标，就要“将军赶路不追小兔”，不计较一时一事的得失，不在乎别人怎么说，并且要有不达目的决不罢休的勇气和毅力。

2. 自我保护

人在职场，不可避免地面临着人才竞争的暗流。因此，你要学会保护自己，一方面你自己做人要正直、诚实，用自己的人格魅力塑造人际关系的亲和力；另一方面你要避免卷入拉帮结派的小集团，静坐常思己过，闲谈莫论人非。

3. 敬业务实

一个人无论从事什么工作，敬业务实是立足之本。所谓敬业意思是说，你应该熟悉和精通自己职位的业务或技术精髓，能够处理最复杂、最关键的事项。所谓务实意思是说，你应当集中精力做那些能够产生实际效果的事项，或者做那些对产生实际效果有促进作用的事项，而不是“当一天和尚，撞一天钟”地混日子。

4. 尊重他人

俗话说：“知人者智，自知者明”。每个人的灵魂深处都希望得到别人的尊重，你身在职场，切不可自以为是，也不要“看人下菜碟”，更不要“窃天功为己有”。须知，你所获得的一切业绩都离不开别人的协助。懂得分享，知道感恩，是职场生存的秘诀。

5. 关心企业

企业是由个人组成，他们为了一个共同的目标和利益走到一起来。如果要想达到企业的目标，就要求每个人都发挥互相支援的精神，人际间互相关怀和帮助，个人服从组织，局部服从整体，才能达到成功的彼岸。

作为一名员工，就要和企业成为一体，能和企业甘苦与共，荣辱共存。把企业的信誉和效益看做与自己利益息息相关的头等大事，树立企业兴亡匹夫有责的忧患意识，才能与企业共同获益。

6. 低调做人

即使你获得了骄人的业绩，也不要得意忘形、目空一切；即使你获得了巨大财富，也不要张扬显摆、轻视旁人。“骄娇者易污，摇摇者易折”的古训，应该时刻铭记。

第五节　追求卓越

物竞天择，优胜劣汰。这个自然界的丛林法则对人类同样适用。

☺优秀者必备的素质

1. 虚心学习，不忘企业使命——增强自己的学习能力，协助企业发展。

2. 能自觉自发地投入工作——具有积极思想的人，在任何地方都能获得成功。

3. 爱护企业，能与企业成为一体——企业是我们的第二个家，家和万事兴。

4. 不自私，能为团体着想——每个人都应该明白：所有成绩的取得，都是团队共同努力的结果。

5. 能够做出正确的价值判断——正确的价值观是一个人成功的前提，也是评价一个人工作态度的试金石。

6. 有自主经营能力——一个有前途的员工必须通过挑战自己和自己的工作，才能变得更加出色。

7. 拥有非成功不可的决心和热忱——有利的情况和精彩的收获，往往就在坚持之中。

8. 能向上司提出对工作有益的建议——怀抱一颗感恩的心，以老板的心态考虑问题。

9. 不墨守成规，有创新意识——观念变通，效益倍增；灵活应变，事半功倍。

10. 有勇气承担重任——勇气是一个成功人士所必须具备的重要素质。

11. 执行——没有任何借口。具有完美执行力的员工，一定会有更好的机会在等待着他。

12. 服从——行动的第一步。百分之百地按上司要求做好工作，绝不打折扣。

13. 守纪——敬业的基础。严于律己，注重细节。纪律是事业成功的保障。

14. 责任——工作的第一要务。没有责任感的员工，不是优秀的员工。

15. 荣誉——团队的灵魂。只有了解你的企业和你的工作，才能懂得什么是荣誉。

16. 忠诚——最重要的品质。人们宁愿信任一个虽然能力差一些却能够忠诚敬业的人。

17. 服务——独特的竞争力。每个人都应该把服务意识渗透到血液中。

18. 节约——强企之本。节约意识应当成为每个员工的一种自觉行动。

☺敬业者生存的法则

1. 解除你心中的限制——无论做什么工作都不要局限于自己的职务，而是应该从整体的、大局的视野尽自己的责任。一个人最难战胜的敌人就是自己。这个所谓的“敌人”就是人性中的各种弱点。比如，恐惧失败、在乎别人怎么说、计较得失、缺乏自信等。只要你战胜了自己的这些弱点，你就可以自在地飞翔！

2. 点燃你的热情——尽一切努力做好自己的工作，就会深受

上司的赏识。工作激情是使一切平凡成为神奇的核心。

永远要记住的是:用你的热情去照亮别人!

3. 给你的工作带来尊严——一个人要深信任何职业都是光荣的,无论干什么工作都充满活力地干好它,就会给自己的工作赋予一种尊严。一个人心理上的提升往往比简单的技能更加重要。当你满怀热情,积极、努力地工作时,你就会赋予你的职业一种高贵的品质——一种尊严,而这种尊严等同于其他的任何职业。

4. 做你应该做的事情——在平凡的工作岗位上,以卓越者的习惯、态度工作,为公司创造巨大的财富。

卓越者与别人的不同在于:他们能从在别人看来枯燥无味的工作中寻觅到真正的趣味。他们总是满怀激情地挖掘、研究、改良和创造,最终会让他成为他所从事工作的专家。

5. 对自己说,你可以做得更好——从枯燥的工作中自己为自己设立奋斗的目标,当机会出现的时候,就会脱颖而出。

寻找身边比自己优秀的人,并以他为目标开展自我激励的游戏,你的命运就会随之改变!

6. 受人欢迎的秘密——像迎接一个大人物似的尊重每一位客人,并为客人提供额外的服务,就会受到人们的赞扬。发自内心的真诚和尊重他人,这是建立良好人际关系的前提和秘方。

7. 给你的工作带来欢乐——用幽默的言谈创造自己的服务风格,由此可以给公司带来效益。发掘自己的才华,给自己的工作带来一点快乐,也带来一点新意,你就可以有所作为!

8. 上帝偏爱诚实的人——诚实和尊重他人是成就事业的基石。从对身边的人诚实和尊重开始,你就开始积累起来一种人格魅力。当你把这种品质应用到商业中时,就会取得让人瞩目的成绩!

9. 每天多做一点点——愿意舍弃自己的时间,在自己的工作之外,再多做一点点,就会使你显得与众不同,也就会走向成功。

10. 给你的工作带来新意——突发奇想地为公司赢得良好的声誉。虽然你的工作已被确定，但仍然存在着一种可能：一个小小的改变，都会让你的工作变得非同一般。有一个好主意就采取使它实现的行动！

11. 尽责者拥有巨大的力量——竭尽全力地履行自己的职责，就会赢得众人的拥护。奇迹往往就是这样创造的，在不计得失，倾尽才华与激情的时刻，奇迹的种子已经保留在每个人的心里！

12. 始终如一的奇迹——毅力是最高天才。每个人只要专注于一件事，并从最细微的工作中寻找乐趣，他就可以有所作为。

13. 工作是你最好的推荐书——时刻努力、时刻准备着为公司提供最好工作质量的精神，就能成就自己的梦想。更高的心理准备和积极的行动，当然能为你的公司和你个人创造奇迹，因为奇迹总是会眷顾那些在工作中时刻努力、尽责并有所准备的人！

14. 任何人都可以有所作为——那些有着惊人成就的人，并不是那么遥不可及，每个人都可以有所作为。上帝每天都在给每个人制造着各种各样的机会，关键在于你是否有信心使自己成为一个有所作为的人。

15. 做团队中卓越的一员——在平凡的工作岗位上创造出一个奇迹，就会成为每个员工都必须学习的榜样。一个人的卓越与否，与他的工作没有太大的联系，重要的是，他是否能在最小的细节中发挥出化平庸为神奇的力量——他是否使自己成为团队中卓越的个人。

16. 善于合作者才能获胜——一个人若能够为了挽回同事的工作失误，做一件超出自己业务范围的工作，他就具备了一个团队成员最优秀的品质——善于合作，并带动周围人追求团队的成功。每个人都是独立工作的，但很多人凝聚在一起，他们的通力合作，才能在一个团队中发挥最积极的影响。

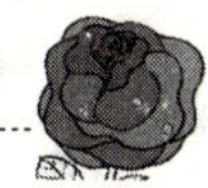

17. 无私的奉献——不计个人的得失，不在乎自己的荣辱，坚定不移地做有益的事情。将自己的才华在一个平凡的工作岗位上发挥得淋漓尽致，你就会成就自己毕生的事业。

18. 超出别人的期望——无论做什么事情，你都要超出别人的期望，那样你才会是一个成功人士。

19. 超越自己的能力——一个人应当时时超越自己的能力，做超过自己能力的工作，他才能得到最丰厚的成效。

20. 超越工作范围——工作就是机会，即使在做额外工作时，也要心怀热情，不断地创造更多的价值，就会使你踏上光明之途。

21. 相信自己也可以——为自己设立目标，每天进步一点点，自己的命运要靠自己掌握。每天面对优秀人物的头像默念一段誓言：一定要超过他们。你就会做出惊人的业绩。

22. 没有任何工作是卑微的——在生活中，没有任何工作是卑微的，只要做这项工作的人是敬业的，它就会不同凡响，就会充满意义。

只要你在平凡的岗位上做出了让众人敬佩的业绩，你就会受到人们的尊重和爱戴。

23. 天道酬勤——即使你从最低的岗位、最低的工资干起，努力工作，尽全力改善服务质量，也会得到晋升和嘉奖。上天总会制造各种各样的机会帮助那些勤奋工作的人，在他所不知道的一天，让他与自己的梦想不期而遇！

24. 一切付出都会有回报——无论是为了发展自己的爱好的付出，还是为了工作而进行的努力，都是在向你的梦想靠近的行为。哪怕是一个不起眼的机会，抓住并应用它，就会使你的梦想成为现实。

25. 你就是公司的形象代言人——时刻记住自己是公司的一员，理解自己的工作态度代表着自己所在公司的形象，自己的一言一行都可能为公司带来或好或坏的影响，时刻注意履行自己的

责任。

26. 困难总是会克服的——一件事情的成败，往往在于一念之差，越挫越勇，才能苦尽甘来。一个身在职场的人，要善于能在公司的发展机遇中寻觅到自己的发展契机。

27. 简化问题是一种能力练习——应当花费时间学习如何找到解决问题的最佳途径，越能简化事情，就越能提高效率和效益。这样你不仅可以为自己节省大量的时间，而且，你的快乐会加倍到来。

28. 做别人不愿做的事情——做别人需要你做的事情，而不是你更愿意做哪个工作。要照顾团队的利益，而不是只注意自己的利益。这是一个想在团队与集体中获得发展的人，首先应该具备的素质。只有离开舒适地带，才能做出与众不同的事情。

29. 发展你的特长——培养自己的一门专长可以给你带来两个好处：第一，它会给你带来自信；第二，给你带来只属于你的机会和运气。充分发挥自己特有的天赋，就会出类拔萃。

30. 永远不要逃避现实——永远地工作，才不会厌倦生活。工作——永远是工作，才是我们的天堂。

31. 永不服输的个性——用积极、乐观的心态去面对生活中的困难，你就会攀登上卓越的高峰。

32. 重要的是勤奋——一个人在职业中获得的每一次进步，都是他在勤奋中的积累。

33. 激起你主动的热忱——执行任务没有任何借口。这是一种认真负责的精神，这样的人才能不负重托，才能令人敬佩。

34. 开一个好头——良好的开端是成功的一半。无论干什么工作，都要开一个好头，成为最出色的人。

35. 钻石就在你家后院——那片埋有钻石宝藏的土地，就是我们手中的工作，而我们每个人都拥有巨大的潜能使它焕发出璀璨的光泽。

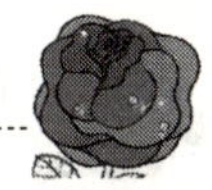

36. 快乐的人是有福的——快乐的人可以把事情做得尽善尽美。快乐的人会得到更多的发展机遇，快乐的人的确有福。因此，可以说，快乐也是一种财富。

第六节　走向成功

一个人几乎可以在任何他怀有无限热忱的事情上获得成功。

☺成功的标准

成功的标准取决于衡量它的社会及其评价人的价值观。很多人错误地将成功与富有混淆在一起：他们认为一个人的成功从其拥有的名表、名车或者豪宅上便可窥见。他们在比自己更具有经济实力的熟人面前表现得妒火难平。他们总是与比自己富有的圈中人相比较，将自己是否快乐建立在能否达到这些人的生活水准上。但是他们却忘记了去做世间最简单的一件事情，那就是反省并发现自己真正的喜好。

笔者认为，成功更应该是幸福，而不是富有。因为只有当你对自己的所作所为心满意足，并不为第二天要做的事担忧的时候，你才真正地获得了成功。当你能在一个愉快的环境中生活，并能每天与人轻松相处的时候，当你感受到周围的关爱与理解，感受到自己的付出得到了珍视且不必不断改变自己的时候，你才真正地获得了成功。当你发现自己的努力造成了影响，哪怕只是给了一个人的生活，当你得到的感激不仅来自他人，而且自己也由内而外都深悟到它的时候，你才真正地获得了成功。

因此，衡量成功不能看一个人的钱包或者身外之物，而是要看一个人的人格。成功的人应该是充满自信的，明白自己所需并付

诸行动。他们只是根据自我感觉而非他人旨意来决定自己应该追求什么。

☺成功者必备的八个条件

任何一个人,如果本人没有符合自身条件和外界环境相适应的人才成长目标设计,他将一事无成。你若想成就某项事业,要正确地衡量自己。为了成功,你有哪些聪明才智和能力?为了成功,你必须做哪些投资?譬如:精神、物质两方面。成功的目的和意义是什么?所有这些你都应该有一个明确的、长远的自我设计。一个人要想实现自己的目标设计,走向成功,起码应具备以下条件。

1. 塑造良好形象

一个人只有做到谦虚而不自卑;自信而不固执;倔犟而不狂妄;恃才而不傲物,才能给人留下良好的印象。

2. 充分内在的专业素质

任何一种行业都有它内在的真正实力和最高检验标准。你既然投身于本行业,就要注意积累知识,追求卓越表现。

3. 遇事有主见,敢说敢当

当我们要做一件事情时,要坚持这样的原则:一要遵章守法;二要临场发挥;三要不为旁人的观点所左右;四要按客观规律办事;五要勇于负责。

4. 婉转表白,堂堂正正做人

一个人应该心地善良,待人诚恳,做人正派。闲谈莫论人非,静坐常思己过。对不同的意见,要避免出口伤人,体面全无。

5. 平衡心态,切勿自吹自擂

凡事不要认为唯我独尊,一贯正确。而应该惧满盈常思江河纳百川。严于律己,宽以待人。

6. 调剂身心,放开自己

当你在工作中感到某种不满时,不要借口身体不适,或家中有

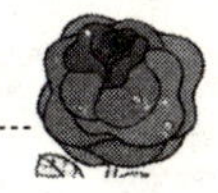

事等逃避现实工作，不要太钻牛角尖，不要待人处世太求全，不要认为上帝对自己不公平。太阳每日都是新的，使我们内心充满光明。

7. 使自己坚韧。当我们听到别人对自己的批评时，应以恳切的态度来倾听对方的话，抱着客观而冷静的态度来接受。熟悉对手，不要害怕与人对立。更不要不理睬对方的话，人为地产生隔阂。要建立信心，通过与别人的合作协调，促使发展自己的坚韧精神。

8. 一个成功者必备的三大因素

一、积厚而薄发的知识；

二、超乎常人的勤勉；

三、恒而不辍的追求。

博大精深，勤能补拙，毅力是最高天才，应该成为我们的座右铭。

第三章

美满婚姻的基石

愿丈夫和妻子永远不要莫名其妙地区分你的、我的，因为这样造成了所有的法律诉讼与世上所有的战争。

提出一个问题比解决一个问题更重要。因为解决一个问题只是对现成的问题寻找一种方法，而提出一个问题却是对事情的许多方面进行探求和归纳。

第一节　男人的生活模式

若男子能使他的女人看他如神圣，自然是精巧明智极了。

☺男人的五种生活模式

——单身汉。这些人在20岁时，不愿意也没有对人对事做出真正的献身，他们努力延长青年人对生活的尝试过程。

——作茧自缚的人。在20岁时，在没经过危机，没经过自省就做出坚定的选择。

——善于征服艰险的人。这种人喜欢为自己确定目标，并为达到目标勇于战胜一切困难。

——永远长不大的孩子。他们在青少年时期常常围着母亲转，永远摆脱不了需要人照顾的习惯。

——全面发展的人。他们权衡了对事业的追求和对家庭的义务，也包括与妻子分担照顾子女的责任，努力把挣钱养家同为社会服务结合起来。

以这些模式为线索，让我们看看最普通的男人的生活。

一、单身汉

这种人的迫切需要是探索、尝试，他们总让各种结构处于临时状态，以利于变化。走极端时这种人只愿意，也只能有比较浅的感情联系，他们只是试工而没有一个明确的职业。长久，永远不是他们20多岁时的目标。

一些单身汉以有益的方式从事他们的探索。尽管每次都是试验，他们仍报以满腔的热情和真诚。他们可能学开车，去工厂打工，或者开始做生意。所有这些尝试都为今后的选择奠定了基础。大多数单身汉工作不稳定，20多岁了还不得不同父母亲住在一起，没有中产阶级出身的年轻人为了“拔根”离家进行尝试的机会，他们对家有很强的依赖感。他们常常没有什么自己的想法。从一个工作换到另一个工作，他们从来没想把自己的职业发展成事业。周围也没有人指导他们，他们结婚，主要不是为别的，而是他们认为自己该结婚了。表面上看，这种人做出了成人的选择。然而，这些选择可能很少反映他们的本意。像失去父亲和母亲，经济危机，这类意外的事件很有可能把他们推入随波逐流的生活。当然，他们或许在一些钓鱼、骑马、赌博中获得一些乐趣。

这种人对成人的生活选择大概要推迟到30岁之前，还要受到内心软弱和性格上的缺点的折磨。常识告诉我们有限的献身是人20多岁时的最佳道路。很多年轻人懂得其父辈在宦海耗尽自己的青春。那些早期选择时不花力气的人也不会有多大的长进。这种人易走极端，他们想与人合二为一的那一半也不可能表现出来。如果不去求学，不参加工作，不信恋人，那么路只有一条条自我封闭。这种人在为寻找自己的个人意识和价值观而斗争，直到中年。

二、作茧自缚的人

安稳，但停滞不前。这部分人是我们最熟悉的。他们没有经过好好的自我检查，更没有经历过个人的危机就在20多岁的时候，进行了坚定的选择，快到30岁了，他们也许会后悔没有利用早年进行探索。那些有远见、有胆识的人，也许会从“应该”的模式中挣脱出来，改变了自己的职业。这种早期职业的转换制造了更多的模式，进一步减少了变化带来的危险。任何这样的变化都会很痛苦，是一种危机。不过这种危机比一个人等到中年时的危机要好得多，那时的危机就像潜水艇撞在一块没有标在海图上的礁石。他被困在一个小圈子里，这一事实会加剧危机带来的痛苦。那些走父辈老路的人是被禁锢者的最明显的典型。还有那些政府文职人员，中上层阶级的子弟常常来不及探索，走的是别人指给他们的路。他们不愿冒风险，不愿太出圈。他们常常一头扎进对名、利的追求之中。

这些人集中精力搞事业，对他们的小家也很尽心尽力，但很少自省。他们善于完成任务。他们循规蹈矩，急于被提升，对现行制度的很多方面都接受得了。到了30岁，他们的许多潜在优势因循规蹈矩而丧失。为了保住他们选择的婚姻和事业都能美满的这一

假想，他们中的大多数人很会自我欺骗。他们帮着照料孩子，却尽量避开在他们身旁认真琢磨的妻子。30 岁出头对于他们是个很麻木、肤浅的阶段。因为在前一转折阶段他们的事业几乎没有什么发展，到了 35 岁，他们已经迫不及待要扩展了。40 岁时，他们那强壮的、镇静的外表撕破了，大多数人发现自己在经历一场前所未有的动荡，这远比他们记忆中的少年时代可怕得多。40～50 岁在他们生活的各个方面都表现出多事之秋。备受恶劣的心绪和自我怀疑的折磨后，那些敢正视自我，重新自我鉴定痛苦的人还是能够从动乱中走出来，使面貌焕然一新的。

人生最好的路属于那些在中年阶段能面对死亡的问题，把自己的精力从自己的进取转向别人的人。他们不再着力于赚钱、出名，而是热衷于帮助他人。这包括照料自己的孩子，从事教学和咨询工作，或者成为年轻人的引路人。

三、喜欢冒险的人

作茧自缚的男人和喜欢冒险的人有相似之处：这两种人可能都想建立丰功伟业。然而，他们又有区别之处：区别在于他们想冒多大风险。那些抱以“争取去当总统”或“现在就是为了赢”的想法而开始生活的人总不放过任何进取的机会，为自己包揽荣誉。在这一过程中，只要他为之效力的队伍或他信奉的原则可以帮助他炫耀自己，他就忠贞不贰。他不但冒险，而且还制造险情。结局的不可知性正好使他兴奋。这种人成果出得早，他们早于同龄人跨过了事业上的障碍，有时他们也许爬不到顶峰，即使登峰造极也不会待多久，他们想的就是工作，工作和私人生活的界线已经变得非常模糊。他们中的大多数人在巅峰期飞黄腾达，然后又变得一钱不名了，没有能为第二职业做些准备。聪明的人会利用他们的名声向其他领域扩展。有人成了节目主持人，有人成了企业的老板。

勇于冒险的人常常具有同事业中挫折做斗争无限的韧劲。生意亏本，争权失势，竞选败北，甚至连被指控犯罪在他们眼里都是

暂时的。这不过更增加了奋斗干劲罢了。可是他们在个人生活方面表现出低能，他们不善于交流，有时根本不会爱，可能这非凡的成功者，总在寻找自己，不会与人合二为一。

一般说来，这种人的婚姻常出于现实的考虑，他们多娶的是贤妻良母式的女人，他们多强调维持传统的婚姻。他们的妻子是他们心理上的保护伞，让他们毫无负担地去工作。家庭的存在对于他们很关键。他渴望有个人能理解他，但不给他出难题，他们怕的不是老婆，而是害怕停止让他们的生活充满外来的挑战。

金钱是这些人在旋风式生活中的二等动机，最主要是打入那些圈子。他们对别人的需要视而不见，缺乏同情心和良心上的责备。然而，他们既不讲道德又狂妄，加上聪明和想象力丰富，在商业界和政界能大显身手。

四、永远长不大的孩子

据调查：男人比女人更需要婚姻。尤其是年龄较大的男子很容易在外界贬低他们价值的时候不知所措。婚姻对男子具有很重要的支撑作用。社会要求男子这个性别角色总是在治家、治国、平天下这些大事上有所建树，从而自幼就忽视了男子自身饮食起居等基本生活技能的训练。如果说男人们真的达到了上述社会对男子的性别角色所要求的某种程度，那么，男人们在个人性格和生活技能上有所欠缺还是情有可原的，但遗憾的是，父母们对男子从小单一方面的要求，加之不严谨的教育方法，导致了一些男子不仅没有在男性角色所承担责任的领域里有所建树，而且在个人生活方面总是需要有人照顾，尤其是结婚以后，更是需要女人的照顾。表面上看，这些男人已经结婚，实际上却是一个永远也摆脱不了需要人照顾的“单身汉”。

五、全面发展的人

全面发展的人总在平衡自己的进取心和对家庭的义务。他们总在自觉地争取经济上的富裕同为社会服务结合起来。

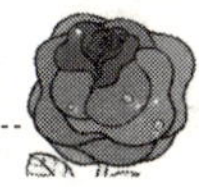

全面发展的男人事业心强，明确自己的生活目标，知道自己承担着治国、治家的双重角色，总是自觉地严格要求自己，为实现自己的奋斗目标坚持不懈地追求。

全面发展的男人知识丰富，感情细腻，能够摆正事业与家庭的关系，知道幸福，稳定的婚姻对一个男人成就事业至关重要，总是力求这两方面发展平衡，达到真正意义上的成功，达到快乐而富有的生活愿望。

第二节 女人的生活模式

女人若能使她的丈夫看她如神圣，而非机巧出群聪明绝顶的女人办不到。

要描述女人的生活模式，最好的办法是看看她们过去是怎样选择的。她们中没有一个能追求自己的梦而不放弃一些别的东西，没有一个人能唱出心曲而不被剥夺走心中热爱的东西。

☺女人的四种生活模式

一、贤妻良母式的女人

大多数女人在20来岁时选择的都是这条路。这是一种把希望寄予他人，帮助他人，信服他人的生活。她们把人际关系看得最重，想通过别人来实现自己的理想。她们不去追求自己的梦想，却梦想找一个最有希望的丈夫。这是这个模式的一个特征。成百上千的女人不工作或做半日工为的是支持她们的丈夫搞事业，而不是为了在工作中挖掘自己的潜力。她们从不对意外的事件有所准备。如果有人劝告说：“你应长点自己的本事，没准有一天你得会

养活自己呢。”这是她听不进去的。

她们为别人活着，也需要别人继续需要她们。她们中的一些人过着幸福、美满的生活，更多的人是怕过越来越呆板、单调的生活。她们关心她们的丈夫胜过关心自己。她们把关心照顾丈夫和孩子看成生活中最重要的事情，确实使男人们感觉到女人的伟大。

二、两者只选其一的女人

半数以上的女人能归入这个类群。这些妇女认为一次只能完成自我的一个方面：一个是推迟为建立自己事业要做的努力，先结婚、生孩子，用自己的事业换取一个男人对自己可靠的感情。另一个是坚定地为自己的事业发奋，先不结婚，不生孩子，只找暂时的感情寄托。有时，大多数女人感到他们不得不在爱情与孩子和工作与成就之间做出选择。如果一个男人面临这种抉择，还会有人做丈夫吗？

一个女人怎样才能在婚姻之外找到自己的天地而不影响夫妻关系和她的孩子呢？许多女人都在经历这个阶段。

三、全面发展的女人

这样的女人是我们这一代的叛逆者。结婚没有使她们停止为事业的成功而发愤，事业也没有妨碍她们生儿育女，尽管有时她们不得不因为孩子而减慢速度。20多岁时我们的主要矛盾是：怎样才能把抚育孩子同我们的生活结合起来，以至于我们不中断和世界的联系。

大部分全面发展的人毁掉了自己的婚姻，或者放弃了事业，或是不管孩子。20多岁时，一个女人不太可能把婚姻、事业、做母亲结合起来。到了30岁时就非常可能了。她们有经验，也有信心，是该把协调这些冲突作为首要任务的时候了。

四、永不结婚的女人

我们的社会极不愿意把这看成一个合理的生活方式。事实证明，以文化程度、职业、收入为标准，每一个阶层的人中，独身的女

人都超过独身男子的人数，老了时，她们比光棍们更有精神力量来对付生活的挑战。

今天有不少的不嫁女人在创造新的生活模式。有些人两性生活相当活跃。她们既爱过男人，又爱过女人，在女人那里也能找到伴侣，理解和鼓励。另一部分不婚的女子成为为他人献身的人，有的成了社会工作者，有的成为大人物的办公室妻子，有的成为孤儿和低能儿的保护人，把自己的创造性用来关心照顾别人。

人生要经历许多次危机或者说是转折。18～50岁是人一生中的中心阶段。如果对这一阶段的心理和生理的变化有深刻了解的话，就会使我们顺利走完这段人生之路。每个人的一生都要经历界线分明的五个阶段：学生、成家立业、发展壮大、隐退、最后弥留。每个阶段时常出现的心态不平衡是可以预见的。每个阶段出现的危机既预示着灾难，也标志着是个转折点。在这个关键时期里，既有日益增加的威胁又有潜在的能力高涨。在危机面前的成功与失败决定着你将是前进还是后退。不管怎么说，危机会使你的生活进行重新组合。面对每个阶段中的主要问题，你应该按照下面三个顺序妥善处理：一是建立紧密的关系；二是进行创造；三是完善自己。

青春期后的生活不仅有其特定的任务，而且还会有许多变化。我们必须预见的应该是：

一、在外界事物的缠扰下自己内心的变化；

二、比较男女发展的节奏，研究夫妻之间可预见的危机。

每个人的成长都不是一帆风顺的，不仅要克服由外界而来的种种障碍，而且还要不断地同自身所产生的种种矛盾作斗争。只有我们预见到各个阶段的危机，寻找应付危机的策略，才能从容地生活。

第三节 选择配偶

运气的好坏，生活的好坏，在于你选择的配偶是好是坏。

☺选择一个什么样的人生伴侣？

选择婚姻伴侣是我们生活中将要做出的重要的决定之一。它与我们的幸福和痛苦息息相关，与我们儿孙的遗传特征和养育息息相关，与我们财产的支配权息息相关。

你将选择一个什么样的人生伴侣？这个重大决定既可以造就你，也可以毁灭你。所以，我们应该好好研究构成婚姻的基础，避免冲突，获得满意的亲密关系。应该承认，许多人认为研究婚姻和家庭是浪费时间和精力，因为从个人的经历中对此已了解甚多。但是，个人的经验太狭窄了，不足以据此得出普遍化的结论，许多有关婚姻家庭的一般见解事实上是不准确的。并且在婚姻和家庭这个领域，充满感情并渗透道德价值，因此常常难以客观地或明晰地说明其真实情况。这样，我们中许多人便不利用社会学和有关科学提供的有关资料，在看似亲密的关系中“混日子”。我们难以度日，勉强解决日常中出现的冲突与摩擦，在迷茫中探索，犯下许多不必要的、代价巨大的错误。

我们选择了合不来的伴侣，生育孩子，天真地认为只要有美好的目的就足够了，并且步履蹒跚地从一种不幸的关系到另一种不幸的关系。在表面看来信任的现象后面，我们能呈现给这个世界的正是深藏于内心的迷惑、不满足和不幸的情感，因为混日子所付出的代价通常是很高的。这种过日子的方式可能导致机遇、时间和资源的严重浪费。最为普遍的是，它在不必要的失败、失落的满

足感以及感情的折磨上付出了重大的代价。

那么,你将选择一个什么样的人生伴侣呢?

首先,要选择身心健康的。所谓身心健康指的是一个人应该具备健康的体魄,这不仅能够应付未来生活中遇到的重负,也对遗传上奠定良好的基础。心理上应该纯正善良,并应具备良好的文化教养,热情开朗。

其次,要选择性格上彼此相适应的。人们的性格,千姿百态。没有一个既定的标准来衡量哪种性格孰优孰劣。有时相同的性格倒难以彼此适应,有时则如顺水推舟,一帆风顺。有时相反的性格摩擦突起,有时则相反相成,有益互补。所谓"物以类聚,人以群分","知性者同居"说的就是这个道理。

再次,要选择你真心喜爱的。配偶作为一个人一生中相濡以沫、形影不离的终身伴侣,第一要素是必须"耐看"。尽管"耐看"的标准会因人而异,但就你作为选择的主动方而言,必须从自己心眼里觉得看着舒服,对方的感觉及其他外部条件可以放在其次考虑。这种看着舒服的感觉,会自然而然地消除许多不满情绪,为以后的亲密关系创造了一个良好的开端。

☺选择理想的配偶应避免的三个误区

选择理想的配偶,除了遵循上述三个重要因素外,还应避免下列各方面的误区。

1. 言行不一致,表里不一致的人,很有可能寻找配偶的目的不纯,只想利用你的某些优势从中获利,诸如:政治上、经济上、家庭上、社会关系上等。

2. 过分注重政治上、经济上的优势。一个人可能由于历史上和社会上的某种条件,促使在本人头上显示出许多"光环",从而其本人显得权贵和富有,这极容易给你造成一种假象,使你如同飞蛾扑火,自投罗网。这时,你就要考虑此人的人品如何,他是如何获

得这些荣誉的。如果他的殊荣来之不善，你一定要避免与这种人结成婚姻，否则，即使你非常富有，心灵上遭受的创伤也会伴随你的一生。

3. 心理上有缺陷的人。一个人尤其是幼年的生活环境及青少年期成长的不健全，造成了性格上的不完善。譬如：自卑、胆怯、软弱、任性、性变态、癔病及生理上先天存在的不足等。结婚前人们往往忽视这方面的问题。所以，当你和一个人交往恋爱的过程中，要通过一些细小的事情就可以有所察觉，如果你感觉两人难以调适，必须立即终止交往。

总之，可爱的人不一定漂亮——尽管不可否定漂亮是有魅力的。很少有男人喜欢只是漂亮而缺乏内涵的女人。而且，美丽的外表会因为令人讨厌的性格，诸如唯我独尊，自私狭隘，欺骗愚蠢等而黯然失色。

有品位的女人很少喜欢那种以财富自居、缺乏深沉的男人——尽管财富对任何人都有吸引力。而且，一个缺乏教养、反复无常、不通情理的男人，即使他腰缠万贯，也会令贤淑的女人嗤之以鼻的。

第四节　亲密关系的基础

被爱的感觉比任何别的东西都更能增加兴致。

☺建立亲密关系的三个基本要素

尽管建立建设性的令人满意的人际关系是重要的，而实际上，我们所说的“亲密关系”还没有一个普遍公认的定义，就更不用说充分了解并建立这种关系的原则了。为此，笔者希望尝试描绘这种关系的本质并以图提出建立这种关系的指南。

心理学家乔治·伦纳德认为，亲密关系具有三个基本的要素。

——强烈的共同感或相互依赖；

——巨大的感情投资；

——定型的结构。

从下列一些主要的特征中，可以体会到表面关系和亲密关系的区别。

1. 在一个大的范围内互动更加频繁，持续时间更长。

2. 一旦分离，双方都彼此思念，重逢时情意倍浓。

3. 双方都吐露秘密，共享肉体之乐，彼此都更加坦率地批评或赞扬对方。

4. 双方形成其自己的交流方式，并有效地相互交流。

5. 双方确立了一致的目标和稳固的互动模式。

6. 在这种关系中双方的投入增加，在双方的生活和感情上增强了这种关系的重要性，双方的个人志趣是与良好的关系紧密相连的。

☺亲密关系是如何形成的？

亲密的关系是由于双方的独特性格所形成的：一、双方的互动方式；二、有效的交流；三、信任和爱的程度；四、解决冲突的有效方法；五、互相承担的义务和自觉性。这些都是建立亲密关系的基础。

现分别简述如下。

一、双方互动的方式

两人从一开始接触，他们便进入了一种互动的过程，每一方都付出了一定的代价并得到了某种回报。在这种互动的过程中，他们决定这种交往是否值得持续下去并可能发展成为一种关系。接触的开始和关系的建立都是为了满足与人们有关的需要。它可以是明显的恩惠，诸如金钱、肉体，也可以是更复杂的东西，诸如赞许和感情上的支持。当然，对一个人来说是很有价值的报偿，对另一

个人也许一文不值。而且，正如我们可以料到的，付出和报偿是可以因时、因地、因人而异的。只有在交往过程中人们所得到的正是他们认为应该得到的东西时，他们才会感到极大的安慰。

二、有效的交流

一种关系要向亲密方向发展，重要的是双方要彼此有效地进行交流。交流的信息有两种：一种是认识方面的信息，这主要是获知有关彼此的事实和我们周围的世界。二是感情方面的信息，这主要是相互了解感情，以及他们的经历和对周围环境的感觉如何。

一般地说，有声的表达主要是运用于交流认识方面的信息，而无声的表达则主要是运用于交流感情方面的信息。无声表达是通过面部表情、手势、眼神、声音的变动及其他的身体语言来传递的。事实证明，女人比男人能更好地理解无声的暗示。在亲密关系中，双方在各方面都彼此了解，感到被理解是极其重要的，反之，困难就必然要出现。

那么，如何进行有效的交流呢？注意下列几点，对于你想确认一下你的同伴已经理解了自己的信息是十分有用的。

1. 要做到具体，说到点子上。

2. 用自己的知觉和感情来表达自己的观点，他人就很难生气或是争辩。

3. 身体语言运用得当，会起到强调你谈话要点的作用。

4. 表达自己的知觉和感情时，考虑到他人的看法也是很重要的。

5. 乐于听他人的谈论，而不要自己谈得过多。

6. 注意谈话者的真实意图，得知同伴没有说出口的东西。

三、信任和爱的程度

人与人之间最亲密的关系就表现在相互信任上。尤其是夫妻之间更要谨言慎行。在金钱和性这两个敏感的话题上，千万不要轻易显出不信任的言行。既使你有些疑问也不要随便询问，要放

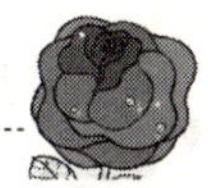

长时间观察，或许时间给你公正的回答。事实上，许多夫妻之间的猜疑都是误会，只是不善于沟通造成了矛盾。所以，夫妻们要掌握沟通的技巧、加深信任的关系。夫妇们学会“示爱”，这也是建立紧密关系的一个技巧。不要认为既然已经结婚成了一家人了，就忽视对方的心理、生理上的要求。要经常适时地为对方做一些小事，关心对方的工作和人际关系等，都是为了促进爱的亲密程度所必不可少的。

四、解决冲突的有效方法

随着双方关系的发展，内在的分歧开始暴露出来。冲突普遍表现在金钱、性、权力和决策，嫉妒和占有、性的排他性，以及未满足的需要和希望等方面。

如果双方面对冲突而只要求对方改变，破坏性的争吵，或压抑感情，这些都会是加深冲突的根源。通过旨在双方能相互接受的谈判，一方在一个方面的作出让步，以换取另一方在另一个方面作出的让步，或是双方同意有一个“中间地带”，这似乎是一种解决问题的理智方法。常见的解决冲突的策略是采取迂回战术。譬如：搪塞、拖延、分散注意力、重新解释、道歉等。另外，解决冲突的时间选择极其重要。尽管人们时常觉得难以忍受未解决的冲突，尤其当问题严重时，但不找一个合适的时间而硬行解决问题，这是不明智的。通常，冲突也还有助于双方更好地相互了解对方和他们的关系，避开一些不必要的冲突。况且，开诚布公地交流和解决冲突，能增强彼此的信任，促进亲密关系的发展。

五、互相承担的义务和自觉性

交往的男女双方要注意共同的利益，而不仅仅只关注自己的直接利益，共同承担家庭这个社会细胞应尽的责任和义务。彼此自觉地履行对婚姻的承诺。承诺起着稳定关系的作用并可约束双方的行为。只有双方都具有高度的责任感，才能为维持这种关系奉献出所需要的时间而努力。

在建立亲密关系的过程中，我们上述所谈论的基本准则，当然会随时产生变化。但是，如果双方保持清醒的头脑，常常理解地评价正在发生的变化，预测并调节这些变化，悲剧就不会发生。不幸的是，许多曾经美满关系的恶化和终止，仅仅是由于双方都没有意识到保持警惕性和没有意识到努力是保证一种有益的关系继续下去必不可少的一部分。

第五节　理想的婚姻

在婚姻关系中，礼貌的重要仅次于小心选择伴侣。但愿少妇们对自己的丈夫，都能像对陌生人那般有礼。

☺结婚前应考虑的八个问题

对大多数人来说，结婚是一个重要的生活目标，它和个人的成就事业的成功一样，标志着一个人已成熟和成人。

结婚的目的有：为了爱情，满足性的需要，生儿育女，提供经济需求以及为了完成自我，双方共享一种舒适的生活。

一般地说，人们都希望伴随着婚礼和蜜月的罗曼蒂克的激情和能够令人震颤的特性，能够永远地继续下去。然而，事实上只有少数的婚姻是运行良好的。剩余的都是以不幸的婚姻而维持或者以离婚而告终。为了避免在婚姻运转中出现毛病，你应该在结婚前考虑好下列一些问题，意在引起你对这些敏感区域的关注。

1. 我能够接受他或她的错误以及缺点而一起生活吗？（不要试图改变对方）

2. 我能够接受他或她在婚姻期间所需要做的各种角色表演吗？

3. 我愿意为了他或她的需要为之作出牺牲吗？

4. 我是否感到我的伴侣真正接受了我，对满足我的需要感兴趣，而且在危急关头能够提供可靠的情感支持。

5. 我们相互之间有款款深情和持久友谊吗？

6. 他或她对于我有肉体和性的吸引力吗？

7. 我们有共同的价值观和感到我们的关系是公平和平等的吗？

8. 我们是否对照过彼此对婚姻的目标和期待，并且以大家都满意的结果解决分歧。

除了这些因素外，诸如与婚姻调适相关联的相似和互补也很关键。尽管如此，某些婚姻公然与这些可能性相背离都显得很幸福和稳定，这也许是这些夫妇对婚姻的期望较低，而为婚姻做了较多工作的缘故。

☺一个好丈夫应常常问自己的问题

作为婚姻的主体，男女双方应从在结婚后及时进行各自的角色转换，从单身到与配偶一起生活，必然要承担各自应尽的义务和承担责任。作为一个男人，要想做一个好丈夫，不妨常常问自己下列问题。

1. 在家里，你能做到谁说得对，就照谁的办吗？

2. 你是将妻子作为人生伴侣加以尊重和信赖吗？

3. 发生分歧时，你能冷静地先听听妻子的理由吗？

4. 你认为自己一向是宽宏大量的吗？

5. 你对自己的生活和工作能力自信吗？

6. 你愿意和妻子及孩子常常交谈和说笑吗？

7. 你能注意到妻子新置的服饰及新做的发型吗？

8. 在家吃饭感到格外香吗？

9. 你能够不忽视妻子的性心理需求吗？

作为丈夫要明白：妻子的第一需要是爱她。她总是希望丈夫

不断地向她表示爱情，使她感到她真正成为他生活中的第一需要。

作为丈夫对于妻子在家里所起的作用给予肯定。使她觉得受到尊重和平等的地位。家庭中的事都要和妻子商量，共同做出安排。

作为丈夫应该明白，妻子总想分享他们的社交及其他方面的生活乐趣，要尽量在可能的条件下带着妻子一起外出或参加社交活动。

作为丈夫要仪容整洁，言谈举止得体，尤其是在公共场所。

作为丈夫应尽力减轻妻子的家务负担。对每天重复的家务，如收拾房间、做饭、送小孩等，应该摸索出它们的规律，交叉安排，省时、省力、合理地组织起来。对周、旬、日重复的家务，如购物，可以确定用量，确定日期，确定地点，尽量减少跑路，节省时间。对季度重复的家务，如时令衣物的更换，应分类收藏并立个备忘录。对年度重复的家务，如大扫除、修整房屋等，应集中时间，集中家庭成员，选择恰当时节，全力以赴地完成。

妻子希望丈夫成为维持家庭纪律，对家庭生活做一些指导的领导者，并有男子汉大丈夫的气概。

妻子还希望丈夫能够原谅和忘记她犯的一些错误，特别是触怒丈夫的过失，这样的家庭就会显得和睦，多讲优点少说缺点是有好处的。

☺一个好妻子应常常问自己的问题

作为一个女人，要想成为一个好妻子，不妨常常问自己下列一些问题。

1. 能勤快利索、井井有条地安排日常生活吗？

2. 发生争执时，能心平气和地排除自己的看法吗？

3. 丈夫遇到挫折、困难时，能理解并想方设法安慰、鼓励他吗？

4. 即使对自己不利，也能信赖丈夫吗？

5. 能克服或抑制自己的虚荣心、多疑心，并起码不影响丈夫的工作和生活吗？

6. 不仅热衷于照料孩子，也能对丈夫无微不至地体贴、关怀吗？

7. 能留心丈夫的健康、休息和服装吗？

8. 能让丈夫心情舒畅地过性生活吗？

9. 对丈夫带来的朋友、同事能热情有礼地招待吗？

10. 丈夫出差、加班，能愉快地表示同意吗？

11. 能够正确处理婆媳之间的矛盾吗？

温柔是女性的特征。男人最爱的就是那种有许多话要说，可就是偏不说出来的女人。一个女人应该懂得，体贴与温存是赢得丈夫的好感与爱护，增进夫妻感情的基本因素。

作为妻子应该明白：男人爱漂亮。即使结婚生育子女之后，也要注意自己的形象，保持整洁，轻妆淡抹总相宜。

作为妻子不要对丈夫的错误和失败唠唠叨叨。与丈夫谈话，询问他的工作和社交情况。特别是当他的工作、事业不顺利的时候，妻子要同情、安慰丈夫，并与他商量解决的办法。

作为妻子要十分讲究与丈夫亲属相处的艺术。婆媳关系是一项极其难处却是十分重要的家庭关系。这不仅关系到家庭是否和睦，而且对丈夫的工作、学习、身体健康诸方面都有举足轻重的影响。

如何正确处理婆媳之间的矛盾，妻子起着一个重要的决定性的作用。作为妻子要耐心倾听老人的心里话。老人几十年的生活阅历，或多或少对年轻人是有启发的。面对婆婆的唠叨要表示爱听，可以说："没关系，小辈听着有好处。"这样，婆婆的唠叨话反而会减少。对婆婆的说话言辞激烈或用词不当，要理解为：老人心中可能有气，主动说些"软话"，帮助老人消气。比如说："我这人心粗，常惹您生气，不要放在心里。”

婆婆上了年纪，由于生理、心理上的变化，常常显出争吃、争穿的倾向。其实，那是老人心理上一种失落感造成的。媳妇们进门后，婆婆的支配权缩小了，显示不出自己的尊严，经济上媳妇自成一统，只顾自己的小家，忽视大家庭中长辈的存在，使老人产生不满。这种不满表现在表面的争吃、争穿上而实际是在争礼，争面子上。所以，作为媳妇，要主动多关心婆婆。天冷了，为婆婆添件衣服；婆婆出门时，给些钱，说些关心话；婆婆过生日时给买点礼物等。如果你在家主持家务，经济要公开，持家民主，大项目的花费要听取大家的合理建议。当婆婆和自己发生争吵时，要冷静分析原因，检查自己的行为，交谈理解，少用反问句和责备的话，多用正面的、鼓励的、赞扬的话，保留婆婆的面子，达到少说一句风平浪静，退一步海阔天空的境界。

作为女人，要为丈夫提供能够使他提高工作效率的基本要素。不管男人多么喜爱他的工作，他的工作总会带给他某种程度的紧张。在他回家以后，如果这些紧张能够消除，他就能够为他心理的、身体的和情感的能量充电，在第二天开始新鲜和热忱的生活。

由于装饰和布置家庭通常是妻子的工作，你必须记住：舒适是男人的最大需要，也是把男人留在家里的最好方法。当你布置房间的时候，不要忽略男人对舒适的要求，要知道男人把他们的衣物、器皿、书报等习惯放在什么地方。注意保持有秩序和清洁。

家里的气氛，主要是女人创造的。你的丈夫在外界的表现，将会受到你所创造的家庭环境的影响。作为女人，并不希望你的丈夫完全被他们的工作占据，或是身体和精神完全被工作控制。但是，你又希望他在这些工作上有良好的表现。你若能创造一个快乐而安详的气氛，就能够使他在这两方面都达到了。

使人非常惊讶的是：许多爱着自己丈夫的女人，不知道如何使她的丈夫得到快乐和幸福。她们内心里虽然有着全世界最具爱心

的愿望，但总是当丈夫出门时，紧缠住他不放，甚至说些不愉快的旧事，让丈夫悻悻而去。当应该听丈夫说话时，急切打断他的讲话，而自己喋喋不休个没完没了。

虽然要讨男人的喜欢并不困难，但是只注意自己的外表装饰和打扮，而忘了表示出内心的关怀，往往是事与愿违的。学习过博取丈夫欢心艺术的女人，就不必担心在失去迷人的青春和娇好的身体之后，掌握不住丈夫的心了。

妻子如果能够鼓励丈夫培养一种有趣的爱好，就不必担心他去追求别的女人了。只有那些在生活里感到枯燥乏味的丈夫，才会掉进女狐狸的陷阱里。培养丈夫的爱好时，你会发现当他参加一些有益的活动以后，再回到工作和家务上来，就会感到更加精力充沛。

盼望丈夫成功的妻子，必须心甘情愿地让自己的丈夫做他最喜爱的任何事情，纵然他的做法是很冒险的，不论遭到了什么挫折，你必须有深信丈夫的勇气，而且毫不畏惧地支持他。男人把他生命的大部分都奉献在工作上，他的妻子有特权来分享任何一种占去了他大部分时光的职业。做妻子的在必要的时候付出你的关怀和帮助，不仅可以帮助丈夫得到成功，而且也得到了分享报酬的权利。

有两件最重要的事情，可以使妻子帮助丈夫事业的成功，第一件是爱他；第二件是让他独自去闯。一个可爱的妻子，将会带给她的丈夫愉快和舒适的家庭生活。而如果她聪明得能够让自己的丈夫不受干扰地处理业务，她的丈夫就一定能够发挥出全部的能力而获得成功了。婚姻的幸福本身是一个很难定义的概念。有人说它是一种浪漫情调；有人说它是一种富裕的生活；有人说它是一种精神上的充实和自由。对于幸福婚姻标准主观上的评价会因人而异。客观上的评价往往只有表面价值。许多被别人认为是“幸福”的婚姻都以离婚而告终。与之相反，许多被认为是不幸福的婚姻却天长地久。因此,仅仅是幸福并不足以保证婚姻的稳定和持久。

根据社会交换理论,婚姻的稳定性取决于人们现时婚姻与最可能得到的选择之间的比较。如果人们发现一位可以替换的配偶,他或她能够提供一种更为有利的婚姻报偿比率和比较标准,其婚姻就可能处于风雨飘摇之中。如果与之相反,其婚姻则可能稳如磐石,至少暂时是如此。简言之,假如你认为目前的配偶是一笔好“交易”,是你所能发现的最佳选择对象,你的婚姻关系就可能是稳定的,否则,它就可能是不稳定的。

婚姻的幸福和稳定性并不是经久不变的,它们可能随时光流逝而发生值得重视的变化。许多丈夫都面临着日益增长的情趣、目标和价值观分离的问题。在我们这个复杂多变的世界上,婚姻的稳定性不可能是那种一旦形成就指望其长久的事物,所以说它是一种夫妻必须努力奋斗,学习生活的艺术才能保持的状态。

☺美满婚姻生活十二法

1. 要经常站在对方的角度考虑问题,多为对方着想,多为对方做一些日常小事。

2. 不能对对方的任何主张都随声附和,要公开地发表自己不同的意见,但前提是不伤害对方的自尊心。

3. 当你为自己打算时,必须同时考虑对方的幸福和快乐,时刻记住“我们”这个词。

4. 要学会容纳对方的小缺点,如果发生了不可避免的口角,应控制在家庭内部解决,学会让步,多做自我批评。

5. 不要使对方成为你的影子,要给对方充分自由的空间。当你的配偶与别的异性在一起的时候,你应该信任他(她)。

6. 要了解对方的兴趣爱好,相应地调整你的行动。当对方疲劳或生气时,不要提及一些富有刺激性的事情。

7. 真诚是维系婚姻美满的最有力的纽带,任何轻微的虚伪都

可能使对方陷入疑惑的苦海。

8. 制定一个合理而明确的“家庭规则”，明确各自对于家庭和对方的责任以及义务与权利。

9. 培养成熟的爱情观念，真正的爱情是使对方幸福，你应把心爱的人的幸福和快乐看得比自已还重要。

10. 夫妻关系要建立在平等的基础之上，无论是对双方亲属的关系、金钱财产事项，还是教育子女、料理家务都应该力求平衡和一致。

11. 经常设法交换意见，处理分歧时，双方都必须自制和忍耐，对于重大事项不取得对方同意，绝不擅自主张或擅自行动。

12. 练习赞赏的技巧，每天称赞你爱人一次，对方由此而涌现出的爱意一定会令你惊奇。

第六节　婚姻的冲突与调适

若不能原谅彼此的小缺点，便不能让爱情长存。

☺引起婚姻冲突的最重要的七个原因

尽管许多年轻人认为他们的婚姻是和谐、美满的，可是，就婚姻关系的程度及双方不会在一切事情上都意见一致的这种可能性来看，冲突似乎是不可避免的，而且构成了婚姻生活中一个非常令人苦恼的内容。人们常常说的“婚姻问题”，它不仅指冲突，而且还指其他调适的要求，诸如严重的疾病、收入不丰、事业上的压力等，都会在婚姻生活中表现出冲突，因而产生双方为维持其婚姻的和谐而必须进行调适的要求。

当然，冲突有着许多潜在的根源，这是因为双方的个性、婚姻所处的社会环境、婚姻关系所处的阶段而有所不同。但是，一般说

来，引起婚姻冲突最重要的七个原因是：①不当的需要和期望；②金钱；③性；④权力与控制；⑤角色和责任；⑥猜忌与占有；⑦婚外性关系。

1. 不当的需要和期望

在婚姻所谓的蜜月阶段，多数夫妻表现出的都是自身闪光的东西。他们过分注意外表和行为，以相互取悦或相互留下好印象，在爱情和罗曼蒂克的光辉中，他们总是将自己不良的品行遮掩起来。但是，随着双方进一步地相互了解，就不能再维持这个虚假的自我。妻子很快就会发现丈夫和朋友在一起时，其行为就像一个少年，或他真正憎恶她所喜爱的男演员。丈夫会发现妻子在早上脾气急躁或对他的嗜好感到讨厌。一方或双方还可能满足不了对方不现实的期望。当夫妻用物质或感情交换的观点看待婚姻时，这个过程就可能会被夸大。如果第一次"交换"不成，困难就会由此而生。在这些困难之后，随之而来的是多种反应，一方可能会减少对另一方的赞扬和注意，这是被剥夺的一方失去爱的标志。分歧和争吵还会发生，双方还会为与他们所期望的不同而彼此怨恨，一方或双方会转移感情。现在双方都可能从婚姻报偿比率和比较标准的角度来重新考虑这种情况。

婚姻的这个阶段是十分关键的。因为一方面缺乏共同的目标及价值观和志趣的冲突继续存在，那么从亲密和承担义务的角度而言，这种关系就会受到严重的局限，或者导致关系的结束；另一方面，如果双方作出必要的调适，那么建立亲密和充满爱的关系的进程就会向前推进。

2. 金钱

金钱被认为是产生婚姻冲突唯一最普遍的原因。谁挣钱，谁在哪方面花费多少，在付账、借钱、投资方面谁当家，都会产生冲突。有许多原因可以说明为什么金钱是一个重要的冲突根源。

首先，金钱不仅对获得生活必需品而且对获得一些许多人认

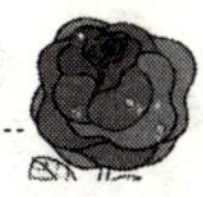

为使生活更有价值的奢侈品都是极为重要的。当然，大量有效的广播媒体不断地向我们显现许多我们想买但又买不起的东西，从汽车到美丽的住宅，从高级时装到名贵饰品，有时对年轻的夫妻是一种极大的诱惑，他们发现自己面临着让人不安的债务和压力。这种压力之外，还有诸如疾病、修房及其他意外花销的应急经济来源。

其次，金钱不仅影响了夫妻的生活方式，而且影响着他们的安全，控制着他们的感情为他人所承认，自尊以及许多其他个人和环境的因素。一个丈夫常常也把他的收入与其智力、才能和富足等同起来。在我们这个竞争极强的社会里，这对极力想扮演养家糊口的传统角色的男性施加了极大的压力。因为除非他的收入要高出平均水平许多，否则他就可能被认为一个能力低下的养家者。

随着越来越多的妻子进入劳动大军，又会导致其他的问题，诸如由于疲劳而性生活频率降低，在一起的时间减少，难以让丈夫做他那部分家务。如果妻子的工作地位比丈夫高或挣的钱比丈夫多，那么，夫妻在钱的问题上争论更多。

再次，由于夫妻的经济来源有限，如何花钱，花多少，花在何处就成了一个严重的问题，而且也就成了冲突的根源。每个人都把他或她的金钱观——其重要性，先买什么——带进婚姻。当每月的账单来了时，这种分歧便显露出来，丈夫会指责妻子在衣服及其他“非必需品”上花钱太多，而她则指责他买了昂贵的音响设备。当这种争吵达到严重的程度，它们通常会反映出在目标和价值观上潜在的危险分歧。现在，各婚姻伴侣并不是力图解决他们存在的分歧——这可能是困难的——而是更趋向于避免出现争论如何花钱的分歧。

在研究中发现，收入本身并不影响婚姻的解体，除非它跃到了某一标准之下，在那标准之下，婚姻解体的比率明显上升。但是，高收入也不能保证婚姻的美满。在经济富有的婚姻中，离婚事件

比那些不能负担离婚经济费用的婚姻更经常发生。

在任何情况下，金钱在婚姻中的作用都不能低估，如果夫妻想避免主要的冲突，那么他们就必须制定一个双方都能共同生活的现实的预算方案。

3. 性生活上的困扰

人们通常认为夫妻双方都会在性关系中得到满足。即使双方对性活动的能力都很称心，但他们仍在各种细节上意见不一致。诸如适当的次数，采用的方式，调情时间的长短，愿意体验新的技巧或体验在何时进行，什么样的环境，谁主动提出等，所有这些都是使一方或双方烦恼的根源。而其中最普遍的是：男人的抱怨是女人经常缺乏对性的兴趣或不主动提出；女人抱怨男人缺乏在性生活时为了达到高潮所需要的爱抚和刺激的知识。由此可见，那些认为真正满意的性生活或改善性技巧无须学习便可实现的说法是不正确的。

4. 权力与控制

不论婚姻中权力结构如何，在谁做主这一问题上，必定都会产生冲突。丈夫和妻子具有平等权利的平等婚姻被认为是最满意的，其次是丈夫当家的婚姻，而妻子当家的婚姻被列为第三。

5. 角色与责任

丈夫和妻子的角色仅仅是社会要求夫妻所扮演的一种角色而已。他们还要扮演工人、职员、父母、兄弟姐妹等角色。即使一个人的婚姻角色关系是令人满意的，其他角色的冲突也会产生使他或她不幸的压力。

6. 猜忌与占有

与嫉妒和占有相关的问题是婚姻冲突的一般原因。无论把一方的注意力引开的是什么——无论是工作，还是另一个人，或者是一种非常吸引人的嗜好，甚至是孩子——都可以产生嫉妒。由于猜忌和占有一般是基于一种不安全感和空虚感，它们不仅表明一

种陷入困境的婚姻，而且使这种婚姻更加复杂化。

在婚姻中扮演传统角色的男子尤其容易陷入占有和权力的困境之中，他们常常把妻子视为自己的“财产”，并希望她们扮演所想象的和所称赞的角色。如果妻子扮演较自由或现代的角色，那么，婚姻潜在的冲突就会表现出来。

7. 婚外性关系

婚外越轨行为会给其配偶带来极大的痛苦。有时即使不为另一方所察觉，也会严重破坏婚姻关系，因为这是对信赖的严重违背。但是，在具体情况下，这种结果如何则取决于婚姻中双方的性价值观，以及婚姻的质量和婚外性行为是否对婚姻的继续构成了威胁。

我们已经论述了婚姻冲突的几个普遍根源，但冲突的根源远远不止这些。没有适当的交流，外界作用于人们身心的压力也会导致婚姻的冲突。虽然没有任何规定说婚姻冲突一定要得到解决或婚姻关系必须继续存在，但是对大多数夫妻而言，他们都有着强烈的动机要解决这个问题。首先，相爱的夫妻希望避免冲突威胁他们的关系。其次，如果得失比率和比较关系仍然让人满意，那么他们就想继续保持这种有价值的关系。再次，夫妻还希望避免分居和离婚给感情、经济、道德和其他方面带来创伤。

☺怎样才能有效地解决婚姻中的冲突呢？

1. 找出问题，协商改变

“我们在争论什么呢？”这是婚姻中双方在试图弄清或找出关键时普遍问的一个问题。意识到问题的存在，并力争解决争论而没有留下创伤的第一步就是协商解决。

协商是为了得到某种相同价值的东西而反过来付出的东西。从本质上讲，它建立在一方让步会得到另一方的报答这一假定之上。因此，协商就是通过让步和妥协去满足彼此的需要。当然也

可以采用其他方式。双方同意在什么问题上各持己见，按照各自喜欢的方式处理问题，使双方互相尊重，友善相处，达到共同的目标。

2. 利用反馈进行有效的评价

当协商中商定的行为变化已付诸行动并起作用时，当准则、义务和财务的改变已形成一个更平等的社会交换或是即将解决这个问题时，冲突就开始得以解决。

3. 消除解决冲突的障碍

在解决冲突的过程中，否认问题的存在或采用控制的手法，都形成解决冲突的障碍。具体表现为：

(1)拒绝讨论问题；

(2)采取战斗的态度，羞辱一方；

(3)采取防御式的不理智态度；

(4)只要求对方改变；

(5)用不同于对方的观点去看待婚姻；

(6)处理问题的对策比问题本身更遭。

以上这些解决冲突的障碍都是由于个人的不成熟或不善调适以及一方或双方不准确的观察和不良的行为所导致的。在一些调查中发现，采取防卫的态度，只关心保卫自己的观点而不是解决冲突是婚姻不幸和痛苦的主要根源。而幸福的夫妻在争论中总是注重要解决的事情而不是保护自己，并设法迅速解决他们的分歧，不留感情上的伤痕。

4. 充实婚姻

婚姻的充实是指婚姻关系现有成分的变化、成长、改造和发展。这种变化和成长所设想的方向是从不亲密到亲密。从本质上讲，充实婚姻的目的是：

(1)培养婚姻的生命力；

(2)揭示并纠正潜在的婚姻弱点；

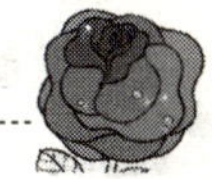

(3)发展未开发的婚姻潜力。

具体地讲,婚姻的充实活动包括以下这些内容。

(1)强调当代平等的婚姻概念。

(2)鼓励夫妻双方诸如吸引、欲望及友谊等愉快的感情。

(3)强调互爱和责任。

(4)强调肯定的情感交流、赞赏、爱和承担义务。

(5)提高交流、自我暴露、解决冲突的技能及其他需要的能力。

结婚数年之后,生活节奏越来越快,夫妻肩上的担子越来越重,两个人的感情却越来越淡。所以,不要等到感情上出现裂痕的时候再去谈情说爱。这是我们应该经常提醒对方的话。

为此,我们提出以下一些建议。

1. 学会重新发现他或她的优点,找到平衡点,在不完美的生活中找到可取之处。

2. 告诉他或她的感受,逐渐适应新角色和新变化。

3. 在任何时候都多留些时间给两个人。

4. 争吵最伤感情,要想婚姻有改变,先从改变自己做起。

5. 接受现实,安居才能乐业,都为对方提供舒适的环境。

6. 站在对方的角度想问题,关心他或她关心的人和事。

7. 不要互相指责、抱怨、猜疑,信任是婚姻美满的第一块基石。

8. 学会自娱自乐,人格上独立,关系上密切。

9. 懂得爱自己,才知道怎样爱别人,懂得爱且自信的人才更有魅力。虽然,婚姻充实活动并不希望达到上述所有目标,但是它的确为已婚夫妇提供了一次机会,使他们增强力量,预测和防止冲突,而不是在既成事实之后去解决冲突。即便上述目标中只达到了一部分,充实婚姻的活动仍为那些共同承担责任和维持这种关系的夫妻带来了幸福和稳定。

☺婚姻心理问题调适的方法

一般而言，建立健康的婚姻生活应考虑五个方面的问题。

1. 夫妻的感情

心理健康的夫妻善于适当地彼此称赞、感谢对方，也时时让对方知道自己的喜好。同时尽量避免不必要的、会伤害感情的行为举止，随时注意感情的培养。

2. 夫妻间的关系

夫妻之间的关系是一种私人的、长久的、进展性、契约性的关系，即要彼此保持适当的个人天地和私人界线，又要建立起牢固的夫妻联盟，使夫妻能属一体。

3. 夫妻相互扮演的角色

现代社会主张夫妻地位与关系平等，只是强调观念上的平等，而不是指夫妻两人在各方面都要一样。健全成熟的夫妻关系，比较清楚在什么条件下彼此应扮演什么角色，而且能随情况的需要，作伸缩性的适应、调整与变化。

4. 夫妻间的沟通

夫妻之间应当经常通过语言和表情交换信息，使对方了解彼此的意见，感觉与意向，以便能亲密相处，共同生活。

5. 夫妻间的性关系

夫妻之间应保持适当的性环境和气氛，培养对性的兴趣，能适当地享受他们的性生活，可以促进、增加夫妻之间彼此的感情。

当夫妻间发生婚姻的心理问题时，可以采用如下方法进行调适。

1. 转负为正

尽早化解相互的不满、生气、怨恨的负性气氛，恢复原有的正性感情，以便能促使其充满希望，合力想办法解决两人的问题。具体方法有：

——夫妻相互“夸奖、表扬”对方的好处；

——改变对问题的看法，多注意事情好的方面；

——夫妻的任何一方都可以主动表示出亲热的感情与动作。

2. 提出改善措施

夫妻间发生矛盾，不要只要求对方改变，而是应当多建议自己要改什么，并希望各方提出对自己改正的要求。鼓励双方提出合理、可行、具体的愿望或条件。

3. 纠正和改善

夫妻间要经常观察婚姻中存在的各种关系反应，一旦发现“关系问题”，就要想办法纠正和改善。具体方法有：

——学习夫妻间沟通的知识，促进改善沟通的技巧与习惯；

——实际演习各自的角色行为，改善相互扮演的角色；

——了解双方差异，促进彼此相让，协调解决“争执”。

4. 督促“夫妻联盟”与“婚姻认同”的形式

所谓夫妻联盟，是指一对夫妻的心理上要能建立一种关系状态，认为夫妻俩属于一个整体，必要时能一致对外。所谓婚姻认同，是指心理上能建立起一种观念、态度，以自己的婚姻为上，建立“我们”夫妻的生活方式取向，强调以共同的生活方式取向营造两人的婚姻生活。

第七节 和谐的性生活

爱情的主要目的不是爱的交流，而是相互占有，即肉体的享乐。爱若脱离肉体，是无法维持和保存的。

☺和谐性生活必不可少的条件

罗曼蒂克爱情的一个重要特征是性生活的愿望与所爱的人在

心理上结合到一起的愿望一样强烈。因此，婚姻中性生活的一个独特内容是它意味着最终要在两个人爱的结合中实现性生活的愿望。

一对夫妻和另一对夫妻性生活所强调的重点是不同的，他们关于性生活要达到一个什么样的满意程度的理想也是不同的。婚姻顾问和性治疗专家为希望达到和保持一种令人满意的性生活的大多数夫妻，描述了一些必不可少的条件。

1. 全力解决自己的性行为问题

这一点对那些已经从传统道德中苏醒的人，对那些倾向于压抑或者否认他们性行为的人，尤其重要。在全部解决自己的性情感和教养之间的冲突之前，人们将难以实现一种令人满意的性生活。

2. 性信息的交流

婚姻伴侣之间，不仅对性行为的理解和对性生活感到惬意是必要的，而且他们彼此之间交流自己的性愿望和性期望是更关键的。事实上，许多人把他们的愿望藏在心里，都希望他们的配偶知道他们的想法。当其配偶无法做到这一点时，默默无言的他或她会感到愤愤不平和异常的失望。他们不断地抱怨他们的配偶是一个不能令人满意和感觉迟钝的情人。

由于在婚姻中性生活是相互满意的事情，因此，夫妻双方在性生活过程中或性生活之后，必须公开地交流彼此的愿望和感受并提供信息反馈。这是有助于使配偶双方都感到性生活是婚姻快乐的一部分。

3. 性的敏感性

“性敏感”这一概念涉及一个人对其伴侣愿望的意识，当这种愿望是可行的和称心如意的时候，便作出必要的调适，并据此来安排自己的性生活。就像大多数值得努力的事情一样，婚姻中的性满足要求体贴、时间和努力，这就意味着为了性生活要有耐心。如

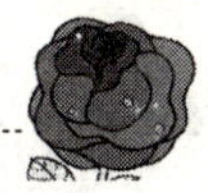

果它没有按照计划而发生时，也不为之感到心烦意乱。

性敏感还包括一个人对其配偶情绪和身体状态的意识。当配偶处于巨大的情绪压力之下，或者疲惫不堪和生病时，对性生活的期待或者要求不要表现出过分的敏感。另外，性敏感还意味着毫无怨气地协调双方在性生活频率、性行为方式和其他关怀上的不同态度。

4. 爱和亲昵行为

作为一个完美的婚姻和性生活，真正看重的不是性高潮，而是亲昵行为。事实上，许多丈夫和妻子都毫无困难地达到了性高潮，而在性生活之后他们仍然感到情绪上的不完美，就是因为他们的性关系缺乏爱和亲昵行为。甚至一个表面上美满的性生活也不能提供这些必不可少的成分。

以上我们仅仅描述了婚姻中为达到和保持一种令人满意的性生活必不可少的条件。这些都是人们心理上应具备的条件，而就实际性生活而言，还需要男女双方的密切配合。

一次和谐美满的性生活可以分为三个阶段，即开始时的欣赏、爱抚；然后是性结合时的生理行为和技巧；最后的爱抚和感受交流。

第一阶段，开始时的欣赏与爱抚。这一阶段的活动人们主要是为了挑起女人的性欲。前奏中主要的基调，即挑逗调情。笔者所说的“挑逗”，是指在心理上产生一种最强烈爱欲的互相抚弄和推就。对一个感情细腻、品位高雅的女人来说，如果能在“推就”的方面更加巧妙和谨慎，就会产生最强烈的性魅力。“调情”的意义侧重于“调戏”，侧重于对吸引的骚动。调情的主要手段是交谈，这是思想与情感的交流。而其最有效的主题就是“爱”，其所以有效是因为这完全是自我的暗示或者相互的暗示，并且以此来激起双方的相互欣赏。

当然，这种彼此欣赏所引起的第二性征的原始冲动，也夹杂着

美感，是生命自身欲求的呼喊。当我们面对裸露的异性的胴体时，不要只是单纯地认为这仅仅是一种肉体上的接触，而应该像观赏美丽的风景时，能在线条与色彩的抽象美中感受到明确的性含义，能够焕发出即将男女合一时那种难以言传的美妙的激情。

当一个人怀着性意图或者在一种“下意识”的、愉快的心理情绪支配下触摸异性的身体时，主动触觉可以导致激烈的性激动。如果在心理上已经“定下爱情的基调”（双方非常相爱），最轻微的偶然触碰也会引起深深的震颤。正是这种感官特别依赖于心理条件，在良好的心理条件下它才会产生吸引而不是反感，才能在双方达到某种程度接近时发生作用。

正如巴尔扎克所说：爱人对自己所爱的人的欣赏，永无穷尽。最珍贵的感官愉悦来自想象和心灵。最贞洁的妻子同时可以是最能撩人情欲的。在进行爱抚的时候，如果爱人们能够摆脱那些把他们束缚于常规爱抚的传统，他们的肉体和心灵就遨游在最高层次的人类活动当中，他们就彼此得到了男人和女人所能体验的最深切的欢乐。

第二阶段，性结合时的生理行为和技巧。性欲的接吻或者说爱人的吻标志着性生活的开端。对于尚无性经验的纯情少女来说，性关系当中这一独特阶段更具有特殊重要的意义。因为，如果男方熟谙爱抚的本领，一般来说本能充分地刺激女方，才能使女方做好体验高潮的准备。性爱之吻是相互给予的，是相互之间有力地以嘴相接受。性吻本身也是千变万化的，它可能从轻柔淡雅一转而为疾驰而过，或者从“分花探柳”转而又“点点摩擦”。夫妻二人相互用舌头探索着，爱抚着对方的嘴尽其所能，都以吻得最深而为最高的乐趣与刺激。这时，那种动物性的原始欲望将退后，大大地有助于延长性生活的时间。

然而，这是否等于说明男人比女人更加温柔呢？是否等于说男人在最高的狂喜中也有所克制呢？不，完全不是这样。如果真

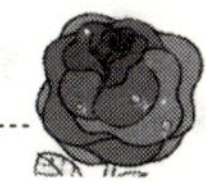

是这样，女人就会感到失望。因为除非女人能够感觉到男人在那个特定的时刻完全被感情所左右，否则她们就绝不会相信自己确实是被对方所爱恋的。许多女人都把留在肩上青肿的伤痕当做男人热恋的见证。

男人会在女人身上造成某种痛苦，以证实自己对她的征服力量并从中得到快感。他总是有些模糊地意识到：他所制造的痛苦或者试图制造痛苦的欲望，其实是他爱情的一部分，而且，这也并没有使那经受痛苦的女人真正感到不满。女人的苦难不是男人的暴虐，而是男人的冷漠。此外，我们还应该记住一个从多方面来说都非常重要的事实，即女人性快感的正常表现，与痛苦的表现是非常相似的。由于残忍的伤害所导致的种种痛苦的外在表现，特别是眼泪和呼喊等，与一个女人感觉到情欲的狂喜时的表现没有多少区别。她恳求男人停下来，其实那正是她最渴望得到的东西。如果一个男人认为他的行为正在引起她的真正的、纯粹的痛苦，那么，他不是个彻底的疯子，就是由于情欲产生了瞬间的错乱。

法国文学家巴尔扎克说过："如果一个男人在连续的两个夜晚不能使已成为他妻子的女人获得截然不同、各有千秋的乐趣，那就说明他结婚太早了。"

在做爱过程中，男人完全可以自觉地抑制自己的局部兴奋，就是说，不要把性兴奋全部集中在生殖器上，以帮助妻子与他并驾齐驱。这就好比跑步者与骑手的关系：他们同时起步而希望肩并肩地到达终点。男子必须做得恰当而主动，他要放慢自己的速度以维持女方的兴趣，确使她能获得性生活中的快感。有时，由于男人愚笨而自私，常常草草行事，只顾自己满足。而对女方却没有提供足够的刺激。女子由于这方面的无经验或不够敏感而相当麻木。这种不公正的方法造成的可悲后果却非一朝一夕所能缓解的。所以，笔者要提醒所有的已婚男子，最重要的是：对妻子的性刺激达不到高潮，乃是对妻子的一种伤害，会对妻子的身体和精神方面的健康有显著的危险。如果男子已经射精而尚未激进伴侣的高潮，这时他应当立即通过性器官的摩擦和手技刺激妻子，使她达到高潮。

第三阶段，性生活后的爱抚和感受交流。当性生活结束时，后期爱抚就开始了。当然，那些不能真正相互理解和倾心相爱的伴侣们完全可以略去这一过程。凡是这样的人，只要得到了片刻的满足就会立刻相互离去。然而对双方的爱情热烈而又细腻的伴侣来说，这种后期的爱抚，则成为性生活中的一个重要方面。

性生活在婚姻中究竟有多重要，取决于人们赋予性生活的重要性在婚姻中有多大价值。有人认为情感的亲密，孩子和家庭比性生活更重要，也有人认为性是人生最不容易满足的一种特殊需要，它可以列为各种需要之首。追求性欲的满足是促进人类进步的一种潜在能力。性生活的和谐是维持婚姻稳固的奠基石。许多没有满意性生活的夫妇仍然认为，他们的婚姻是幸福的，而有满意性生活的夫妇却认为他们的婚姻不幸福。我们的回答是，性满足是值得努力争取并且是重要的，但并非幸福的婚姻必不可少的。尽管一桩缺少性生活的婚姻可以成为幸福的婚姻，但是它毕竟不能被认为是一桩完美的婚姻。

作为高度发达的爱情形式，一夫一妻的关系毫无疑问地是一种既定的基础。只要一个人是在用心灵和肉体热烈的恋爱，爱人的形象就会占满他的身心。只有用最细腻、最热烈的利他情感，不断增强互相吸引的因素，掌握了一种超越了一切现有婚姻方式的性关系技巧，才能获得理想的婚姻关保持幸福。

巴尔扎克关于婚姻有一句热情洋溢的格言："在爱情上，完全排除了心理要素之后，女人就是一架竖琴，她仅把心曲奏给知晓如何演奏她的优胜者。"如果丈夫们不想铸成大错，而想使婚姻幸福的话，他就不仅仅是个丈夫，还必须研究这架竖琴以及音乐艺术。当你把一个人同另一个人相结合的时候，你要以高度的热情和尊

严，把你全部的精神及肉体都献给爱吧！

第八节　家庭理财面面观

爱情固然可以战胜困难，但是金钱更可能战胜爱情。

☺家庭理财的技巧

确立新的家庭理财观，就是必须讲究收支平衡，并有适当节余。把多余的钱主要不是用于消费，而是更多地用于各种投资，以钱生钱，达到家庭财富的良好循环目的，确保家庭财产保值增值。

由于每个家庭的经济状况不同，人员组成的成分不同，就很难描述一种对所有的家庭都适用的理财方式。在这里，我们只是提出一些普遍性的理财技巧，供每个人适当选择并加以运用。

1. 制订家庭的理财计划

一是必须实现理财计划的首先是教育。公立学校收费的增加和私立学校的逐渐兴起，都意味着教育费用将大量增加。其次是住房。获得一项个人住房是生活安全的重要保障。再次就是退休。为了在退休后仍能享受高质量的生活，我们必须为此准备好一笔钱。

二是预防性理财计划。指一些不能确定是否需要，但必须为未来目标而做好准备的理财计划。例如：为自己或亲人准备一笔可能需要的创业启动资金。

三是非迫切性理财计划。指那些对家庭或个人生活无重大影响，对投资理财活动没有特别限制而制订的，例如出国旅游，购买非必需的奢侈品等。

2. 家庭理财要多样化

一般说来，要求投资者不要把全部资金都用来进行一种投资，

而应该将资金分成若干部分，分别运用不同的投资工具，投资于不同的领域。对每一个家庭而言，到底投资重点放在何处是各不相同的。根据各个家庭的资金实力、知识水平和兴趣爱好来确定。一个慎重的，善于理财的家庭，会把全部财力分散于储蓄存款、信用可靠的债券、股票和房地产、珠宝、字画等多样的家庭理财工具。不仅要考虑工具本身的优缺点，还要考虑家庭目前和未来的收入状况，考虑投资风险与收益，从而使家庭投资理财在以储蓄为主的基础上呈现出多样化的趋势。这样，即使一些投资受了损失，也不至于满盘皆输。

3. 家庭理财的实用方法

(1)开支有计划。把每月必需的生活费(包括水电费、饮食费、电话费等)预算好提出放一边 。

(2)花钱有重点。第一方面是生活必需品消费，如吃、穿。第二方面是维持家庭生存的消费，如房租、水电费等。第三方面是家庭成员成长和时尚性消费，如教育投资、文化娱乐消费等。这三方面的消费要统筹兼顾，分清轻重缓急。

(3)手中有储蓄。每月要留出一部分钱储蓄，以备特殊之时所需。

(4)民主集中制。日常支出由妻子负责，特殊用途的花销夫妻双方协商，以丈夫为主才好。

4. 家庭理财的要诀

第一，要厉行节约，勤俭积聚原始理财基金，作为投资理财的本钱。

第二，要注意利率变化，抓住重点投资品种，灵活运用投资策略。

第三，要优先考虑安全投资，防范风险，以稳妥收益为主。

第四，适度进行风险投资，建立合理的家庭投资组合，但切不可把急用钱用于投资。

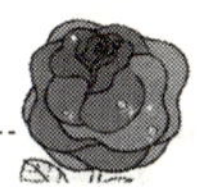

☺工薪家庭的理财方式

首先，夫妻双方要考虑是否有可供个人单独支配的金钱，家中开销如何支付，平均分摊分项负担或者丈夫负责经常性支出而太太负责偶发性支出，是不是赚较多钱的一方应享有较多的决定权，是否为了某些目的，比如买房子、给孩子攒学费等事情，将其中一方收入作为生活费用，而将另一方的收入全部存下来。

其次，是银行账户的处理方式。它有两个选择：联合账户，即夫妻两人均可提领的账户；独立账户，即仅有开户者可以使用。

最后，是如何分配收入以及如何随时调整财务策略的问题。有三种方法可供参考：平均分担型；比率分配型；全部汇集型。多数专家建议夫妻最好保有自己的零用钱，配偶双方有自己的支配空间。

对于新婚的家庭理财应采取以下方式：

第一，一对恋人从结婚之日起就要根据双方的家庭经济状况，安排将来要对各自父母或家庭的经济上的提供和支持。

第二，科学地订出长远计划。如养育子女、购买住房、赡养父母等，都需要财务计划。

第三，互相尊重对方的金钱观念，承担各自的理财责任，不能过分地干预，而只能循序渐进地进行改造或适应。

第四，自觉维护家庭“财务体制”。在相互信任的基础上，保证公共支出外的分存合用方式，也是一种现代明智的理财方式。

☺选择恰当的储蓄方式

选择恰当的储蓄方式可使存款增息。如何存款、以尽可能获得更多的利益，其中有很多窍门。

(1)从定期存款的期限来看，宜选择短期。可避免利率调高时，一时无法享受较高利率的损失。

(2)宜选择分散存单金额和分别不同的到期期限的存款方式。

(3)宜选择约定自动转存的方式,一方面在可以避免逾期存款按活期计息的损失;另一方面可避免利率下调造成的利息损失。

(4)如果你有一笔储蓄,在长时间内不准备动用,可选择整存整取定期储蓄,既能获得较高的利息,又可以当你遇上一时急用钱,可以未到期的存单做质押,申请贷款,解燃眉之急。

(5)巧排存款金额,以10000元存款为例,不妨开四张存单,分别为1000元、2000元、3000元及4000元,这样储户即使要提前支取,可使利息损失减少到最低限度。

(6)尽量定期为宜:储户可选择3个月、6个月这样的短定期储蓄,既可得到定期之利,又兼活期之便。

(7)使用多利息存款法。这是一种根据总的存期选择两个以上存期续存的增加利息的定期存款方法。假如你有1000元要存银行,10年后才使用,可以先连续存3个3年定期储蓄,到期后再续存1个1年期的定期储蓄,即三、三、三、一存储蓄法。或者先存5年期定期,到期后转存3年期,到期后再转两次1年期定期,即五、三、一、一存储法。还有就是先存8年期定期,到期后转存两次一年定期,即八、一、一存储法。以上储存都是连本带利的,可见收益甚多。

(8)递存储蓄法。如果有一笔钱你想储蓄,那么你可以将钱分成三份,分别开设一年期,二年期、三年期存单各一张。一年后你就可以用到期的第一笔钱,再去开设一张三年期存单。以后每年如此。三年后手中持有的存单全部为三年期,只是每张存单的到期年限依次相差一年。这种储蓄方法既可跟上利率调整,又能获得较高的利息。

(9)12张存单法。假如你每月拿出一笔钱来储蓄,那么,每月开一张一年期存单,当存足一年后,手中就会有12张存单,而这时第一张存单就开始到期。把第一张存单的利息和本金取出来,与

第二年第一个月要存的钱相加，再存成一年期定期存单。依次类推，手中便时时会有12张存单。一旦急用，只要支取近期存单就可以了。这种方法不仅能聚集资金，还能最大限度地发挥储蓄的灵活性。

(10)利滚利储蓄法。假如你手中有5万元，你可以把它存成存本取息储蓄。一个月后，取出第一个月的利息，再用这笔利息开个零存整取的账户。以后把每个月的利息取出后，都存到这个零存整取的账户。这样不仅得到了利息，而且又通过利息再生利息。这种储蓄方法，使一笔钱得到两份利息，只要长期坚持，也会有不错的回报。

☺消费贷款的窍门

比如5年期住房贷款利率为年息5.31%；买车贷款利率为年息6.03%。两种消费贷款之间，由于贷款利率不同，支付的贷款利息就相差很多。所以，你要特别注意以下因素。

第一，就目前的贷款利率来看，住房按揭贷款5年之内年息为5.31%，30年之内，年息为5.58%，是当前金融机构所有贷款中利率最低，期限最长的贷款品种，应尽可能申请住房贷款。

第二，个人在制订购房资金计划时，应通盘考虑其他消费因素，关注各种消费品贷款的利率，根据贷款利率的高低，适当选择贷款品种。

第三，个体经营者买房调整资金的最佳方案是，买房申请按揭贷款，将手中的现款用于经营。

购买住房时，应避免三个误区。

1. 想一步到位

造成各种误区的原因是“一房伴终生”的消费模式。其实应该是家庭住房的消费随着家庭成员结构和收入的变化而进退。房型的大小和性能、质量的高低，应该是因时而异，靠搬家来逐步解决。

2. 想等到价格下降后再买

造成这种误区的原因是，认为房屋也跟其他商品一样，价钱有高有低的时机，其实由于人口的增加，地皮的紧缺，住房价格的总体走势是逐步上升的，你若目前有购买力就正当其时。

3. 想依靠储蓄来购房

造成这种误区的原因是，人们自然经济的思维桎梏。我们要改变在短缺经济和温饱型经济低水平阶段的消费观念，把预期收入用于即期消费。要创造条件利用信贷消费，这是于国家、于银行、于自己都有利的事。

买省钱房的技巧及注意事项。

技巧：①需要简单修缮的房子。②久而未售出的房子。③开盘优惠价的房子。④急于出售的房子。⑤户主不在本地的房子。⑥银行拍卖的房子。⑦法律上仲裁出售的房子。

注意事项：①确认产权是否完整。②确认房屋本身条件。③考察房屋配套情况。④了解房屋的历史。⑤通过市场比较价值。⑥要合理合法。

☺家庭理财的六个盲点与对策

1. 缺乏专业知识，对自己没有信心

对策：耐下性子来了解理财的事，搜集有关信息，找出适合自己的理财方式。

2. 害怕钱不在手边的感觉

对策：应该树立不握现金新主张。有信用卡，有电子钱包就可以搞定一切。只要在银行户头里存够半年的生活费，剩下的钱应该放在获利高的投资领域里。

3. 跨不出第一步

对策：付诸行动是获利的第一步。先起步，想投资股市则先找一家正派经营，形象不错的证券商开户；想投资共同资金，则找一

家离你公司或家最近的银行，带着身份证，印章及投资的资金，到信托部办理开户投资手续。切不可优柔寡断。

4. 试图一夜暴富

对策：让我们面对现实吧！积累实际财富所需要的时间需要数年、数十年的。即使你偶然地暴富起来，但很快就会回到起点。

5. 不及早地为孩子设立大学储蓄计划

对策：仔细研究大学储蓄的几种类型，找到适合你的计划并付诸实行。约定存款额的多少决定储户利息与享受免税额。每月约定存款额越小，所得利息与免税优惠就越少；反之就越多。尽量选择 3 年期、5 年期教育储蓄存款，但要注意不要选择与子女结束义务教育时间相同的存期(指中、小学时期)。

6. 没有一个超越你们两个人的更高目标

对策：更高的目标才会让人更有动力。建议你和伴侣在未来的 10 年里，共同选择一个更高的目标，花时间持之以恒地追求下去。

☺理财法则和建议

1. 增进你赚钱的能力。
2. 控制你的支出。
3. 用现有的钱赚取更多的钱。
4. 提防财物损失。
5. 在自己的住宅上投资。
6. 至少将收入的 10%储蓄起来。
7. 不要在自己不熟悉的行业投资。
8. 不要贪图不义之财。
9. 尽可能地利用递延税金方案。
10. 不要频繁“跳槽”。
11. 为良好职业、家庭和社会关系做准备。

12. 让孩子学习和掌握明智的财务之道。

13. 购买一定的人寿、财产、伤残保险。

14. 给自己做一个财务预算。

15. 要花你储蓄以后所剩的钱，而不要存你消费以后余下的钱。

16. 选择合适的朋友和伴侣。

17. 租——千万不要买那些你将只用几次的东西。

18. 开列购物清单，成批地购买。

19. 名牌有什么呢？买普通商品就可以了。

20. 在网上四处比较后再购物。

21. 不要开空调，适当穿衣就好了。

22. 不要买彩票，你得奖的概率几乎等于零。

23. 不要将你的下一笔加薪花掉，将那些钱用于投资。

24. 该大项目开支时，看看利率再说。

25. 先支付你自己，每天抽出10元钱。

我们懂得为我们自己的行为负责的那一天，就是我们开始成熟的时候。

第四章

望子成龙的良策

素质教育出自素质父母之手，问题孩子都是问题家长的产物。

第一节 做好父母亲角色的准备

夫妇们若忽视教育子女的重要性，受损失最多的则是你们自己。

☺如何调整父母之道

笔者认为父母有义务尽其所能，以让自己的孩子克服困难健康地成长，而要做到这一点，最重要的是要培养孩子的品德和健康的体魄。为了完成这一义务，首先在生孩子之前，就要充分注意我们自身的精神和体质。衣、食、住要朴素、节俭，多喝清水，多到野外呼吸新鲜空气，保持心平气和，尽量不要感情激动，使自己的生活称心如意。这样将来孩子就基本上会身心健康。

男子在做父亲之前，要充分锻炼身体，让精神尽量发展，要选择身体健康，头脑发达，心地纯洁的女子做妻子。

一旦妻子怀孕，就更应当有规律地生活。这不只是对妻子而言，而是针对夫妻而言的。饮食要卫生清淡，决不可食用刺激性太强的食物。要保持身体清洁，一丝不苟地完成自己的本职工作。与他人和睦相处，有说有笑，使生活开心、安定和满足。

孩子的天赋是千差万别的，有的孩子好一点儿，有的孩子差一点儿。如果所有的孩子都受到一样的教育，那么他们的命运就决定于其禀赋的多少。即使是普通的孩子，只要教育得法，也会成为不平凡的人。可是如今的孩子受到的都是非常不完整的教育，所以他们的禀赋有可能连一半都不能很好地发挥出来。比如说生下来的禀赋只有 50 的普通孩子，实施可以发挥孩子禀赋的有效教育，也会优于生来禀赋为 80 的孩子。

一个女人作为母亲要有一个好的仪表，这样可以在孩子心中保持一个良好的形象。衣冠不整，精神上也必然是散散漫漫。反之，衣冠端正，能使人精神抖擞。所以，服装不一定要奢侈，但必须是整洁的，整洁的服装还能使我们产生自尊心。笔者认为不应让孩子穿姐姐或哥哥穿过的衣服，即使家境不佳，最好也不要这样做。因为这样会严重损害孩子的自尊心。没有自尊心的孩子，绝不可能成为伟人。

为人父母的夫妻双方要给孩子创建一个良好的精神世界，在孩子面前不要争吵。对于孩子的过错不要挖苦，讽刺，甚至打骂。绝对不要欺骗孩子，如果被孩子知道自己的父母欺骗自己，他们就很难再相信父母了。父母失掉孩子的信任，其后果是不堪设想的。

父母是孩子的第一任老师，肩负着对孩子早期教育的重任。如何调整做父母之道，可以参照下例一些有效准则。

1. 及时准备

在孩子踏入少年期之前，与他们的关系越密切，以后做父母就

越容易。父母如对孩子采取“见而不闻”的态度，孩子长大后自我的价值观很有可能会很低。耐心倾听孩子的谈话就等于告诉他们；他们说的话都很重要，你很重视他们的意见，从而建立他们的信心和自尊。

2. 教导如何自主

你无须像教官那样操练。一切都听你的安排。事实上教育的一个宗旨就是教孩子怎样做主，尽可能让孩子有选择余地。例如：问孩子他是现在还是放学后收拾他的房间，他自己收拾房间是毫无疑问的，但你应该让他自己选择喜欢的时间去完成。

3. 了解成长的苦恼

孩子踏入少年期，就需要——而且通常采取——更多的自由，这是正常的。可还有一些父母，他们不明白为什么十几岁的孩子是那样地不听话，甚至拒绝参与家庭活动。一个母亲发牢骚说：“我那14岁的女儿跟我外出时，总是或前或后地跟我保持一两步距离，她是不是以我为耻？”解释很简单：女儿的同伴正成群结队地聚在购物广场，她不想让人看到她乖乖地跟妈妈逛街。多给少年留些余地，不但表面上而且实际上都是如此——你就保证了他们独立的形象，从而避免了不必要的冲突。

4. 分享彼此天地

一位母亲对化妆、发型、衣着等方面征求她15岁女儿的意见。在此之前，她们母女的关系很勉强。冲突的起因是年轻的女儿要求独立自主，母亲则不愿给她自由。结果这位母亲发现女儿的品位出奇的高，这样她们一起欢度了一个愉快的下午，更重要的是，少女因母亲信任她的眼光而感到受宠若惊。此后，她们母女的关系日渐亲密，能够谈论更多的话题。

5. 利用吃饭时间

不要匆匆忙忙地吃完早饭各自分开，要留出十分钟的时间让一家人轻轻松松地边吃边谈，如果孩子提到哪天要测验数学，作为父母应该预祝他,鼓励他。此时责备他的学习不足已经太迟了,而应该让他知道你会鼓励他。吃饭时不要看电视,没有什么比闪来闪去的屏幕更能破坏家人之间的沟通了。鼓励孩子请朋友回家吃饭,而自己也会请同事来吃饭,让他们知道没有什么话题要禁忌,彼此间的谈话会轻松而富于启迪。

6. 认识孩子的朋友

十几岁的孩子单独一人会闯祸的,所结交的朋友能反映出他们的生活。让子女带朋友回家玩或吃饭,这不但使你有机会认识他们的好朋友,更会使你的家庭成为可靠的避风港。

7. 广泛消息网

一个多疑爱打听事的母亲最能使少年产生疏远感。可是我们往往有充分理由要知道一个十几岁的孩子在外边的情况。老师通常能提供有价值的见地,同时务必参加家长教师会。其他的家长也可以提供不正常活动的消息,但你必须证实确有其事才能管教孩子。否则,你将引发连串的抗议和抗拒,设立合理的限制,把你的忧虑告诉你的子女,并解释给他们听,所以忧虑是因为爱他们而不是不信任他们。你应该与他们议定一个合理的回家时间。

8. 青春期教育

你的孩子并不一定会偷尝禁果。要设法在子女达到青春期之前,就给他们有关烟、酒、毒品和性的正确知识。这些知识既可以在家里灌输给他们,也可以让他们从适当读物中读到。耐心、谅解和关爱对应付子女青春期的问题有很大帮助。

如果你能大量地应用这些准则,你就会发现子女的青春期的确可以成为你家庭生活中最有收获的时期。

第二节　养育子女的重点在育

莫以强迫和严厉训练孩子学习，而应以他们喜欢的事物来引导他们，这样他们才更能发现自己的思想倾向。

在家庭教育中，对孩子情商的培养至关重要，即对孩子性格、品质、习惯等的塑造。爱子女是父母的天性，但要爱而不宠，切忌爱过头。在生活中合理、适当地延迟孩子的满足，为孩子的要求设置底线。家长要从“佣人型”转变为“学习型”，修正教育方式和观念，智慧、科学地爱孩子，培养他们的良好品德、素质、责任心和健全的人格，以及让孩子学会独立，增强受挫和自控能力。这样才能保证孩子正常的身心发展。

☺教育子女的十条法则

1. 教育的第一课是让孩子学会“服从”

父母是孩子的第一任老师。当孩子处在成长的阶段，他的一切言行都需要做父母的给予言传身教。由于孩子天真单纯、幼稚，有时就显得非常不听话，每当这时，做父母的只要是认为自己是对的，就绝对不能让步，让孩子学会服从。如果出于溺爱，认为孩子还小，长大就自然会懂事了，那就错了。那样，你会促使孩子养成许多坏习惯，不利他日后的生存和发展。“三岁看八十”，说的就是这个道理。

2. 教育的关键是让孩子开窍

孩子成长的过程就是学习、掌握、运用知识的过程。每当孩子在生活中遇到不懂或不会做的事情时，或者在学习上遇到难题的时候，做父母的不要图省事为孩子代劳，而是应该重点放在启发、指导上，尽可能地让孩子自己做。有时，孩子自己确实做不了，做父母的可以为他做些，但必须让孩子明白为什么这样做的道理，这就叫让孩子开窍。

3. 教育的秘诀在于唤起孩子的兴趣

要教育孩子，首先要唤起孩子的兴趣，然后根据其兴趣再进行恰到好处的教育。每当孩子向大人提出各种各样的几乎令人讨厌的问题时，做父母的应给予耐心的说明和解释。当然，回答孩子的提问也有技巧，那就是在充分考虑到孩子利用已有知识完全可以接受的前提下，用孩子听懂的语言去给孩子解答。

4. 要引导孩子多问为什么

不断地问"为什么"标志着孩子正在进入理性和思考的世界。我们作为教育者不能扫孩子的兴，只能引导和鼓励孩子多提问，让他们主动思考，这样的学习才能进入积极的状态。当孩子问到做父母的也不懂的问题时，就老实地回答说："这个爸爸也不懂"。于是两个人就一起翻阅工具书或某种资料。这样不仅可以给孩子灌输追求真理的精神，而且更重要的是避免让孩子接受那些不合理的和似是而非的知识。

5. 让孩子懂得善有善报、恶有恶报

对孩子既不可娇生惯养，也不应过多地斥责。我们不但不应该申斥孩子，而且更重要的是让他们懂得一个道理：人生在世，自己的所作所为必然会得到相应的报答。当孩子做了一件好事，比如自觉地收拾好房间，自己洗衣服等，就适当地给他一个奖品。他做了坏事，比如打坏了器皿，说了谎等，就要给他一种惩罚，当然，只是略微表示一下而已，不要矫枉过正，做过了头。

6. 让孩子感受到好书的魅力

书籍是人类最高营养品（莎士比亚语），书籍是人类进步的阶梯（高尔基语）。做父母的应该当孩子上小学的时候，就开始为他们选择一些古今中外的名著，让孩子感受到好书的魅力，养成良好的生活习惯，确立做人的准则，为以后步入社会奠定坚实的心理基础。

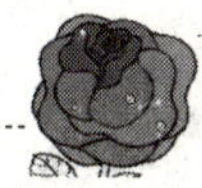

7. 让孩子明白贪吃的危害

由于父母过于溺爱孩子，无规律、无限制地让孩子进食，从而使孩子食欲紊乱，以至于使孩子的精力仅仅用于消化，大脑得不到很好的发展。这样，即便是对孩子实施了早期教育，或其他某种教育，也是白费的。有很多孩子吃得过量使胃过于疲劳，大脑变笨了。我们要经常讲健康的重要性，告诉他们如果人吃得过多脑袋就发笨，心情就变坏，有时还要闹病。生了病，不仅痛苦，而且也不能学习和玩耍了。不仅如此，你一得病，会给家长带来许多麻烦的。

8. 教育孩子不要沾染坏习惯

孩子们在一起玩，好孩子的好习惯如果能传给坏孩子，这当然是很好的事。但遗憾的是这种事根本不可能有，只有坏孩子的坏习惯才能非常快地传给好孩子。这是因为学习好习惯是需要努力和自我控制，而坏习惯却无须任何努力即可沾染上。

有人认为孩子不同别的孩子玩就没有乐趣，这是非常错误的想法。倘若我们能理解孩子的心理，同孩子一起玩的话，那么孩子同样会感到高兴，并且是有益无害的。孩子既不会任性，也不会自以为是，既不会品质变坏，也不会沾染恶习了。事实上，只要让孩子们一起玩，他们就会互相逞能而变成利己主义者，结果沾染上狡猾、说谎、争吵、打架、憎恨、傲慢、诽谤等坏品质。并不是说绝对不应当让孩子们在一起玩，而是说应当在父母的监督下进行有限制的接触。

9. 培养孩子学习上的好品质

世界上有的人，坐下来不磨蹭一小时，就不开始工作，这是因为自幼形成了一种很坏的习惯。他们白白地虚度和浪费时间，我们要严禁孩子在学习上或做事上磨磨蹭蹭，敷衍了事，而要他养成精益求精的习惯。

教育如同彻砖一样，不具备严肃认真、一丝不苟的精神，就绝

不会收到好的结果。世界上有些所谓学者，在说话或写文章中净用些装腔作势的语言更使人费解。我们认为：这是由于这些人在学生时代不求甚解，对词义领会不深，学得不透的缘故。事实上，我们每天只花一两个小时，就会对孩子养成雷厉风行的作风起到很好的作用。

10. 严格教育不会使孩子痛苦

教育孩子就是要是非分明，始终如一，不行就是不行。有时答应，有时不答应，反而会给孩子带来痛苦。不允许的事，一开始就不允许，这对孩子就没有什么痛苦。一般说来，严格的教育对孩子都是很苦的，而笔者的教育却并非如此。笔者认为孩子所以苦于严格教育，是由于开始的教育方法不当。对孩子的教育必须从小抓紧，也就不会感到任何痛苦。

最后需要指出的是：要教育好孩子，首先，父母必须对事物的好坏有一个始终如一的意见。其次是父母的意见要一致。如果你能深刻领会上述法则，对孩子教育得法，大多数孩子都会成为非凡的人才。

第三节　教育子女的理财之道

子女既可以成为父母的资产，又可以成为父母的负债。使你的子女成为哪一项，完全取决于父母的教育。

☺为什么要在孩子小时候教给他们有关钱的知识？

答案非常简单，因为小孩子对一切都有强烈的好奇心，包括金钱。教育心理学家认为5～14岁的小孩对自己的人生和未来已经做出了许多重要的决定。14岁以后，家长和老师将很难再让他们去接受新的观念。因此，最好的财务教育时机就在孩子们最渴望

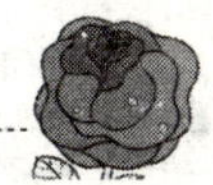

学习的时候。如果他们小的时候懂得了一些财务知识，那么当他们长大之后就会自然而然地形成良好的财务和投资习惯。

在工业时代，父母们总是告诉孩子：通往成功的道路就是从小学升中学再到大学，毕业后找一份稳定的工作，从工资到养老保险，依靠这份职业的保障，你可以平安地度过一生。然而，今天这条规则已经不复存在了。

今天，我们处于信息时代，高速发展的现代经济使越来越多的职业甚至整个行业发生着迅速的变化，这使我们开始认识到除了工作以外，我们更需要的将是个人财务上的保障。但现实是，我们的孩子在学校中依旧很少学到有关金钱的知识和技能。因此，为了帮助孩子们从学校毕业以后为进入现实世界做好准备，想让孩子们获得终生的财务保障，让他们拥有一些财务技巧是最基本的前提。

☺增加你孩子理财知识的几种方法

1. 在你的词汇中加入财务语言

假如你真的想致富，定下学 1000 个财务单词的目标，你就会比那些不使用这些单词的人富有。教育孩子不仅一定要知道这些词的表面定义，而且要在你的理解中加入智力、情感、体力和精神因素，确信你的孩子知道每个单词的差异时，他们就有可能融入理财高手的群体之中。

2. 学会用数字表达精确概念

拥有大量财务词汇并结合对数字的理解能给你的孩子一生中一个好的财务启蒙。当孩子们学习到了全新的财务词汇时，他们在无意识中就会开始喜欢数字。语言和数字的结合就会产生学习的兴趣，产生人与人交流的力量。

3. 教育孩子正确对待零花钱

今天许多孩子都把获取零花钱视为理所当然。父母们已成了孩子们的自动取款机，这实在是一种不幸。

许多家长在“零花钱”问题上感到困惑，他们忘记教给孩子们怎样处理手中的钱。无论这笔钱是来自零花钱还是由于完成某项特殊任务而获得的报酬，孩子们都需要学会负起财务责任，都要帮助他们寻找日后成功的财务解决方案。这将为他们日后很好地处理个人财务问题打下良好的基础。

因此，父母们应制定适合各自家庭的零花钱制度，可以对孩子采取四阶段计划。

(1)确定你的孩子为了他们自己的生活、学习、工作等方面应承担的责任和义务范围而不应得到任何报酬。

(2)确定应为家庭和社会环境承担义务而不收取报酬。

(3)父母应根据自己的意愿为孩子制定一种目标或让他们对所承担的任务更加负责，于是就给孩子们一些零花钱以承认他们的努力。

(4)鼓励孩子思考挣钱的方式。开启他们的心智，并抓住他们自己的机会，向孩子们解释为他人工作和为自己工作之间的差异，让他们用真钱学习，建立一个怎样才能挣钱买自己所需物品的计划，这样他们才能在财务成功的路上机会更大。

4. 教会孩子明确“交换”的概念

换句话说，你给予的越多，得到的也越多。金钱是一种很有力的教具。如果你的孩子希望不付出什么就得到钱，那么也许他们的生活将是一无所有的生活。如果你的孩子仅为得到工资而学习，那么若你不为他或她的学习付工资时，会发生什么事呢？假如你想让孩子们变富，教他们懂得交换的意义，教他们懂得为尽可能多的人服务才是无价的课程。

☺教给孩子财务知识的几种演练方法

当我们教孩子某种知识或技能时，如果能够恰当地利用身边

发生的一些现实生活经验，就可以自然而然地向他们展开课程实践应用的一面，而在实践中应用中得到的知识和技能，往往使孩子们印象更加深刻。

常用的财务实战演练方法有：

1. 支付每月的账单。当你支付每月的账单时，让你的孩子和你坐在一起，让他们看每张账单并解释给他们。你不需要向孩子透露全部的财务情况，但要让他们对基本情况有所认识。一旦知道了你要支付水、电、气、处理垃圾和其他家庭开支，孩子们就会思考为满足自己的生活方式，需要多少工作。你还会发现这个练习的额外收益——有些孩子开始注意随手关灯并缩短了洗澡的时间。

2. 用非常简单的语言向孩子解释抵押贷款，告诉他们银行是怎样通过贷给你们大部分钱帮助你们买房子的。你们要在一段时间后把钱还给银行，并且你们要向银行支付一定的费用或利息，直到把全部贷款还清为止。

3. 制定一周餐费预算。既然你的孩子对支付账单已有了一个较好的了解，就该给他们介绍预算的概念了。不必急于向孩子介绍高深的财务知识，只需从小处开始。首先，你让孩子准备一周的菜单，要求是在一定的预算范围内提供全家一周的食物。孩子既要让家里人对食物满意，又要符合财务预算要求。

具体做法分下面几个步骤：

(1) 考虑并制定全家每周在食物上花多少钱。

(2) 让孩子用图表计划膳食。

(3) 让孩子准备购物单。

(4) 让孩子到商店购买食物。

(5) 让孩子在图表上记录每餐所花的钱。

(6) 让孩子准备膳食，你只需帮助他们。

(7) 分析结果。首先，检查全家是否对他们的膳食满意；然后

再看一看一周的总结余或超支情况。

(8) 回顾全过程。让孩子与你一同分享这一体验，听听他们的观点，他们学到了什么。

(9) 应用这一过程。现在你需要和孩子们一起讨论家中会有哪些收入，有多少费用需要支付，让孩子更清楚计划需要列入哪些项目。

4. 带孩子到银行去，让你的孩子问一下银行的存款利率是多少，包括储蓄账户，存款单和贷款方面的利率等。

5. 带孩子到食品杂货店去购买食物，告诉孩子如何做出有关质量和价格比较的决定，你还要解释为什么尽管一种罐头要便宜一些，但你仍选择购买较贵的那种。

6. 如果你准备买汽车或大件家用电器，与你的孩子讨论是支付现金还是贷款购买，如果你要贷款购买，就要让贷款人员给孩子解释借款知识以及良好信用的重要性。让孩子现在就认识到个人财务报表和信用等级就是一个人在现实生活中的成绩单。

7. 带孩子去股票经纪公司，让经纪人解释不同的投资类型以及它们在回报率上的差异。你的孩子可以通过这种交流与股票经纪人建立某种关系，并能更加轻松地提出他们还不懂的问题。

8. 找一幢你家附近的公寓房，了解这座公寓有多少套单元房，有多少房客，每个房客每月租金多少。如果公寓楼的业主收到的租金多于他每个月付给银行的分期付款金额，那么，他将有正向的现金流。这是公寓主人拥有资产的例子。业主是在让资产为他(她)工作，而不是在为钱工作。

第四节　引导子女顺利度过成长期

年轻人能够一下子堕入失望的深渊，但青年的希望

回升起来也快。

尽量地活出样子来，不这么做就是个错误。只要拥有自己的生命，你究竟做什么并无太大的关系。

☺怎样在这个世界上谋求立足之地？

人生的20～30岁时期，我们面临着如何适应成人世界的问题。因为我们充满着青春的活力，极力想摆脱家庭的束缚，带着过渡年龄的不稳定性，迫不及待地把自己的生活道路塑造成最完美的模式。不管个人选择的生活道路有什么不同，我们都应该注意把握好自己的应该做的事情是什么。只要不犯法，就应该努力去尝试自己想做的任何事情。

二三十岁的人，原有一种潜在的危险，即是依赖性。父母的身影不知不觉地保护着我们，他们为我们所进行的各种探索提供了安全感。另一方面也造成了我们在外界事物中退缩不前。这确实是令他们想否认的可怕事实。我们现在应不惜任何代价，去铲除性格中阻碍我们选择生活通路的弱点。

二三十岁期间，还有一件令人担心的事就是：一旦做出了命运的抉择，就不易改变了。其实，这种担心是错误的。变化是随时存在的，何况原来的目标选择还是缺乏经验的。所以，当内部身心结构发生变化时，就会自然而然改变一下原来的选择。意志将克服一切困难。只要用坚定的思想和坚强的意志来对待生活，我们势必迟早会掌握自己的命运，成为自己的主人。确信这一点将会坚定我们实现愿望的信心。一个二十多岁的男人必须竭尽全力为自己在这个世界上谋求立足之地。他必须忠心不渝地倾心于所爱的事业，赢得别人的支持，得到赞赏，为事业成功铺平道路。

对一个二十多岁的男子来讲，有两个人在他的这个自我发展的关键阶段至关重要，一位是良师益友，另一位是令他钟爱的女人。良师益友能够为他指明一条简捷的通向成功的途径，并能在他遇到困难时鼎力相助。他所钟爱的女人可以帮助他确定发展目标并创造出一种实现梦想得以栖身的生活环境。当然，这种关系必须是持久的。必须在有助她本身发展的基础上才能有助于他的发展。

在二十多岁这段时间里，年轻的夫妻往往忽视自己伴侣的内心生活，极易受外界力量影响，不能给伴侣以安全感，并使之对可能来临的一切做好准备。有时则是不平衡的发展。当丈夫感到处于上升阶段时，妻子可能感到在下滑。反之亦然。所以说对二十多岁的夫妻来说，力求稳定是必需的。

夫妻在二三十岁时培养温柔能力是至关重要的。在给予或接受真正的温柔情感之前，一个人必须要保持一种人格的自我存在意识。婚后第一年，夫妻们会感到他们的生活在幸福的顶峰，但是第二年这样的满足开始下滑。性生活失去新鲜感，经济上的拮据，教育子女方式的不一致等，导致冲突骤起。婚后七年是夫妻关系最容易破裂的阶段。所以我们必须找出平衡夫妻关系活动中最微妙的东西，那就是一种在给予他人的同时又保持自我的艺术。换句话说，就是一种奉献温柔的能力。

成功且幸福的生活的关键之一是要有足够的灵活性，以便正确地应对生活中发生的任何变化，即能够作出正确反应，并把任何事情转化成好事。

☺怎样走出而立之年的困境？

人生活到近三十岁时，一股令人焦躁不安的活力涌入我们的身躯。男女都会有一种被束缚的感觉。这种感觉产生的原因就是人们在二十多岁时所做的选择已经过时了。如果他一直在公司的职位上尽心尽力的话，他会感到极大的狭隘，受极大的限制。如果她一直待在家里，同孩子们在一起，她会渴望开阔自己的眼界。如果她一直在外从事工作，她会渴望得到感情上的寄托。所有这一切都证明，当初的那些选择在当时是非常恰当的，而现在却不尽如

人意。我们开始意识到一些曾经被忽视的问题，它开始时像缓慢的隆隆的击鼓声，继而是更加充实的、朦胧的，却又是执著的意识。你会在这种朦胧和执著中感觉到：你所拥有的，永久都没有什么新鲜的；而你所不拥有的，却是奇妙的。在这个过程中，你必须做出重要的、新的选择，改变或加深我们所承担的义务；对婚姻进行认真的反思；对扩展的渴望；对安全的需求。所有这些都会在我们的生活中引起巨大的变化。混乱而且通常还有危机，同时感受到从内心深处发出的寻求新境界，建立新生活的强烈的愿望。在而立之年的这个时期，如果对每一个人来说，感到有些迷惑的话，那么对于夫妻来说，这种混乱就更加变本加厉。男人到30岁时，他觉得自己成长为一个真正的男子汉，来自外部世界的压力教会他如何对付工作上的迷茫。他受到新发现的自信心的鼓舞，不再感到孤寂了。他对妻子的忠告都是为自己着想，他对婚姻和妻子的最大期望是：我不被打扰。然而，妻子很快领悟到：丈夫在对付她，而从不关心妻子的发展。于是，30岁的妻子也想更充实，更丰富一些，而不仅仅是一个好伴侣或一个孩子的母亲，这就是困惑的30岁向他们提出的挑战。有时丈夫鼓励妻子说："你也应该学习一些新课程，或学习一门新技术。"但妻子却理解为是为了威胁她、摆脱她，使他自己不受她的约束。尽管她也想使自己更充实、更丰富些，但是她内心总是以当初投入婚姻中的观点限制自己。常常认为我能对大范围内的人和事产生什么影响呢？世界对我会认真看待吗？离开家庭的保护是否值得呢？在这个过程中，丈夫们让妻子参加一些学习是为了换取家庭的和睦，而且也希望妻子作为一个真正同等地位的人来发展自己，并且还希望妻子能够完完全全起支持作用，避免单调和乏味的生活。同时在这个过程中，如果妻子按照自己的意志去行事，并将感情、精力都倾注到实实在在的目标上，这当然会引起她丈夫的嫉妒和反对，于是她会退却，去寻求她那未长大时期的安全保障。

谁是有道理的呢？他们两个人都是。这就是而立之年的困境。

女人到35岁，就会促使妇女产生“我的最后机会”的紧迫感，她们不想放弃婚姻生活的舒适，不愿冒被遗弃为孤寡的危险，她们要求看到自己那青春年华的原形，而且也是对丈夫不忠的危险期的开始。她们的生活缺乏方向，于是就寻找另外的娱乐方式。

男人到35岁也会有光阴似箭的感觉，内心中不由自主地产生了五种恐惧：失业、生病、人际关系失和、性功能减退及死亡等。有的人茫然不知所措，有的人想寻求发展却缺乏明确的目标，缺乏信心和勇气。

世界上只有很少的人靠自我奋斗而成功的，这是因为只有很少的人能够忍受失望。大多数人不是学会面对失望，而是终其一生去逃避失望。一位成功者要有面对失望的勇气，在失望中学会如何走向成功。

35岁以后，大多数人变得有理智、有秩序多了，生活也逐渐安定多了。男人们专心致力于做事情，对事业上的发展极为关注，女人们也更多地集中精力抚养孩子了。

而立之年的困境，严格地说不是事业上的问题。人们既可以通过寻找职业，又可以通过放弃职业来解决它。它不一定是一个进退两难的情况，而是需要更多的独立自主。一些人通过让他们的依赖性摆脱危险来解决。困境不会因你逃开而消失，尽管有时从这种逃避的尝试中可以学习到很多东西。

而立之年的困境需要各自的解决办法。这个解决办法的根本是：愿意作出改变。当我们的外部环境十分稳定时，作用于我们内部的自省力量将会在三十几岁以后得到恢复。我们仍能把现在为我们所忽视的和被压抑的能量释放出来。

第五节　把握好人生关键的十年

赶在别人前头，干出些什么，说出些什么，看出些什么——就是这些事，叫人感到其乐无穷。

☺怎样避免生活中的两种悲剧？

40 岁是人生的中点，它标志着人生已到了中途。此时，没有欢声笑语。安全与危险，繁忙与轻闲，活泼与懒惰，自己与他人等观念都发生了极其深刻的变化。而人们对这些变化的感觉往往又是模糊不清。笔者认为最好还是全面审视一下自己，重新检查一下自己正处于何种状况，重新确定从现在开始我将怎样度过余生。

40～50 岁是人生走下坡路的十年。大多数人都会陷入一种很深的危机之中。随着青春的逝去，我们会发现自己的体力在衰退，安全感和危机感所占的比例突然失调。早年我们精力允许时的强壮体魄，幸福的性生活，巨大的成功，众多的朋友，优厚的薪金都一次次地脱离了原来的生活轨道。

进入这一危险性的十年后，时间观念的变化迫使我们每个人都要在中年做一项主要工作。我们所有对未来的打算都需要围绕着所剩下的时间这一概念进行重新安排。在我们能够进行重新安排之前，时间问题会使我们大多数人感到束手无策。我们所持有的不正常观点，极为错误地把我们的未来缩短了，结果我们很可能主观上产生了一种惰性，并声称“现在开始做一件事简直太晚了”。实际上，这是把烦恼和时间上的混乱掺杂在一起了。

日常生活中烦恼可以通过做一件新奇的事情来消除，而时间上的混乱都是一种病症。它之所以能够萌生，是由于我们突然对未来失去信心，而且不愿意相信我们还有什么可以盼望的事情。

如果我们以更加真实的观点去看待未来，努力改变现状，确立新的目标，重新开始工作还为时不晚。

许多具有高度创造性而勤奋的人们在四十多岁时都毁掉了，原因在于人性中存在着黑暗面：恐惧、嫉妒、贪婪、竞争、自私、占有欲等。所有这些不良的情感都在腐蚀着人类的肌体，我们应该越早越好地寻找避免悲剧发生的方法。

生活悲剧有二，一是心中所欲不能实现，二是欲望得以满足。这是适用于任何人的事实。成功的大小是用渴望的强烈程度，梦想的大小以及处理失望的方式来衡量的。那些在大多数情况下能控制他们的情感，不让情感阻碍他们，并能够学习新的技能成熟的人，将会在未来的日子里获得成功。

中年夫妻所面临的主要任务之一是改变自己的性格。当中年男子变得柔弱，或妇女变得好斗时，这表明这些人未能给予内心的变化以应有的重视。夫妻之间发生口角，生活的杂乱，心理上的疏远，失去梦想的男人会感到自己是个废物，有独立性的妻子会有双倍的感觉，经常指责丈夫，这就是人们称之为二十年婚姻的衰退。

因此，40岁的男人要面临三个不同方面的挑战：在他放任感情的同时，妻子也渐渐地独立于他；他欲和孩子们接近，而孩子们则加以拒绝：正当工作处于低潮，停止不前时，他要探索一条有创造性的道路。或许，他若知道这点可以预见的话，日子会好过得多，男人在朝向再度稳定时，内心会经历各种变化，其精神或许充满再生的活力。

女人的前半生是抚育子女、侍候丈夫或做一些家庭之外的工作，而在后半生，需要完善自己的才能，增强自信心，力图摆脱从属地位。

男女的性心理差异酷似一个棱形。20岁以前他们十分相似，20岁以后男人性欲达到顶峰，女人则还处于萌芽状态。而30～40岁，他们的差异最大，男人的性欲逐渐衰退，而女人的性欲则日益

高涨。50 岁以后双方又逐渐趋于一致。

许多现代妇女在她们的丈夫的性欲日渐减弱时，显示出了强烈的情欲，这对男性来说是十分危险的。随着年龄的增加，男性对性生活的自信心明显地受到影响。如果女人有性知识，她可以教男人进行性生活。受过良好性教育，经验丰富的男子，只要他能克服已大不如前的想法，他就能体味到他那已成熟的付出温情，享受爱情的力量。他就能够在射精之前较长的时间里尽情享受，而让妻子一次又一次的亢奋。这就是力量。他还应知道，女性并不一定要让他一次又一次地射精，以显示他的男性气概。其实，一味企望自己的阴茎勃起程度达到什么标准与性生活的成功与否也无甚关系。中年夫妻已不能企求青少年时期那样的爱和性生活了。男性已没有往日的体力，女性已无旧日的美貌了。问题在于我们应该对体力的减弱但情欲仍在的事实做好心理准备。

第六节　精力的新来源

勇气很有理由被当做人类德行之首，因为这种德行保证了所有其余的德行。

一个人临死时，若能把热忱传给子女，他便等于留给他们无价的资产。

☺精力新来源的八个途径

面对困境和危机，一个人首先应该是保持头脑冷静，其次是不要恐慌，然后是积极地寻找对策。为此，我们建议如下。

1. 要控制惶恐情绪

一个人在面临严重的伤害或危机时会产生的主要状态有：

(1)心理上的混乱,情绪方面的控制失调,感到无法集中思路。

(2)痛苦的追思过去,因为他浪费了一生中宝贵的时间,而怨天尤人,自暴自弃。

(3)重新运用我们的机智去处理现实的事情,开始变换生活模式,进行解决危机和达到成长的转折点。

对危机的心理准备就是不仅要看到有其危险的一面,还要看到危机是人们成长过程中所必然产生的,并能够促进我们更快地成长。只要我们尽快地把情绪稳定下来,冷静思索,痛定思痛,把问题捋出个头绪来,找到解决问题的方法,从而恰当地对应危机,转变危机,一旦我们把握自身的状况之后,惶恐和焦虑也就会渐渐消除了。

2. 要涉身危机之中,弄清危机的性质

我们要转变危机,不但要了解危机的表现,还要掌握危机的实质,要分辨清楚是外部触媒反应式危机,还是自我意识体认式的危机。

一般来说,引发外部触媒反应式的危机的条件是我们个人无法控制或调节的。比如企业破产,使你失掉了工作;政府要用你居住的地方建造新的建筑物,而你必须搬迁;父母离异造成生活上的混乱等。在这种危机面前人们不容易产生应付的态度。情况逼迫你必须变动自己,别无退路。

但是自我意识体认式的危机,由于它是由人们的心理活动所引发的,容易使人产生消极应付的态度,“再维持下去吧”,“自己年纪不小了,就这样过去吧”。可见,这种危机非常容易使你沉沦下去。正是由于自我意识体认式的危机的产生在我们自己本身,所以,一旦我们能够转变它,那么我们的成长就会得到更新,潜力将得到发掘,就可以从容地应付危机。

3. 善于区分危机中的主要和次要的问题

比如一个年轻丈夫,因为妻子要分心照顾孩子就产生了自己

被忽视的感觉，问题的实质并不在于孩子和妻子一方。一个家庭添了孩子，母亲关心照顾子女，这本来是很自然的事情。真正的问题是丈夫自己的自私心理以及过去依赖妻子的习惯，要转变危机，必须使自己变动。只有抓住了这个关键问题，危机才能得到解决。

4. 不要妄下判断

当危机降临时，我们不是不能采取任何行动，但只要弄清这种行动产生的影响是短期性的还是长期性的。夫妻吵了架，一方出走到外边租房住，那就太不慎重了。

这时你应该镇静下来，采取短期行动，到亲友家暂住几天。缓和矛盾思考良好的调解法，才是明智之举。如果你要采取长期行动，一定要反复思考，留有退路，留有余地。

5. 要向关心你的人诉说

在危机来临时，找一个关心你而又肯听你诉说的人很有必要。由于他们能够以比较客观的态度观察你的情况，所以他们能够向你提供一些不同的观点。你还可以从询问他人在处理自身危机的方法上得到一些启发。通过与他人的交谈，就可以纠正我们内心的混乱，减轻精神上的痛苦和焦虑，以便我们能够平静地思考问题。有时还可以到一些心理或生理咨询的机构寻求帮助，学会自我心理调节，以积极乐观的方式对付危机。

6. 要是多种危机同时来临，分开对付

如果一个人对原有的职业和家庭都不顺心的话，这往往是说明这两种危机是彼此相关的。你可以去寻找一个更满意，更能发挥你自己才华的新职业。工作顺心了，你的好心情就会对妻子产生良好的效应。夫妻之间谈话就会增多。一起去娱乐，一起去旅行，所谓家庭危机也就迎刃而解了。

7. 人近四十应“十面埋伏”

40 岁是人生的分水岭。如果你在 40 岁之前做些应该做的事情，那么 40 岁之后你就可以避免危机，并且大部分的收获也会接踵而来。

那么，应该做的事情是什么呢？

(1)掌握并熟悉你的行业或职业所需要的一切知识。

(2)学会控制自己的情感，从容面对得与失，保持心情愉快。

(3)正确估价自己，既不好高骛远，又不悲天悯人。

(4)要善于断定哪些事情自己做不好，哪些事情你会做得比别人好。

(5)开始存钱，既可冒改变职业的风险又可备不时之需。

(6)建立一个关系网。结交一些依赖你而转过来你又可以求助的人，要知道，一个关系网需要十年，甚至数十年才能建立。

(7)学会把一些事情委托别人去办。自己集中精力办更重要的事情。

(8)学会默不作声，不要传播流言飞语，也不要谈论你的计划。

(9)树立自己的风格。穿衣、吃饭、言谈举止，做人标准，处世原则都要自己有一种与众不同的特点，塑造自己的人格魅力。

(10)要忠诚，如果你在40岁之前没有建立一种忠诚的声望，那么在你生涯的剩余时间就永远克服不了这种缺点。在40岁之前，忠诚是使别人受益，过了40岁，受益者则是你自己了。

8. 要尝试新的方法

当你对面临的危机已经有了深刻的了解，当你明确了自己应该如何变动才能转变危机并获得新的成长时，你就应该准备变换自己的生活模式了。要充分发掘和利用我们个人的潜能，实现不断的成长，在解决危机中进行新方法的尝试是最关键，最重要的一步。在危机中所学到的解决问题的本领使我们受益终生。

在人生的旅途中，我们闯过了生活的每一道难关，感受到自己探索到的真理，并将其运用到自己的生活中的人，总是否认自己老了。他们富有实践经验，可以做出高效率的决策，内心达到一种新的平衡和稳定。

早年的生活中形成的第二爱好，到中年和晚年可能成为终生的事业，并将成为一个新的精力之源。敢于建立新的生活结构将是我们生活中最美满的年代。

中年时期富有或贫穷是由我们自己的观念，而不是由别的什么决定的。度过人生的迷茫阶段，直到醒悟所能获得的重要报酬之一是在伦理和道德上肯定自己，而且标准和方式都与众不同。通过体验各种不同的生活方式达到成年发展的完善境界，确实应该为你的生活祝福。采取新行动的勇气使我们在生活的每一阶段都得到满足。为丰富下一阶段充满生机的力量就在我们自己身上。

☺献给年轻人的二十条忠告

1. 教育的设计

学校，对于接受初次教育来说，的确是很理想的场所。但是一个人能否成功的关键所在是你的自制心。二三十岁是人生最重要的阶段，即使你顺利地完成大学的课程，仍然还要在随后的几年里进一步地学习。在现实社会中，你切不可以虚度时光，要预先制订计划，善加利用时间，以累积自己在未来职业领域中的实际经验，如果你能够得到良师的指点，就可能急速地成长而到达事业的巅峰。

2. 成功的要件

人们往往只能看见成功者的姿态，而他们背后的长年努力、失败后的坚持、遭遇的困境、克服的关卡，却为人们所忽略。至今我没有发现有不曾尝过落败、失望、欲求不满等苦恼，而能一次又一次成功的人。能否超越这个困苦时期，正是胜者与败者的分界点。

3. 大学落榜后的抉择

考不上一直想进的大学，的确是一种很大的打击。但是，你要坚强，习惯于失望。因为失望和喜悦都是人生的一部分。在这里

应该吸取的教训是：在越过人生重要的转折点时，对任何事情都不能认为理所当然。要准备好第一、第二乃至第三阶段溃败的时候，能够取而代之的计划。在年轻的时候就学会这一点的人，必定在不久的将来会获得很大的成功。

4. 阻止自己的惰性

众所周知，在上坡道推车，必须一气呵成。否则车子势必下滑，以致前功尽弃。人生就是一种上坡道的竞争，你会经常遇到一个又一个的难题，你只有时刻保持振奋的精神，阻止自己的惰性，才会效仿雄鹰的飞翔。

5. 诚实的立足点

这个世界上能完全值得信赖的人真是非常有限。所以，在你面对其他人的时候，心中多少都要有所戒备。在你取得他人是否可以信任之前，必须花些时间调查他的背景。人往往是依照原有的习惯行动，不遵守游戏规则的。你应当具有高度道德的生活态度，但要防止被人欺骗。

6. 经验的重要性

许多人的失败，并不是知识不足，而是经验不足造成的。经验，是对实行一件事情过程中存在的不确定因素的适当把握，它无法靠别人的传授，也不能从学校中学习，唯有自己日积月累地储存，并从失败中汲取更深一层的经验，才能避免错误的判断。

7. 合伙事业的规则

当有人打算与你合伙投资某项事业的时候，你应当保持大脑的清醒。因为，人们往往对于赚钱之事，可以在30分钟内举出所有的肯定面，而忽略它的否定面，结果造成长年的遗憾。为避免这一情况的发生，你必须盘算好三件事。

——你是否具有经营那项事业的技术和资格，以及能否投入相当的心力和时间；

——你是否了解合伙人的诚实、聪明、勤勉的程度，并与他们

详谈可能出现的否定因素；

——你是否认真考虑了共同事业股份的分配问题，并请会计师和律师来评估合伙人所持股份的价值。在这个时候，绝没有攀论交情的余地。

8. 慎重选择配偶

结婚，可以说是自己一生最重大的投资。一方面，幸福的婚姻是人生的重要支柱，一旦婚姻投资得当，你的事业也将随之迅速地到达高峰；另一方面，不幸的婚姻所招致的精神和物质的损失将是非常惨重的。因此，结婚选择配偶必须慎之又慎。

至于婚姻这个投资对象应该考察哪些最重要的条件，那么我告诉你：——对方是否有卑劣、善妒的个性。因为这种个性势必会引发日后的轩然大波；

——对方是否有吝啬、贪婪的恶习。因为这种恶习会使你的人际关系一团糟；

——对方是否知书达理，这样你们就可以互敬互谅、平等地交换意见；

——对方是否勤快并具有幽默感，这样你们就可以配合默契、愉快地走向美满婚姻的大道。

9. 为人父母之道

为人父母是一种比做任何职业都要顽强的工作。在孩子刚出生后的几年里，父母对孩子性格的形成、幸福感和整个人生观的影响力是至关重要的。因此，你一定要讲究教育的技巧。首先，为了使孩子自己掌握好人生的航船，克服困难不断前进，父母能够做点什么？为了想在人生的波涛中乘风破浪的孩子，父母能够帮什么忙？这些都要进行仔细的说明。其次，在孩子到了能够理解的年龄时，还要尽早地跟孩子谈论有关常识、自尊心以及责任感等问题。再次，在孩子发生问题的时候，作为父母，要一开始就应该努力收拾局面，控制自己的情绪，理智而冷静地处理事情，考虑怎样

才能挽回失去的东西。同时,你还应该帮助孩子想办法不重犯同样的错误。最后,当孩子的意见与你的不一致时,要尊重孩子的自尊心,一定要做到心平气和地交谈。

10. 金钱的感觉

人之常情,大部分人都喜欢和有钱的人交往。如果你很有钱,就要在以下几个方面提高警觉。

——防止虚假的朋友围着你转,因为他们会不断地对你灌迷魂汤,使你迷失了自己;

——不要挥霍无度、任意花钱,因为任意让小钱从身边溜走的人,一定留不住大钱;

——不要失去信用,因为信用比巨额的钱财更宝贵,它会使你更加富有。

11. 借钱的方法

要借款,应该根据具体的资金来源,遵守若干原则:

——向银行提出贷款,必须提供健全的、现实的企业计划。也就是借款的目的,经营阶段的能力和过去的实绩,以及公司现在的财务状况。

——向风险投资机构提出贷款,这通常要出让一部分所有权。

——向个人寻求资金支援,一般情况是,高额利息的回报、按照出资比例分红等。

值得注意的是:与金融机构的人打交道时,如果你不认识贷款负责人,最好请可靠的有关部门把你介绍给他。如果你认识贷款负责人,就直接找他商谈贷款事宜,切记不要提及与你有点关系的有名人物的名字,那样做往往会适得其反。

12. 不要丧失自尊心

人,不论在任何情况下,都不要做出破坏自己形象的事情。受人尊敬,就意味着你的道德观受到高度评价。为了既能度过富有朝气的青春又能维持自尊心,从而继续受到他人的尊敬,就需要非

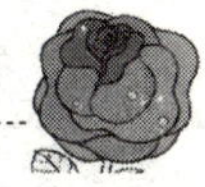

常注意地被别人接受,受到别人的尊敬。当然,为了避免多余的麻烦,要仔细观察人,再选择朋友或与你打交道的人。

13. 务必与人为善

也许你已经发现,有的人一看见需要帮助的人,不管是谁,都本能地伸出援助之手。这种人遇到困难时,也会有人魔术般地出现,给予“同样的回报”。但这并不是什么魔术,而是善行必定会产生的循环,也就是通常所说的善有善报。

14. 不要忘记“勤奋”

在许多成功的因素中,勤奋,是没有代替品的首要因素。勤奋的回报包括达到目的时的喜悦;尝到增强自尊心的愉快;获得财富时的自信等。因此,青年人一定要在建立人生的初期阶段付出充分的努力,才会尽早地享受勤奋带来的喜悦。

15. 培养自己的果断力

从事任何事业的人常见的重大缺点之一就是缺乏迅速、果断的判断力。如果放任缓慢的意志和决定,其时间的浪费和低效率将会给你带来莫大的遗憾。

当你面对需要解决的问题时,首先需要收集所有的真实情况,然后把这些情况按照“正”、“负”进行分类、评价、打分,再合计各样得分。如果有一边的分数比另一边分数大得多,你应该决定的方向就很明显了。

16. 钻研交涉的技巧

在人与人交涉事情这方面,有的人很熟练,有的人却很笨拙。这是为什么?按照笔者的看法,这是由于缺乏灵活性和不能控制感情所致。所谓灵活性,无非就是理解交涉对手的欲望强度,为了得到满意的效果,尽力顺从对方意向的一种能力。这好比是暴风雨中的树木,即使弯了也会在雨后更挺拔。所谓控制感情,就是说人在无聊的问题上切不可以固执己见——这多半是为了证明自己不会任人摆布。实际上这样做的结果往往是得不偿失的。

为了实践巧妙的交涉技术,必须遵守几个基本原则。

——进行实际调查。要收集有关对方立场的所有能够到手的情报,与自己的资料进行比较。充分的事实根据将决定你的胜负。

——调查你所收集的情报,分别以你自己的立场和站在对方的立场评价它们的重要性,看哪项最重要,就重点研究哪项并找出对策。

——不要让情不投意不合的两个人(合力)去解决问题。情绪激动时,可以隔一段时间再去协商,或者双方选出第三者局中调停。

——根据情况的需要,不管你愿意不愿意都必须接受不公平的条件。这会使你在下次的交涉中占据优势。

——在交涉中,不管双方的见解有多么明显的差异,都要尽可能地避免委托律师解决问题。必须尽可能地考虑和尝试所有的决策,在无计可施的情况下才上法庭。

17. 尝试自己创业

你若希望创建自己的事业,就要事先做好充分的市场调查,并且知道对新事业能够投资多少的准确数字。基本原则是,在周密的计划失调的场合,尽最大努力不让自己陷入资金方面不可收拾的局面。换句话说,就是只能投资可以失去的金额。遵守这一原则,对新的尝试逐渐稳步地继续增加再投资的资本,把小事业发展得更大、更好。

18. 注意人格的塑造

年轻人应该努力掌握生存的本领,从而提升你的自信心。年轻人应该不断完善自己的人格,有意识地培养自己的热情、真诚、礼貌和幽默感。这些优秀的品质将是你立足社会最宝贵的资本。

19. 学会排解压力

好的压力对身心机能是不可缺少的。比如,当你为实现一个有意义的目标而努力时,身体的各个器官都会爆发出活力。而坏

的压力对人的健康却是有害的。比如，当你面对繁重的工作、失败或不幸时，会导致你身体各种功能的紊乱。因此，在人所接受的社会里，维持健康的生活习惯，必须具有强烈的意志。也就是说，面对压力要强迫自己松懈，让头脑进入空想状态，摒除烦恼的杂念和功利的得失，用澄澈的心一次只研究一个问题，反复实行这些步骤，就会得到很好的效果。

20. 工作和家庭并重

在工作和家庭两方面，你要很适当地分配时间。一方面，工作之外的兴趣可以让你头脑偶尔休息、轻松一下，更能有效率地工作；另一方面，在这个世界上，没有什么事比带妻子、孩子去游玩更重要。因为这些共处的美好经历可以使你们彼此产生深厚的友情，而这份友情会是你痛苦时唯一的希望。

☺重要的是给孩子留下精神财富

精神财富的三个重要内容：做人的原则、学有专长、理财之道。

做父母的不要为孩子留下太多的物质财富，那样可能会导致孩子的懒惰和奢侈。如果你有能力为孩子积累了很多财富，那么，你务必教给他理财的知识和做人的道理，才能保证你的孩子快乐而富有。因此，给孩子留下精神财富就显得非常必要了。当你的孩子开始上学的时候，就应该着手指导他独立生活的能力。吃饭、穿衣、洗涤一些他自己使用的鞋、袜、手帕、玩具之类的小物品。教会他们如何生活有次序，合理利用时间，并注意劳逸结合。孩子自己的事情，尽量让他自己安排去做，父母不要事事为他打算，那样只能惯坏孩子，使他增长依赖思想。冬季外出，他会因为挨冻，才知道下次如何避免，在外受人欺辱，才知道人世间还有那么多假、恶、丑。要教会孩子在面对挫折、失望时建立信心，帮助他找到失败的教训，鼓励他发展需要的能力。孩子们不仅需要学习方面的指导，也需要实际生存观念的指导，帮助他们预测某种行为的结果和确定合适的价值观。对孩子不要施加过多压力,让他们实现一些不现实的高标准。过分地要求会促使失败、灰心丧气和自我贬低。孩子们会感到:“我不能做,干吗还得去试”。

负责任的父母应该通过自己的榜样力求对孩子的言谈举止提出明确的指导。父母的行为得体,令人满意的典范,对孩子的健康发展会起到积极的作用。诚然,父母的不良示范作用和孩子的发展之间没有必然的联系。有时父母一方的坏榜样倒会使孩子明白该做什么或不该做什么。这些具有非凡天才能力的孩子总是去寻找解决问题的方法而不是去抱怨别人。他们在经历了严重的挫折和创伤后表现出一种特殊的反冲力。这一点应该引起做父母的深思。我们要对孩子从小讲一些财富方面的知识。让他们懂得金钱的意义,学会如何获得财富并支配钱财。教他们利用假日从事一些体力劳动,既可以锻炼身体,又可以让他们体会父母工作的辛劳。教育孩子向高尚的人格看齐,塑造面对金钱、名誉、地位时那种达观的人生态度。不以物喜,不为己忧。做一个有益于国家有益于人民的人。

第五章

理财致富的技巧

像经济学家那样思考。否则，不管有多少钱，也无法达到真正的富有。

世界上绝大多数人为了财富奋斗终生而不可得，其主要原因在于，虽然他们都曾在各种学校学习多年，却从来未真正学习到关于钱的知识。其结果就是他们只知道为了钱而拼命工作，却从未思索如何让钱为他工作。

第一节 观念决定成败

造成世界上的人分为穷人和富人的关键因素是观念不同。

☺富人和穷人的区别

世界上为什么会出现富人和穷人这两类人群呢？他们之间有什么差别，而且是什么原因造成这种差别呢？

为了生存，大多数人都寻找一份稳定的工资收入，贪婪之心又促使他们去想所有钱能买到的东西。没有钱的恐惧之情又促使他们努力地工作，这样就使人们落入了工作的陷阱，挣钱—工作—挣钱。为了消除无钱的恐惧，就只看着眼前的钱，一点也不敢放松，也就没时间去想怎样才能赚取更多的钱。这就是穷人越穷越忙，越忙而越穷的原因之一。

富人们可不是这样，他们是在用眼看，用心想，琢磨怎样赚到比别人多得多的钱。富人们找一些工作只是为生活所必需，他们始终把目标定在怎样不工作就能产生钱的目标上。因为他们能赚更多的钱，所以，才能有更多的时间去琢磨赚钱的方法。富人们越是有时间用心琢磨赚取更多的钱，他们就越有钱；他们越有钱，就越不需要整日工作。所以，他们更能充分享受生活。

穷人总爱把金钱和财富当成一回事，而富人都把金钱和财富看成生与死一样的区别。因为他们认为金钱只是一把尺子，而财富却是支配尺子的能力。所以富人们说："金钱是死了的财富，财富是活着的金钱。"穷人之所以受穷是因为他们总是把财富变成钱，富人之所以富是因为他们把钱变成了财富。穷人是为支出而活而四处寻找收入，富人是为收入源头活水而开掘现金流。

富人们很少把钱存入银行，他们深谙挣足钱的方法、保存钱的方法，以及有生之年有效用钱的方法。要么投资实业，要么购买资产，要么变成现货。他们花钱总是能给本人带来比花出去的多出几倍的钱来。而穷人花钱则是用完就完，根本不会给你带来其他任何收益。

穷人就是一辈子被钱牵着鼻子走的人，而富人就是一辈子牵

着钱的鼻子走的人。富人们能够看到别人没有看到的新机会，想到别人想不到的新招儿。而有些看上去很像富人的人，他们手中一有钱就购买豪宅名车、醇酒美人，却不谙生财之道，坐吃山空，穷对他们而言是迟早的事。富人之所以富，在于他们敢于面对现实，抓住机遇，敢于承担风险，敢于面对挫折，他们总是在困境中创造机会使财富迅速增长。穷人之所以穷，关键并不在于他没有致富能力，而在于他有太多的顾虑。他们往往自己就给自己设立了走向成功的障碍，自以为自己不如别人，害怕失败。这些人是常常懒惰的人，贪图安逸，满足现状，缺乏对美好生活的向往和追求。他们还常常用傲慢掩饰自己的无知。他们对资金、金融和投资领域的知识知之甚少，却喜欢夸夸其谈自己并不懂的“真知灼见”。这种人是说话的巨人，行动的矮子。

渴望财富的人总是自觉地坚持自己的做事准则，并具有良好的生活习惯，主要表现在：

1. 严于律己

坚持不懈地干自己认为会有结果的事。

2. 诚实待人

即使周围的世界存在不诚实的人和事，依然按常规办事，只做正确的事。

3. 保持警惕

签支票或合同时，弄清条款亲自签发。

4. 亲近家人

劳逸结合，要尽量多安排与家人团聚、旅游的时间。

5. 灵活机动

一个人必须既勤奋又悠闲，才可避免被工作压垮。

6. 善于思考

不要痛惜时间，而应该对你所做的一切进行深思熟虑的思考，从过去获取经验，着眼于现在而梦想未来。

富人是花储蓄以后所剩的钱，穷人则是存消费以后余下的钱。也就是说富人用投资、储蓄的钱生出来的钱再享受，而穷人是先享受，即使钱不够，借钱也要享受，他们的糊涂观念是：我有收入。其实他的收入是花出去就完，永远不够花，而富人花用钱生出来的钱，其本钱一点不损失。

对富人而言，他们深知资产和负债的区别，金钱不是真正的资产，真正的资产是能够产生现金流的财产，而不是仅仅供自己享受的豪宅、名车，这些在富人眼里都是负债。因为这些财产每年都在消耗你的财富而不能创造财富，只有能产生现金流的财产才是资产。最重要的资产还有：受到良好训练的我们的头脑，转瞬间它就能创造大量财富。富人们有了目标之后，就甘愿为此付出代价，要么放弃一定的时间；要么放弃玩乐生涯；要么承担一些必要的损失，义不容辞地为实现目标而奋斗。他们深知"给予"反而让你赢得一切。给予不一定指捐钱赞助慈善事业或某个人，而是指尽量将你的时间、精力拿出来，给予你的朋友、亲人和孩子，也可能给予一位陌生人，这种给予会让你体会到金钱买不来的回报和乐趣。

富人们都有一个共同点就是熟知普通老百姓的生活状况，并由此发展自己的事业。他们掌握了那种出售好像没什么大利的物品却能从中获取利润的智慧。在他们看来，只要能马上回收资本，则即使是看似垃圾的废品都有可能成为巨大财富的源泉。比起只是寻求看似精美的成品，还不如重新审视、发掘旧物的潜力。基于这样的观点去重新审视商业活动，就有机会改变思维方式、创造出新的观念。

总之，人与人在思维方式和观念上、性格上的重大差别，造成贫富两大人群。知识丰富的人因性格上的弱点，终生陷入财务困境之中；心理上缺乏准备的人，也会在机遇来到时因无所适从而坐失良机。

所以，一个人应该积极更新观念，调节心理机制以适应时代的

发展，寻找获得财务自由的正确途径。

☺思考致富的十个步骤

1. 心想才能事成

开始用思考的方法致富时，你一定想知道“富人是如何发财的”。实际上，致富的开始是一种心态，就是说你想不想成为富人。心想才能事成这种意念与特定目的、毅力和获得财富或其他物质目标的强烈欲望融为一体时，它的力量是强大无比的。如果一个人真想获得财富，并且矢志不渝地去追求，那他一定会实现这一意愿。

2. 强烈的致富欲望

一个确定的欲望有着无穷的力量，只有想不到，没有做不到。每个人到了明白金钱重要性的年龄，都希望得到它。愿望不能带来财富，但是如果有一种欲望，并把对财富的欲望变成一种执著的追求，然后制定取得财富的明确方法和途径，再以决不失败的毅力做后盾，就一定能成功。

3. 树立坚定的信心

信心是大脑中的主要催化剂。当信心和意念结合时，潜意识会立刻接收到它们结合的振波，并把它转化为精神等价物，然后生成无穷的智慧。因此，想象成功，并相信梦想必将成真。一个人信心的获得，可以采取如下方法。

——我知道，我有能力实现人生中的明确目标，我发誓要为实现这种目标采取行动。

——我知道，我心中任何积存已久的欲望，终究会经过某种能实现目标的实际方式表现出来。

——我完全明白，财富与地位只有建立在真理与正义的基础上，才会持久。因此，我决不去做有损他人利益的事，我要靠发挥自身的力量以及与别人的合作，实现成功。

4. 不断地自我暗示

使用自我暗示原则的能力，在很大程度上取决于你能否专注于已有的欲望，直到你为它魂牵梦绕。具体实施方法是：

——在心中确定你想得到的金钱准确数目，每天至少想象一次自己真正拥有了那些钱。

——明确自己能付出多大努力，去换取想要的财富。

——确定得到梦想中金钱的日期。

——制订一个实现梦想的明确计划，然后不论是否做好准备，立刻开始执行。

——列一份清晰、具体的清单，写下你想得到金钱的数目、最后期限和需要付出的代价，以及积累这笔财富的明确计划。

——每天把这份清单读两遍，让自己感受到并且相信自己已经拥有了那笔财富。

5. 丰富的专业知识

知识有两种，一种是普通知识，另一种是专业知识。普通知识无论有多么丰富或广博，对于积累财富并无多少助益。知识只是潜在的力量，只有将知识组织起来，并通过切实可行的行动计划，巧妙地向积累财富的目的迈进，知识才能成为力量。

积累大笔财富需要力量，受过教育的人未必就是拥有这种力量的人，要不然为什么世界上有许多才华横溢的穷人。如果你本身并未受过必要的“教育”，但你只要有发财致富的宏图壮志，与那些拥有专业知识的人为伍，你就会和这个群体的任何一员一样有知识。

6. 借助于想象力

想象力可以分为两种，一种是“综合型想象力”，即把旧有的观念、构想或计划重新组合，推陈出新。另一种是“创造型想象力”，即通过“预感”和“灵感”产生基本构想或新构想，使人类的智慧得以无限拓展。

所谓借助于想象力，就是你要敢于梦想，敢于异想天开，构想出能为人们提供更多价值的产品或服务。想象力就像个工厂，人类的所有计划都是在这里创造出来。你若想获得财富，就要借助于想象力，形成一个或多个计划，以便将欲望变成财富。

7. 培养自己的毅力

培养毅力，需要经过四个简单步骤。这些步骤无须渊博的智慧和知识，也无须太多时间和努力，只要你一定的自制力就可以实施。

这些简单而必要的步骤是：

——在强烈的欲望驱使下，拥有明确的目的。

——不断用行动体现出明确计划。

——不受任何人消极懈怠思想的影响。

——结交一个或几个能鼓励你依照计划和目标行事的人。

遵循这四个步骤的人一定会得到巨大的回报！

8. 获取“智囊团”的指导

积累财富需要力量。力量可以解释为“有组织且巧妙运用的知识”。知识来自学习和积累的经验，以及从别人那里得到的实验和研究，不管怎样，个人的知识总是有限的，没有“智囊团”的个人无法拥有强大的力量。“智囊团”有两个特点：一个是经济上的，一个是精神上的。具有经济头脑且正直的人会给你提供有价值的建议、计策以及实心实意的合作。具有智慧头脑且热情的人会与你发生“头脑风暴”、“思维共振”，以及精神上的支持，依靠这种“智囊团”，任何人都可以创造出经济利益。

9. 利用情感的力量

人们的行动受到理智的影响，但更受“情感”的影响。创造能力完全靠情感来赋予它行动，而不是靠冷酷的理智。人类情感中最强有力的就是性激情。然而，许多人在年轻时期浪费了这种性激情的正当发挥。随着年龄的增长，人们开始学习性欲转换能力的技巧，性欲转化的结果是思想的提升，它使创造型想象力极易接受意念。这时，人们可能注意到自己在各方面的能力增强了，一个人爱的情感和性的激情自然而然地开始趋于和谐。因此，他可以把这些强大的力量结合起来，使之成为一种激励行动的力量。

10. 积极地采取行动

思考致富——对任何相信自己能力的人来说，都是一个通向巨额财富的指南针。你必须在思考当中构想蓝图、制订计划，寻找实现特定目标的方式，积极地采取行动。每天，在你开始致力于一项计划时，都要花几分钟时间复习并检查上述的步骤，以确定自己完全消化、吸收那些步骤的内容，确保所走的路是通向成就的正确道路。

☺排除影响你致富的十个障碍

如果你现在还不富有，那么就认真学习上述思考致富的要领，然后按照那些步骤扎扎实实地实行。没有人能替你思考，也没有人能替你行动，一切就看你的了。在你致富的道路上，力争排除影响你致富的十个障碍，以坚强的毅力朝着目标前进。

这影响你致富的障碍是：

1. 自满自足

总认为自己是最好的，对别人的成功不屑一顾，觉得成功者只是凭关系或运气，不相信个人的努力可以改变命运，对生活没有更高的欲求，知足常乐。

2. 保守怯懦

生活习惯于常规的经验，不敢做别人没有做过的事情，而且惧怕各种各样的风险，安于四平八稳的现状。

3. 孤僻懒惰

不善于，或者是不愿意与人打交道。试想，一个与人处不好关系的人，怎么能做成大事呢？懒惰是人生的大敌，手懒贫穷一时，

脑懒贫穷一世。

4. 狭隘自私

一个人若是心胸狭隘、视野狭隘、知识结构狭隘，注定是贫困的命运。一个不想奉献，只想占便宜的人，最终不会获得成功和财富。

5. 骄傲虚荣

有一点成绩就觉得了不起，处事好大喜功，眼高手低，大事做不来，小事又不做。失面子的事也不做，总想做些又体面又赚钱的行业。须知，一个人只要靠正当的方式、手段获得财富，至于干什么无关紧要。

6. 消极多疑

具有消极性格的人，对什么事情只看到困难、不利的一面，看不到困难和不利是可以经过人的努力而能克服的一面。自己不仅缺乏自信，而且疑心重重，对别人也缺乏信任，其结果是把能够帮助自己的力量也冷落在一边，以致使成功离自己越来越远。

7. 轻信冲动

轻易地相信别人是自己缺乏判断力的表现。轻信的性格最容易失去自己应该得到的利益。轻易地相信他人的人还往往容易冲动，随便许诺，信口开河，泄露自己的秘密，使自己处于不利地位。

8. 狂妄不忠

狂妄的人最容易招来周围的人群起而攻之。没有人愿意与你共事，也没有人愿意给你善意、有益的忠告。具有狂妄性格的人，不可能对人讲究信誉。他们自以为是地认为，耍小聪明是一种本事，常常为一点小利益而失去人格。殊不知，谁都明白该与什么样的人处事。

9. 不劳而获

贪图享受，又不想付出的人，总是抱着投机的心态生活着。他们过度谨慎，不主动抓住机会，幻想跟在别人后头捡便宜，坐享其成。这样的人不可能成为富人。

10. 急功近利

做事没有条理清晰、详尽分析的书面计划，也不想付出极大的努力，只是求助所有的致富捷径，总想一夜暴富，通常表现为赌博习惯。这种人在追求财富的路上常常会丢盔丧甲，无功而返。

第二节 成功的赚钱系统

天下凡速成的东西，必不能持久。

☺金钱与财富的定义

如果你渴望财富，那么通往财富的途径只有一条：勤俭。也就是说不要浪费时间和金钱，而是最好地利用它们。每天都有成千上万的人梦想发财致富，却由于他们从来未受过正当的关于钱的知识方面的教育，一辈子辛苦挣钱，到头来却几乎一无所有，归其原因就是这些人从未发现金钱的运动规律。

金钱的定义：金钱与生俱来就是和"彼此关系"、"交换"这类问题有关，是人的社会性的基础。金钱必须是一种交换手段，使不同的货物和服务的价值可以让彼此的相互关系得到度量。当然，钱是你整个人生中最重要的主题之一。生命中一些最大的乐趣和大多数最深的失望都根源你关于钱的决定。你感受到的是心灵的高度宁静还是持续不安将决定了你对财务的控制，你的亲缘关系将受到极大的影响。事实上，我们社会中的多数离婚都是由对钱的分歧导致的。了解钱并如何赚取它、保持它，对你的生活、你的亲缘关系、你的快乐、你的未来至关重要。

财富的定义：在不进行体力劳动时，你所能生存并仍然能维持你的生活标准的天数。假如你每月的花费是1000元，并且你有

3000 元的储蓄，那么你的财富就是大约 3 个月。财富是用时间衡量的。问题不在于你挣了多少钱，而是在于你能有多少钱和这些钱能为你工作多久，以至于这些钱能使你的生命维持多久。

事实上，生活中的每一个人都惯用金钱的尺度来衡量富裕的程度，几乎所有的人都想挣更多的钱。然而，生活中的真正的富裕，意味着拥有金钱之外更多、更重要的东西。比如完善而有益的关系，贴心的朋友，满意的职业，幸福的家庭，以及对生活的充分享受。你要想真正达到富裕，你要意识到金钱只是保存财富的一种形式，只是走向目的地的一种手段，一种成就某件事情的工具，而不是最终目的。所以，你就要为求得生活和心理的平衡而努力。

金钱代表了外在的财富，而灵魂则代表了内在的财富，二者的关系令我们迷惑。实际上，财富不等于幸福，别把二者混淆，否则你将两者俱失。

☺怎样设计你的创富之路？

众所周知，传统的赚钱方式是：时薪×工作时间 ＝ 收入。这是一种线性增长的赚钱方式，它使许多人走进“时间换钱的陷阱”，终身劳累也不能富有。

如果你想变得富有，就就必须改变现状，跳出你现有的赚钱系统，而采用新的创造财富的成功系统：杠杆增长 ＋ 倍数增长。

杠杆增长的要义是：不是更努力地工作，而是更聪明地工作。

杠杆的意思是“使变得更轻、更容易”。那么你如何利用杠杆增加财富呢？一般有以下几种方式。

1. 杠杆时间——雇用员工是老板们杠杆他们时间最明显的方式。老板通过教员工来复制他的时间和智慧，从而赚取每一位员工的一定比例。

2. 杠杆地点——可口可乐是这方面最典型的例子。可口可乐公司通过“瓶装”，使原先只能在饮品店买一杯的可口可乐，变得

可以带回家享受了，销售量也就暴发性地增长了。

3. 特许经营——特许经营把杠杆这个概念推向一个更新的领域，特许经营的成功秘诀是，努力设立一个几乎没有缺陷的系统来解决特许经营的任何细节。特许经营的成功关键在于复制。

倍数增长的要义是：复合利息。

复合利息的关键是“累计”，即将本金和利息连续地计算。

复合也称为“倍增的概念”，通过复合，即使你不工作，你的金钱也为你运转。它是杠杆时间和金钱的终极工具。

利用复合概念使财富倍数增长的方式有：

1. 投资基金——如果你有先见之明、耐心和资金，投资于某项基金，然后每年都把利息和分红再次投入到基金里，若干年后，你就会成为百万富翁了。

2. 增效协作——把两个截然不同的概念结合在一起而创造的突破性产品或服务，可成为令人难以置信的商业利润和巨大的机会。例如，威化甜筒包裹雪糕；电话和影印机结合的传真机；特许经营的连锁店和小商人的增效组合等。

3. 网络销售——如果你没有多少资金，可是你有时间。你可以重新组合自己的日子，挤出几个小时用于模仿一个创造财富的系统，你的成功由你的复制能力来决定。网络机制的销售是增效协作的极致境界，使你的财富成倍数增长。

☺赚钱的灵感从哪里来?

赚钱需要有好的构想和方法。一般来讲，一个商人光懂得谈判、签约、宣传、销售等还不会成为出色的经营者。你只有发挥出自己隐藏在内心的神圣才能，才有可能取得成功。

在你获得成功之前，你内心就需预计要通过自己的努力来实现自己的目标。由于你感到成功是自己内心的现实，因此外在的成功随着你的行动和态度而到来。你越能显示出你内心的才能，

你谋求实现自己的愿望和在职业生活中寻求正当的金钱报酬就越容易。

创新思考最主要的是突破思维定式。不同的生意人，具体情况不同，思维定式不同，传统上认为一种商品只有一种款式、一种颜色，而突破这种思维定式，换一种款式、换一种颜色，销售量就会大不一样。

一个人只有处在自信主动的状态中才会聪明能干，而且最具有能动性和创造性。为了获得赚钱的灵感，应遵从下列一些训律。

1. 具有相当敏锐的市场嗅觉，能抓住顾客们的市场消费心理，能够巧妙地借助媒介，把原本一些不值钱的东西变成商品。

2. 独树一帜地选择行业，超前思维、独创特色。不要按照本行业的主要竞争规则经营。

3. 创立对速度和行动的偏好。保持80%正确并立即付诸行动，远远好过坚持100%正确但晚了一个月的做法。

4. 时刻利用所有员工的智慧和他们的全部技巧。

5. 把企业组织的学习变成企业的信仰，唯一能真正持久的优势是比竞争对手学得更快更好。

6. 要积极主动、不断实验、不断创新、不断超越自己。

7. 重新评估公司内潜藏的战略资产。

8. 打破樊篱，同时也要去除使自己与供应商和顾客隔离的外部框框。

9. 开拓全球视野和建立知识库。

10. 发掘衡量战略成果的手段。

只要你利用这些超前思维，才会体验上天助你成功的幸福感觉。

☺怎样才能无险赚钱？

当你靠薪水生活感到拮据时，选择恰当的方式经商，既可以获

得额外收入,又可以减少风险的策略有以下几种,以供参考。

1. 不要丢掉目前的工作,只在业余时间去赚取职业以外的收入

如果你有了赚钱的好主意,切不可迫不及待地辞去眼下的工作。因为你资金不足或缺乏经验,很可能走向破产。为了减少风险,你最好保留目前的工作,在业余时间致力于你的赚钱渠道。

这样的做的好处是:

(1)正常收入不受损失,保障维持家用。

(2)你的业余收入可以作第二次投资用。

(3)一旦你经营不善,由于你有正常收入保障你的生活基本需要,而不至于陷入绝境。

2. 运用杠杆作用增大赚钱能力

所谓杠杆作用就是说:利用借贷来的资金或财产,使你获得财富的大幅度增加。利用杠杆作用赚钱,你应做好下面的事情:

(1)寻求最低利率和最低贷款费用;

(2)尽量使贷款求得最长的还款期限;

(3)每月尽可能归还最小的数额;

(4)避开骗子和可疑的家伙;

(5)在贷款单签字之前,仔细阅读贷款申请书上的条件;

(6)去申请贷款时,穿得整洁些;

(7)不要付骗人的利率,先算算是否值得;

(8)不要认为你的企业会很快发展,开始就归还很高数额的借款;

(9)如果你能把钱投在其他有利可图的地方,就不要过早地还清贷款;

(10)不要耽误支付贷款利息和最后还清贷款的时间,这有助于提高你的贷款信誉。

3. 让几个职业外收入方案同时发挥作用

多个方案会使你一直兴味十足并保持巨大的创造力。你基本上不可能因兴趣消失抛弃你的赚钱目标。你会通过每个新方案来拓宽你的阅历，从而能够更好地把业务时间转化为你一生中最有效的时间。有了几个收入来源，你就可以把一个方案的收入用作另一个方案的资金。积累几个小企业的利润创立一家成功的大企业。

4. 慎重选择项目

一个经营者是否成功，恰当地选择经营项目至关重要。所以说经营者应该具备下列五项技能：

(1)洞察力。从各种角度去观察，充分了解消费者和竞争者。

(2)透视力。预料变化，并综合事实数字，希望是科学决策。

(3)实行力。集中一切财力、人力，迅速、果断地投入运作。

(4)创新力。提出与众不同的构想、规划、战术和战略。

(5)忍耐力。重视长期绩效，并创造出与员工同舟共济，锲而不舍的好环境以及发展出一套起到激励作用的企业文化。

一位经营者在具备了上述五项技能后，还要充分了解市场需求及消费现状。譬如：

(1)消费需求逐渐走向个性化；

(2)实用性与“名牌”并重；

(3)国内产品与进口产品的竞争；

(4)产品寿命周期越来越短；

(5)不再强调买“物”，转为以豪华，新鲜，健康为重点。

所有这些新的消费趋势，都可以为经营者选择恰当的经营项目，提供决策信息。

5. 合理利用资金

一位经营者在开始时，不论你的资金是短缺还是雄厚，切不可一次性投入太多。你应该先在你选定的项目上适量投入一部分资

金,看看经营项目进展情况。如果经营顺利并可产生利润,那么,你就要总结利润产生的经验。然后,再决定是否再投入较多的资金。这就叫做花小钱买经验,花大钱赚大利。

6. 寻找恰当的合伙人

一般来讲,做买卖尽量不要与人合伙,不论是亲戚还是朋友,一涉及钱,有些人就会见利忘义,翻脸不认人。如果你们赚了钱就会因分红不均争得面红耳赤;如果你们赔了钱,就会互相埋怨,推卸责任,谁都想尽量自己经济上少受损失。即使你宽宏大量,在经济上作出让步,人家也不领你的情,反而认为你软弱可欺。结果是你的家人对你不满意,你的合伙人对你也不满意,真是猪八戒照镜子,里外不是人。

所以说,你因资金、人力方面的原因,需要与人合伙经商时,你要明白:即使是最亲密的人,也会在钱财方面发生冲突。注意不要人、财两伤。一定要把协议订好,有福同享、有难同当,并形成文字以避免不必要的烦恼。当然,最好不要与任何人合伙经商。

☺增强赚钱能力的一个有效方法

任何事情或者是金钱的运用都可以按它的时间程度分为“紧迫”和“不紧迫”。也可以按它的作用分为“重要”和“不重要”。这四类事情的重要性排列如下。

第一类,紧迫而且重要的事情;第二类,不紧迫但重要的事情;第三类,紧迫但不重要的事情;第四类,不紧迫而且不重要的事情。

重要或紧迫的事情关系到个人的目标实现,如日常生计、危急关头等紧迫而且重大的事情,以及突发小事、急功近利等紧迫但不重要的事情,这容易引起人们的重视。

不重要或不紧迫的事情,如长远规划、自制力强等不紧迫但重要的事情,以及烦琐工作、休闲娱乐等不紧迫而且不重要的事情,这容易引起人们的忽视。

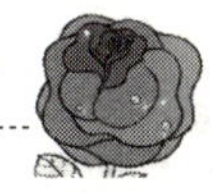

令人惋惜的是，人们往往忽略了第二类的重要性，而正是第二类决定了一个人成就的大小，富人和穷人的差别也在于此。希望你运用这个方法，对自己的事情进行分类，保证自己所处理的事情大多处在二类中，就会增强你的赚钱能力。

第三节　财务自由之路

你不理财，财不理你；你会理财，财会理你。

☺理财的基本财务知识

对我们个人而言，所谓财务知识不是指系统地学习专业的财务课程以便从事以会计为生的职业，而是学习并弄懂一些财务知识方面的术语以便指导我们的投资理财。

诚然，一个人能否致富，取决于智商、情商、财商三个方面的因素。所以你要想获得财务上的自由，掌握一些财务知识是完全必要的。

首先，要弄懂下列一些词语的概念：

1. 智商

指一个人学习、理解、运用知识的能力。智商越高，他掌握的知识越快，运用得越充分。

2. 情商

指一个人无论在任何情况下都能从容自如地解决问题的心理承受能力。譬如，面对金钱与名誉，成功与失败，赢利与亏损，失恋与离婚，挫折与打击，疾病与丧偶，凡此种种，不一而足。

3. 财商

指一个人把现金或劳动转化为能带来现金流的资产的能力。换句话说就是，财商不是你能挣多少钱，而是你能保有多少钱，能

使钱为你工作的努力程度，以及这笔钱能维持多少代。

财商是由四个方面的专门知识所构成的：第一是会计，也就是财务知识；第二是投资，即钱生钱的科学；第三是为了解市场，它是供给与需求的科学；第四是法律，它可以帮助你有效地运营一个进入会计、投资和市场领域的企业并实现爆炸性地增长。

4. 资产

能够给你带来现金流的财产是资产。比如：出租的房屋，制造某种产品的企业，专利权，股票，其他有价值可产生收入或增值的流通于市场的东西。

5. 负债

不能给你带来现金流的财产是负债。比如：你自己居住的房屋，供自己享用的汽车、珠宝、皮衣等奢侈品。因为，这些财产需要维修并随时折旧，而且不会产生现金流，每天现金从你的口袋里流出。

6. 货币的时间价值

是指放弃现在使用货币的机会，按放弃时间长短计算可获得的报酬水平。例如：将1000元现金存入银行，假定年利率为10%，则一年到期增值100元。这100元就是1000元货币在一年内的“时间价值”。

7. 好债务与坏债务

假如你因购买了一套房而欠了债，但是，你却可以从出租房屋的租金中抵消债务，而且还有剩余，这就是好债务。反之，你的欠款需用你自己的血汗钱支付，那就是坏债务。

8. 资产负债表

在此表中，资产是按流动性从大到小顺序排列，而负债则是按债务到期由近到远的顺序排列，它所反映的是一个企业的资产负债表上可能表明其资产远远超过负债，但是，如果这些资产在一定时间内不能收回，如坏账或到期未收回的应收款项，或不能迅速变

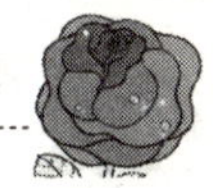

现，如存货等，那么，即使企业的财务报表表明企业“获利”了，但该企业也很可能因其无法偿还债务而被迫破产。

9. 收益表

它反映企业或个人在某一段时间中获利情况。它与资产负债表的一个显著区别是在每一新的会计年度开始时，收益表上的各账户都会被结平，其余额为零。该表的关系式可表示为：毛收入－总支出＝净利润。

10. 现金流量表

这一报表提示了在某一特定时间内现金的来源与运用，集中反映了企业或个人所获得的收益和现有的债务，如长期借款和其他债务。现金流量可分为三类：营业活动所带来的；投资活动所带来的；理财活动所带来的现金流量。

☺获得财务自由的技巧

世界上有许多高智商的人并没有获得财务上的自由，那是因为他情商较低，情感控制着他们的思想，他们害怕别人的指责，害怕失败，害怕经济损失，从未敢尝试与众不同的事情。

世界上有许多高情商的人，也没有获得财务上的自由，那是因为他财商较低，尽管他们敢于探索，勇于冒险，长期投资却因为使用的理财工具不当，或没有恰当的投资项目及途径所致。如前所述，财商是把现金或劳动转化为能带来现金流的资产的能力。换句话说，财商就是90%的情商加10%的财务技术信息。

一个人只有努力提高自己的财商，才能获得财务上的自由。没有财务上的自由，就不会有真正意义上的自由。要想获得财务上的自由，你应该认真研究掌握金钱活动的规律，这也称得上财务知识。

1. 珍惜金钱。

2. 控制金钱。

3. 节省并储蓄金钱。

4. 投资金钱。

5. 赚取金钱。

6. 保护金钱。

7. 分享金钱。

如果你不珍惜金钱，你就不努力去控制它。如果你控制不了金钱，也就不能节省并储蓄金钱。而如果你存不下钱，当然也就不会有任何剩余的金钱用来投资。如果你不懂得投资，你就不会是一个高效率的创业者。这样，你也就没有金钱需要保护。如果你没有金钱可保护的话，你也就没有任何可以分享的财产了。

那么，你该怎样做呢？

首先，按照金钱运动规律的前三项的要求，你应该坚持保留你所有收入的一部分储蓄起来，花你储蓄后剩下的钱，而不是存你消费以后余下的钱。这是财务成功的秘密。

然后，按照金钱运动规律的后四项的要求，努力发掘你的现金流渠道。所谓现金流渠道，就是当你睡觉的时候都能流入你的生活的那种剩余收入，也就是以钱生钱的技巧。

常见的现金流渠道有：

1. 储蓄者赚取利息。

2. 企业家获得经营利润。

3. 投资者获得股利、利息和增值收入。

4. 发明者获得专利收入。

5. 不动产所有者可获得现金流收益。

6. 连锁经销商获得剩余型佣金。

7. 转让特许经营权者获得特许经营费。

8. 演员、作家获得他们作品的版税。

9. 信誉转让者可获得毛利润的一定百分比。

10. 顾问获得利润或毛收入的一定百分比。

挣钱需要一个梦想，一系列决定，快速学习的决心以及正确使用你天赋的能力和发掘你现金流渠道的能力。笔者想告诉你们的是，希望你们掌握实现成功所必需的技能和个人发展的关键气质，能够用敏锐的眼光去选择最适合你的财务自由之路。具体做法有以下一些技巧。

1. 选择适合自己的财务自由的模式

致富最快的办法就是尽快改变你的现实。制订一个快速致富的计划，放弃那些将来不想做的事情，立即开始摸索学习如何获取被动收入和组合收入的技巧，也就是说，从现在开始做明天希望的事情。

通向财务自由的模式，就是利用他人的时间、他人的金钱，去获得长期收益。这就意味着，你要首先使自己成为企业家，再成为投资家，然后逐步扩大系统，雇用更多的人，你就可以工作得更少，挣的钱更多，享受的自由时间也更多。

选择这种财务自由的模式，不过你要小心，"企业家"与"投资家"有很大的不同，许多在企业成功的人，却在投资中全部赔掉，这是因为每个领域的游戏规则是不相同的。

对于想达到财务自由的人们来说最稳妥的途径应该是：从"雇员"到"企业家"再到"投资家"，或者是：从"自由职业者"到"企业家"再到"投资家"。投资是你自己的事情，你只有在各个环节中同时努力，才会有更好的机会去获得更多的时间自由和更多的财务自由。

如果你有足够的钱和很多的自由时间，那么请直接进入投资领域。如果你的时间和金钱并不是很多，那么，就从"自由职业者"到"企业家"再到"投资家"更为安全。

为什么要先到"企业"领域呢？概括的理由是：

(1)经验和教育。如果你首先在"企业"领域中获得成功，那么你将有更大的可能成为一个有影响的"投资家"。真正的投资者首

先要通过实践具备了一定的商业意识和商业知识，并且能慧眼识别出其他好的“企业”，才会在拥有稳定企业系统的成功“企业”身上投资。

(2)现金流。如果你拥有一个企业并且运作良好，那么，此时你应该有多余的时间和现金流支持你在投资领域的活动。

事实上，投资是资本和知识的聚集，但获得这种知识需要大量的资金和时间。如果你缺少知识和资本，那么试图成为投资者无异于在财务上的自杀。通过掌握成为优秀的“企业家”所需要的技能，你才能为成为一名好的投资者提供所必需的现金流。一旦你获得了成为一名成功的投资者所需要的知识和技能时，你就会明白“挣钱并不总是要先花钱”这句话的道理。

财务自由模式的理论不一定是一套必须遵循的规则，但它能够指导那些希望使用它不断改善自己财务状况的人。现在在“企业”领域中获得成功要比以前容易，虽然这不像找一份低工资工作那样轻松，但这种系统确实正在使越来越多的人在“企业”领域中获得财务上的自由。

2. 不能光用眼睛看钱

为什么10个投资者中有9个赚不到钱？或者只是收支平衡？这是因为95％的人是用他们的眼睛和情感投资，而不是用他们的大脑投资。许多人投资是因为他们想迅速变富，但是他们只是盲从，投机，致使他们最终成不了投资者，而是成了梦想家。

决定某项投资是不是一项好的投资，除了表面上眼睛能看到的东西之外，还有诸如交易、市场、管理、风险因素、现金流、企业结构、税法等许多事情。当你开始分析一笔交易是否应该进行时，你要仔细考虑下面一些问题：

——你为什么要付这么高的利率？

——你认为你的投资回报是多少？

——这项投资与你的长期财务战略吻合吗？

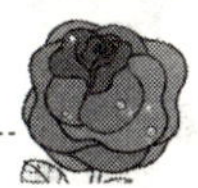

——你的房屋闲置率是多少？

——你的赢利率是多少？

——你计算管理成本了吗？

——你知道是什么在驱动市场？商业经济还是贪婪？

——你认为这种趋势会维持多久？

大多数人在财务上努力挣扎的原因就是因为他们听从了那些和他们一样对货币一窍不通的人的意见。如果你想成为企业家或投资家那样专业人员，你就需要训练你的眼睛只占5%，而头脑占95%。那么，训练你的大脑看钱的第一步就是金融学。金融学使你具有理解财务语言和数字系统的能力。依笔者的观点，用钱挣钱的能力起源于对这些词语和数字的理解和应用，如果钱在你的头脑中处于第一位，那么，钱就会黏到你的手上。反之，钱以及有钱的人都会远离你。

训练你的大脑认识钱的第二步是学会识别真正的风险是什么。笔者认为，投资没有风险，没有文化才是有风险的。如果你一无所知，那么任何财务建议都比没有财务建议好。但是，如果你不能区分出好建议和坏建议，那么任何财务建议都将是非常危险的。事实上，很多人都是根据别人的建议而不是自己的见解去将投资或管理他们的钱，而这样做是有风险的。

你要想成为企业家或投资家，就要拥有财务知识，就要全面了解货币的知识。你了解的财务知识越多，对财务词汇和数字的理解越深刻你就会越富有。

3. 发挥你潜在的优势，成为你自己

对于那些正考虑从追求工作安全变为追求财务安全的人来说，最关键的问题是你究竟想成为谁。换句话说，如果你想从“用时间换钱”转移到“利用别人或金钱赚钱”，最艰难的部分就是必须与你现在的挣钱方式脱离。这不只是打破一个习惯，而是在打破一种沉溺。

金钱是一个大系统。作为个人，我们应该学习如何在这个系统中按照某种方式进行操作，例如：

“雇员”为系统工作。

“自由职业者”是个别系统。

“企业家”创造、拥有或控制系统。

“投资家”投资于系统。

当人觉得需要钱时，“雇员”会自动地寻找工作；“自由职业者”通常会独自做些事情；“企业家”会创办或购买一个产生钱的系统；而“投资家”会找机会投资于一项能产生钱的资产。

我们中的大部分人都有在所有领域中获得成功的潜力，这取决于我们有多大的决心想获得成功。保持前进的最好方法就是让你心中的烈火永不熄灭。充满热情地建立企业，始终记住你开始时一心要做的事情，不要畏惧，不要放弃。

笔者认识很多朋友，他们仍旧在工作或职位中寻找保障性。随着社会的发展，技术的进步都以更快的速度向前推进，一个人要想在工作市场中保持生存，就必须不断地学习。既然你无论如何都要再学习，那么为什么不花时间学习“企业家”或“投资家”所需要的技能呢？

处于“用时间换钱”的人是有风险的，这是因为他们一旦遇到影响他们工作的情况时，他们的收入会受到直接影响。随着年龄的增长，他们因辛苦，劳累而使体力、精神和情感将被耗尽，发生意外的风险也随之上升。况且，由于他们对财务数字不甚了解，就常常盲目地接受别人的建议，花钱去寻找职业保障以期回避风险，其实那是最危险的事情。

处于“利用别人或金钱赚钱”的人生活更安全。如果你拥有一个安全的系统，就可以用越来越少的工作产生越来越多的钱。你不必担心失去工作，不需要量入而出。你要想在这方面获得成功，就必须学会用数字而不是用文字来思考。当涉及钱时，你必须知

道事实和建议之间的区别。当你得到越来越多关于“利用别人或金钱赚钱”的经验和知识时，你的视野将会开阔，你会看到“用时间换钱”的人看不到的东西。你将有能力亲自观察，亲自做出决策。

从“用时间换钱”到“利用别人或金钱赚钱”不是“做”的问题，而是“成为”的问题。我们主要想对你说的是如何改变你的核心观念或财经思想成为你自己，以便你能采取行动(做)，最终使你实现财务自由(拥有)。

4. 唤醒你理财天赋的方法

关于金钱的问题，我们每个人都拥有内在的理财天赋，问题是这种天赋一直处于休眠状态。这是我们的观念造成的。

传统的观念教育我们要好好学习，好好工作，挣钱就会容易一些。这种观念促使我们学习某种技能，并为钱而工作，却没能教给我们如何让金钱来为我们工作。当将来有可能公司或政府不再向我们提供生活所需要的钱时，危机将不可避免。所以，为了“关系一生”的 机会，获得财务上的保障，就需要唤醒我们自己的理财天赋了。

因此，笔者建议你采取以下步骤来开发你的理财天赋：

——给自己一个超现实的理由：精神的力量。

如果你问别人是否愿意致富或者获得财务上的自由，大部分人都会说：“愿意”。当人们被问起想要致富的原因是什么时，他们都会说这是感情上“想要”和“不想要”的结合体。例如：我不想一生都工作；我不想做一个打工仔；我不想像父亲那样终身工作在他去世后却还有未付的账单。

我想以自己喜欢的方式生活；我想在自己年轻的时候就能做到这些；我想要金钱为我而工作。

这些都是发自内心深处的精神能力，是一个超现实的理由。

——每天做出自己的选择：选择的力量。

从财务上来说，我们每挣到一元钱，就得到了选择自己的将来

是富裕还是贫穷的一次机会。我们用钱的习惯反映了我们是什么类型的人,有的人之所以贫穷是因为他们有着不良的用钱习惯。

大部分人不会选择成为富人,他们总是说:“不用担心,我还年轻”,“等我挣钱多时再考虑将来”。这些说法存在着一个共同的问题就是阻碍人们选择去思考这样两件事情:第一是时间,这是你最珍贵的资产;第二是学习,因为你没有钱,就更要去学习。因此,你要考虑采取以下步骤。

第一步,当你还是一个穷人时,你所拥有的唯一真正的资产就是你的头脑,你要恰当地选择向自己的大脑里注入些什么样的知识。比如说,在投资方面,不要选择直接投资于某种项目,而是选择首先学习自己所要投资项目的有关知识。

第二步,事实上我们每天都应该进行一个选择:即选择如何利用自己的时间、自己的金钱以及我们头脑里所学到的东西去实现我们的目标,这就是选择的力量。我们要想成为富人,每天都要为这种选择而努力。

——慎重地选择朋友:关系的力量。

选择朋友的标准不在于贫穷或者富有,而在于他们的知识。穷朋友和富朋友都同样可以做你的老师。你可以从富朋友那里学到如何赚钱的知识;你还可以从穷朋友那里学到什么可以做,什么不可以去做的道理。

富朋友喜欢谈论金钱、商务或投资;穷朋友往往谈论总是工作或贷款。你要注意这两类朋友的区别,切不可以盲目从众。在积累财富的过程中,最重要的是坚持自己的选择。

交结朋友的另一重要性在于你可以获得“内幕信息”。笔者不是说非法地去做,而是为了更快、更早地获得信息,从而获利的机会就越大,风险也就会越小,这也是一种财商。

——掌握一种模式,然后再学习一种新的模式:快速学习的力量。

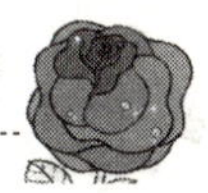

在钱的问题上，大多数人一般只知道一个基本的挣钱公式，就是为了金钱而工作。如果你对自己所做工作感到厌倦且挣钱又不够多，那么很简单，这正是你改变自己挣钱公式的时候了。也就是说，你学到了什么，就会成为什么样的人。如果你想赚到钱，寻找一条捷径是非常关键的。

——首先支付自己：自律的力量。

如果你不能控制自己，就别想着能致富。正是因为缺乏自律，大部分人得到提薪后立即出去购物或去旅游，其结果是生活比提薪前显得更加窘困。

笔者曾经提醒人们，开创你自己的事业所必备的最重要的三种管理技能是：①现金流量管理；②人事管理；③个人时间管理。

这三项管理技能不仅适用于企业，而且适用于任何事情。百闻不如一见。让我们来比较一下遵循“首先为支付自己”与遵循“先支付别人”这两种人的财务报表的区别。

有胆量的人不随大流才能致富。当你偶尔资金短缺时，仍然要首先支付自己。承受外在的压力也不要动用你的储蓄或投资，利用这种压力来激发你的理财天赋，想出新办法挣更多的钱，然后再支付账单，当然这一原则并不意味着以牺牲舒适生活为代价。这样做不但提高你的赚钱能力，还能提高你的财商。

——给你的经纪人以优厚报酬：好建议的力量。

我们生活在信息时代，信息是无价的。一位好的经纪人应该给你提供信息，同时还应花时间来教育你。如果他们是专业人才的话，他们的服务就会为你创造财富。你公平地对待他们，他们就会尽力地为你的利益服务，这是很简单的逻辑。

笔者曾经说过，人事管理是重要的管理技能之一。只要你能够管理在某些技术领域比你更聪明的人并给他们以优厚的报酬，你挣的钱就会越多，这也是财商。

——做一个给予者：无私的力量。

老练的投资者首要的问题是:“需要多快才能收回我的投资?”

当笔者遇到一处价值6万元的房产,由于用现金支付5万元就能买下时,笔者是毫不犹豫地买下的。可是有人说申请一笔贷款不是更好吗?答案是:有道理,但不适用这一案例。因为笔者马上就可以出租这处资产,三年就会收回投资,而且它还能给我创造现金流。

因此,明智的投资者必定不光看到投资回报率,而且还要看到一旦收回投资,你因此所拥有的资产就如同白得,这也是财商。

——资产用来购买奢侈品:集中的力量。

假如我们在年初给100个人每人1万元,到了年底可能会出现这样的情况:有80人会分文不剩,许多人可能会通过支付首期付款来购买奢侈品,从而背上债务。有16人会将这1万元增值5%～10%;有4人会将这1万元增值到2万元甚至更多。他们的区别是有些人贷款购买奢侈品并掉入一个相互攀比的陷阱,而另一些人则是集中资源于资产项,然后再用增值的钱购买奢侈品。

用借来的钱获得想要的东西是种坏习惯,但是很轻松;用希望消费的欲望来激发我们的天赋去投资是种好习惯,但是很艰难,记住,最容易的道路往往会越走越艰难,而艰难的道路往往会越走越轻松。要成为金钱的主人,你需要比金钱更聪明;你能越早训练自己和自己所爱的人成为金钱的主人,结果就会越好。

——先予后取:给予的力量。

当你感到手头“短缺”或“需要”什么时,首先要想到给予,你才会在将来“取”得回报。无论金钱、微笑、爱情还是友谊,都是这样。笔者相信互惠互利的原则是正确的。如果你想学习有关金钱的知识,那就要先告诉别人你的看法。当你将自己的懂得的知识十分慷慨地传授给别人时,你就会变得更聪明。许多好想法就会喷涌而出。随之,你也一定会得到慷慨的回报。

——采取行动:去做的力量。

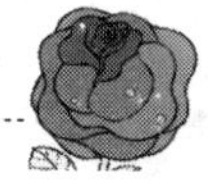

理论为我们提供方法，那么，“去做”的人如何开始呢？

1. 停下你手头的活，评估一下你正在做的事情中什么是有效的，什么是无效的。

2. 寻找与众不同的主张，从中获得新的投资理念。

3. 找一个做过你想做的事情的人，向他请教一些诀窍和做生意的技巧。

4. 参加辅导班并购买相关的书刊和磁带。

5. 寻找一桩好的生意，一家好的企业，一个合适的投资者，或类似的东西。你必须到市场上去和许多人交谈，经历许多报价、还价、谈判、拒绝或者接受的全部过程。

6. 温故而知新，研究案例，采取行动，现在就行动吧！

☺实现财务自由的步骤

第一步：改变你的规则

在通向财富的道路上，不要总想向前迈出“伟大的一步”，而是要采用初级步骤法前进。当你在实现从“雇员”和“自由职业者”转移到“企业家”和“投资家”的过程中，感到被你所必须学习的东西压得透不过气时，笔者建议你要善待自己，并且认识到这种转变不只是一个智力学习的过程，还是一个情感学习的过程。笔者认为许多人很难做到这种转变的主要原因就是他们太害怕犯错误。许多受过良好教育的人被这种情感上怕犯错误的恐惧束缚而无法行动，而我的口号是：行动总是胜过不行动。如果你行动并犯了错误，至少你在智力、情感或体力方面知道了某些事情应该怎样做。

所谓采取初级步骤，意思是说你要设定一个不太成功的目标，然后迫使自己坚持它，这样你就觉得有能力去应付，就可以达到每日的目标，当你实现目标后，就会有一种积极的强化力量帮助你沿着通向远大目标的道路不断前进。采取小步骤进行，是实现从“用时间换钱”到“利用别人或金钱赚钱”转移的关键。

工业时代的规则是找一份稳定的工作,政府会对你的明天负责。现在已进入信息时代,规则已经变了,所以你首先应该做的就是改变以往的生存规则,学会对自己的将来负责。

第二步:考虑你自己的事业

大多数人年轻时都会到别人的企业工作,并使他人变富。他们工作一生,始终没有找到自己的财务快车道。要想使自己变富,就要关注自己的事业。而关注自己事业首先应该做的就是填制个人财务报表,设定财务目标。填制个人财务报表,如收益表和资产负债表。设定财务目标,如一年内收入和支出的财务目标;三年内你的资产项目中要增加的报告项目;五年内的收益表和资产负债表。

列出你的收益表和资产负债表用来控制你的生活:

设定12个月内你想减少的债务______元;

设定12个月内你想增加的资产现金流或增加被动收入______元;

设定5年内你的资产现金流到______元;

设定你的资产项目中要拥有下列投资,如不动产、股票、企业等。

改变你从今天起5年内的收益表和资产负债表。现在由于你清楚地知道你自己的财务状况,并且设定了目标,所以你要控制你的现金流,以便实现自己的目标。

第三步:控制你的现金流

确定你现在的收入来源,确定你希望在5年后你的大部分收入和来源。控制你的消费习惯,最小化你的债务,查明你每月的投资是多少,实际回报率是多少。多长时间可以实现你的近期、长期目标。

大多数人有金钱问题的主要原因是他们从来没有接受过现金流教育,于是当他们遇到了个人财务问题时,只是更加努力地工

作，相信更多的钱会解决这些问题。

事实上，更多的钱使大多数人变得更穷，因为每当他们获得提薪后，都会出去购物，或者购买认为是资产而实际是负债的产品，从而陷入更深的债务之中。如果你想真正了解财务世界，必须有两本账——你的和你的银行家的账。对于每一项负债，如抵押贷款、购房、购物贷款和信用卡等，你都是债权人的雇工，你的努力工作正在使他们变得更富有。两本账不仅适用于资产和负债，而且也适用于收入和支出。许多人总是先支付别人，诸如日常各种费用、食物账单，如果还有剩下的钱，他们才支付自己。因此，他们都违反了个人财务的黄金法则，即：首先支付你自己。

那么，你应该怎样控制自己的现金流呢？

(1)请向有资格的财务计划师寻找帮助，帮你制订个计划，以使控制你的消费习惯，最小化你的债务和负债。

(2)按照这个计划首先支付你自己。从你的每项收入中拿出一个固定份额存入投资储蓄账户中，永远不要取出它，直到你准备用它投资时为止。

(3)集中精力每月多挣一些钱，减少你的个人债务，在你试图增加收入之前，应量入而出，工作—收入—支出—资产—收入，这才是正确管理现金流的模式。

(4)当你资金短缺时，去承受外在的压力而不要动用你的储蓄或投资，利用这种压力来激发你的理财天赋，想出新办法挣到更多的钱，然后支付账单。

(5)适时地回顾你每月的现金流向。同时，还要不断地观察现金来源，并展望未来一周、一月、一季度的资金走向。

(6)建立购买、销售、利润、应收账款、费用支出、资金周转、兑现支票、偿还贷款等现金流量的恰当管理体系。任何一项支出一定要在收益增长上得到体现，否则就否定这项支出，这是成功的现金流管理策略。

第四步：了解风险并确定成为哪种类型的投资者

有些人常说："投资有风险。"对于他们来说，这句话是正确的。但是，实际上不是因为投资有风险，而是缺少正规的财务培训和财务知识才会给他们带来风险。正确的做法是只有敢于承担风险，才会没有风险。只要他们正确地管理自己的现金流，那么他们的资产项目将会比他们的负债项目多。

由于缺少财商，这些人每月的收入和支出几乎相等。他们总是拼命地工作，不顾一切地寻找工作保障，当经济变动时不能做出应对，并经常用压力和焦虑损害他们的健康。

所以，笔者认为商业和投资没有风险，没有知识才有风险。同样，被误导是有风险的。购买资产没有风险，购买你被告知是资产的负债有风险。考虑自己的事业并首先支付自己没有风险，依赖稳定安全的工作并首先支付他人将是这类人要冒的最大风险。

你是否曾经想过为什么一些投资者能挣到很多的钱但风险却很小。这其中的主要原因是这些投资者敢于承担巨大的财务问题。从这个意义上说，这些人可以分成两类：A类是寻找问题的投资者；B类是寻找答案的投资者。

A类投资者主要是寻找那些处于财务困境中的人们所引起的问题。他们拥有做一个成功的企业主和投资者所必要的技能，善于解决财务困境中的问题，并能够从中使他们的货币带来25%以上的回报。

B类投资者中有许多人是由高收入的"雇员"和"自由职业者"进入"投资者"之中的，由于他们非常繁忙，没有时间学习创办企业的知识，也没有时间寻找投资机会。因此，他们总是接受优秀金融设计师的建议，寻找怎样投资的答案。

当你了解了投资有无风险的区别后，就要确定自己首先要成为哪种类型的投资者。如前所述，你选择一种适合你自身条件的投资类型，并付诸行动。

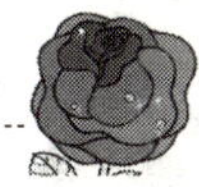

如果你是一名善于解决某类问题的专家，就要像 B 型投资者被建议的那样，不要多样化，用你的钱在你擅长的领域里投资。如果你是一名善于寻找问题的 A 型投资者，就要寻找巨大的金融机会，更快实现富裕。

不管怎样，笔者建议你要先成为“企业家”，再成为“投资家”。也就是说你要在 B 类投资中获得经验，才会在 A 类投资中获得更大成功。

第五步：寻找导师，向正反榜样学习

导师是告诉你什么重要、什么不重要的人。选择那些既在投资领域又在企业领域中成功的人士做你的导师。找出反面的示范，从失败中学习。

致富的导师不相信量入为出的说法，他总是鼓励你要集中精力扩张你的财力，掌握一种赚钱的模式，然后再学习另一种新的模式，花时间获得能给你带来被动收入或长期剩余收入的资产。所以，你应集中精力建立资产项目，增加来自资本利得和股息的被动收入，增加来自企业的剩余收入以及来自不动产的租金收入和专利权使用费。

社会上一些成功的人士是我们的正面榜样，你要有意识地寻找那些与你前进方向相同并位于你前面的人，花更多的时间与他们在一起，慎重地从他们那里得到建议。

社会上还有一些曾经挣过许多钱，后来却破产了的人。他们应该是你的反面榜样，你要从这些人身上学习成功的经验，总结失败的教训。

聪明地选择你与之交往的人，写下 6 位你为其花时间最多的人，这 6 个人就是你的未来。你要观察这 6 个人是在“雇员”、“自由职业者”、“企业家”还是“投资家”类别呢？这时把你的名字填在你未来想要成为的类别中，如果你与这 6 个人中的大部分人同在一个类别中，那么你就是一个幸福的人，你被思想相似的人所包

围。如果他们不是,那么你也许在生活中该做些改变。

第六步:保持信心,将失望转化成力量

对于那些准备从“用时间换钱”转移到“利用别人或金钱赚钱”的人们,笔者所能够给你们的最重要的建议就是,要做到非常清楚你所说的话。如果你想做出改变,你就必须了解由你情感所产生的思想和话语。

笔者发现大多数情况下一些人害怕“尝试”新东西时,是因为他们害怕失望。然而,就像每个问题中都隐藏着机会一样,每次失望都蕴藏着无价的智慧结晶。要准备好面对失望,尽可能地将失望变成资产。即使事情没有按照你希望的那样进行,也要平静而高贵地对待它,并能很好地进行思考,让失望转化成力量,相信企业主和投资者可能要等几年才能获得回报,成功需要时间。要克服因没有收到即刻的财务回报引起的急躁。一旦获得成功,财务回报将是非常可观的。

我们事先不可能知道每一件事情,我们经常是在需要中学习。你永远不会有全部答案,但是你无论如何要坚持下去。当你花时间发展你需要掌握的技能,你的世界将会迅速改变。永远不要逃避你需要学习的东西,直面恐惧和怀疑,新的世界将会为你敞开。虽然你不可能擅长每一件事情,但是花时间发展你需要掌握的技能,并能够感情成熟的人,将会在未来的日子里获得成功。

第四节　获得财富的途径

财务成功的一个基本原理——把你身边存在的许多赚钱渠道提纲挈领地运用到你所做的任何事情中去。

☺接受必要的财商教育

为什么世界上许多人为财富奋斗终生而不可得，其主要原因是：他们尽管在各种学校学习过许多年，但是他们从未真正学习过有关钱的知识。

现在已进入信息时代，传统的生存法则应该转变了，过去的规则是上学、得高分、找一份既安全又有福利保障的工作，终其一生。到了退休的时候，企业和政府会照顾你的余生。而现在的规则是上学、得高分、找工作、在职位上接受再培训、找新工作、换新工作……这个过程一直持续下去。因此，你要趁早计划，能存一大笔钱用于60岁以后的开支。

信息时代是一个人应该对自己负责的时代，如果你出现经济危机，那不是企业和政府的问题，而是你自己的问题。所以说只有接受财商教育的课程才能避免个人财务的困境。这样或许能够对你有所帮助。财商教育有以下几个方面内容。

1. 什么是财商教育？

首先，我们应该弄懂“财商”的定义：把现金或劳动转化为能带来现金流的资产的能力。

财商是由四个方面的专门知识所构成的：第一是会计，也就是财务知识；第二是投资，即钱生钱的科学；第三是了解市场，它是供给与需求的科学；第四是法律，它可以帮助你有效地运营一个进入会计、投资和市场领域的企业并实现爆炸性地增长。

财商教育是能够帮你把在职业工作中挣到的钱变成永久财富并实现财务安全的教育。

财商教育能够使你的孩子在日后的生活中避开财务陷阱，减少财务上的失败，并能够在努力工作，养育家小之后的晚年不会陷入财务困境。

2. 怎样才能跳出“老鼠赛跑”的怪圈？

所谓“老鼠赛跑”的怪圈就是：挣钱—工作—挣钱。

如果你看看一般受过教育的、努力工作的人的生活，就会看到一条十分相似的道路。孩子们去上学，父母们十分高兴，并且常常因为孩子的成绩出色而感到自豪。孩子毕业后找个安全、稳定的工作，他开始挣钱了。手里有了钱，他开始结交女友，不久就结婚。因为现代社会里丈夫和妻子都工作，两份收入真是天堂。他们觉得获得了成功，前途光明，于是决定买房子、买车、度假并且生孩子。这样一来问题就来了：需要大量的钱。年轻的夫妇们认为他们的职业是最重要的，于是更加努力地工作，寻求升迁和加薪。加薪实现了，他们不得不更努力地工作。他们成了模范雇员，甚至于可以说有为公司献身的精神。他们的收入上升了，但同时他们的账单也增多了。为供养孩子上大学，为偿还住房或购物的抵押贷款，他们不停地为公司老板工作；通过缴纳各种费用为政府工作；通过付住房或购奢侈品的贷款而为银行工作。尽管他们加倍地努力地工作，仍然陷于财务紧张的怪圈不能自拔。

接着他们的孩子长大了，他们仍然建议他们的孩子努力地学习，取得好成绩，找个安全的工作或职业。尽管孩子们学到许多知识，可就是没有学到关于钱的知识，只知道为钱而工作，而从不知道怎样让钱为自己工作。他们终生努力工作，然而随后这个过程又将在他们的下一代中重复了。起床、上班、付账、再起床、再上班、再付账……他们的生活就是在无穷无尽地为这模式而奔忙，这就叫“老鼠赛跑”。

一生辛苦工作却又摆脱不了财务困境。这主要就是因为我们从小所受到的为钱工作的观念所造成的。那么，究竟怎样才能跳出这个怪圈呢？答案是必须把为钱工作的观念转变为让钱为你工作的观念，那样你就不必终其一生地辛苦工作。

要想学会让钱为你工作，首先，你要找点事干，不论是从事自

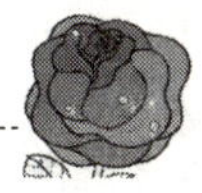

己喜欢干的事，还是给别人当雇员，你都应该把自己收入的三分之一储蓄起来，剩余的钱仅用做日常必需品的开销，这时切不可以透支消费。用积蓄起来的钱购买能够产生现金流的资产。

其次学会让钱为你工作的唯一方法就是你必须在会计、投资上十分内行，对收支平衡表和资产负债表之间的因果关系十分明了，并且记住每笔交易对你的每月的现金流产生的影响。

当你明白了钱的运动规律和投资的规律以后，就知道了你该如何去选择一个你想去从事的职业而不是因为某个职业安全或有利可图便去选择它。你将自由地去做和学你真正内心想要的东西，而不是去学另外一些特定工作所需要的技巧。这时，你就会增加你的财富，就不必再去担心工作的稳定和社会保障，从此跳出了“老鼠赛跑”的怪圈，进入致富的快车道了。

3. 什么是男人的聪明“财智”？

——掌握创富理念。致富先要从“心”开始，不断激励自己，挖掘和开拓自身的致富潜能。随时代发展而更新财务观念，合理利用时间，构建个人的现金流系统。树立敏锐的致富意识，一种永远有大量金钱足够分配的意识。

——树立富人的财富观。要想成为富人，首先要“学习富人，了解富人的独到之处，了解他们的财富观”。善于创富的人并不一定很聪明，只不过他们在创富方面研究得比较多、比较透，不论你是谁，都能招致财富，要想发财，就要把时间用在研究、思考、计划上来，别忘了用笔和纸记下你的思考所得，并付诸行动。不要低估了书籍的重要性，它是提供灵感的工具。

——订立目标。①写出你的目标；②自己定一个时限，目的要崇高。订立计划时，你要胆大心细，符合自己和周围环境的条件，希望高于你实际能力所能得到的，这样有助于你向更高的目标迈进。

——善于投资。许多人虽属于工薪阶层，却很善于投资，他们发现财富是可以招致的，总是将自己的收入的三分之一储存起来，

然后将利息或股息都用于投资。

——六条方略：

(1)要独具慧眼，从平常之事中捕捉大机会。

(2)要合理、合法、合规地赚钱。

(3)要懂得利率、懂得货币的时间价值，利用利率空间及货币的时间差来捕捉差价利润。

(4)要有良好的投资心态，胜不骄、败不馁。

(5)要有高超的金钱观念，不要成为金钱的奴隶。

(6)要有清晰的投资组合理念，既可规避投资风险，又能追求利润最大化。

4. 什么是女人的财商资本？

女性比男性更富于坚持性。这说明，女性更接近于现代企业家的良好素质要求。据分析，女性在经商赚钱方面相对于男性有八大优势。

(1)女性在语言表达和词汇积累方面比男性强，这是生意人必备条件之一。

(2)女性在听觉、色彩、声音等方面的敏感度比男性高40%左右，这是生意场上应酬的良好素质之一。

(3)女性记忆力和在精打细算方面比男性详尽得多，这是做好生意的基础。

(4)女性比男性更富于坚持自己的观点，很难放弃自己原先的想法，有利于执行计划。

(5)女性形象思维能力优于男性。常常会设想出多种结果，开发出新产品。

(6)女人的直观能力比男人准确。在生意场上能及时捕捉有利条件。

(7)女性比男性有更大的忍耐性。生意人没有忍耐性是很难做好生意的。

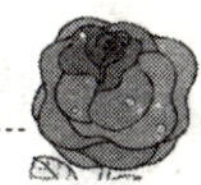

(8)女性的操作能力和协调能力都比男性强。所以有人说："在工业时代劳动者典型形象是男性，在信息时代工作的典型形象应当是女性。"随着历史的发展，这句话的真实性将得到越来越多的验证。

如上所述，专家建议女人经商应考虑以下几个问题：

——要研究适合女性干的行业，要学会从外行到内行，弄清事物的本质。

——确定自己经商的基本思想，在投入钱财和精力前要了解市场及客户。

——千方百计地巧妙宣传你的商品。

5. 你想成为哪种类型的投资者？

投资者可以分为两大类：一类是购买资产的投资者；另一类是创造资产的投资者。

第一类购买资产的投资者又可分为特许投资者和资深投资者。

第二类创造资产的投资者又可分为智谋型投资者和内部投资者。

有资格成为特许投资者的是一些高收入的人，他们选择长期、安全、舒适的投资项目，比如说他们通过购买资产、再利用所赚的利润购买其他资产方式赚取财富。

资深投资者是相对内部投资者的外部投资者。他们知道如何分析公开交易的股票，了解基础型投资和技术型投资。

一个基础型投资者会通过研究公司财务报表来减少风险，期待股票升值。同时，也要考虑国家的经济发展远景，以及该公司所处行业的发展情况。在基础分析中，股利率的走势是个相当重要的因素。

一个训练有素的技术投资者是根据市场的变化进行投资的，而且为自己的投资进行保险，以免受灾难性的损失。选股时主要考虑公司股票的供求情况。更多地考虑市场的变化和股票的价格,就像买东西的人买降价或打折的商品一样,常常在价格下跌或市场萧条时购买股票。

智谋型投资者必须具备三个条件:受过良好的教育;有投资的经验;有充足的现金。他们还熟悉投资项目,善于利用税法、公司法和证券法扩大自己的收益并保护原始资本。

智谋型投资者都知道世界有黑白分明的一面,也有其他不同的色调的一面。在黑白的世界里,他们能够独立投资;而在多色调的世界里,他们需要与他人协作才能进行投资。

内部投资者的目标是创建一个成功的企业,这个企业可以是一块供出租用的不动产,也可以是拥有巨大资产的公司。

具备一定的金融知识但又不符合特许投资者标准的人也能成为内部投资者。他们通过创建公司来积累他们所管理的可以出售并可以公开上市的资产。

在真正的投资领域,成为内部投资者是减少风险,增加回报的非常有效的途径。

6. 怎样设计适合你的方案?

笔者的答案是:分步进行。

第一,付出时间,静静思考你的人生,如果有必要思考几个星期也没关系。

第二,在静思的过程中问自己,我想从生活中得到什么?

第三,在确定自己想要得到什么之前,暂时保持沉默。你深藏于心的梦想切不可在亲戚朋友的好言相劝中毁于一旦。

第四,征求财务顾问的意见,首先建立一个财务计划方案。

第五,制定符合实际的目标。随着知识和经验的日益丰富,要知道目标会随着你实际经济情况的变化而变化,但要始终想办法支持你的计划。你的最终目标是要实现财务自由,不再为钱而工作。

第六,要明白投资是一种团队活动。财商会告诉你什么时候

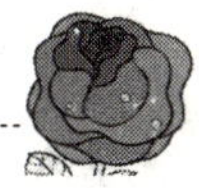

该独自做事，什么时候该向别人寻求帮助。要结识新的协作者，他们会助你一臂之力，这些协作人员应该包括：财务设计师、会计师、银行家、律师、经纪人、统计员、保险经纪人、成功的顾问。

记住，找协作者就如同寻求一个商业伙伴，从与他们的交谈中学到许多关于商业、财务、投资方面的知识。

如果你想富有的话，就好好关注自己的事业，只要你每天走一小步，日积月累，你就会得到一生中梦想的所有东西。

有人说："生活是一个残酷无情的教师。它通过惩罚的方式来给你上课。"不论你喜欢与否，但它的确是一个学习的过程。不论你的计划如何变动，但从未变动的就是计划实现的目标。从犯错误到从中取得经验，足以使你在下一次的投资中稳操胜券，这就是计划的全部。

7. 怎样才能少工作、多赚钱？

一个人可以努力争取三种不同类型的收入：

——工资收入。这是你为钱而工作得到的收入，只要你努力工作，就可以得到更多。但是这种收入是最差的收入，主要有以下三个原因：第一，你不得不整日为此劳动，耗费了自己一生最宝贵的时间。第二，几乎没有什么杠杆可以利用，多数人增加自己工资收入的重要途径仍然只能是更卖力地工作。第三，你的工作很难有什么剩余收入。

——组合收入。这种收入通常来自有价证券，如股票、债券和共同基金。这是用钱生钱的一种方式，通常都有很高的回报率，这是少工作、多赚钱的一种途径。

——被动收入。这种收入通常来自房地产投资、创建一个企业、个人专利或知识产权。这是一个人付出劳动最少的一种收入，而且长期以来它一直能为你带来较高的收益。

为了年轻而富有，享受高质量的生活，我们必须懂得要努力赚取哪一种钱。掌握获取组合收入和被动收入越快，你就会感受到

更多的财务保障。

8. 快速致富的方法是什么？

一个人致富的途径有很多条，但每一条路都得付出相应的代价。

致富的最快捷径是尽快改变你的现实，就像多年用右手吃饭的人有朝一日突然改为用左手吃饭，虽然很难做到，只要坚持就能如愿以偿，但对大多数人来说也不是一件很容易的事情。

许多人更愿意待在自己原有的现实里。即使那是一个财务吃紧，入不敷出的现实，他们也不愿意拓展自己的空间，他们愿意舒适地工作一生，而不愿意过几年不舒服的日子来努力改变自己的现实，让自己的一生的剩余时间实现飞跃。用前面的比喻来说，那就是大多数人宁愿用右手吃饭、贫困终生，也不愿意学习使用左手吃饭、快速致富。在很多方面，那也是改变大脑现实所需要的。

如果你懂得了拥有正确现实或环境的重要性，而且能够改变自己的现实，并制订了一个切实可行的计划，你就会发现赚更多的钱非常容易。

一个人工作终生，储蓄并将钱存入退休账户是一个十分缓慢而过时的计划。如果你想提前退休并且富有，那么你就需要制订比大多数人快很多的致富计划。为此，我们提出以下建议。

建议一，要选择好自己的退出战略。制定退出战略是投资的前提，在投资之前，你需要首先明白怎样、何时、何地、赚多少钱的时候退出。如果你的目标是能过上小康生活，那么，你可以通过找到一个安稳、高薪的工作达到这个目的。

如果你白手起家，而且期望年轻富有，那么你就得放弃安稳的工作，需要有开放的思想，更好的商业的投资培训，以及更快的计划。选择适合你自身条件和环境的项目趁早投资。

建议二，制订一个为你服务的计划。制订个人计划首先做的一件事情就是通过寻找自己最擅长的方面，发现自己的天赋。人

有七种不同的天赋：语言、数学、空间感、运动、心智、交际、环境天赋等。努力研究并发展这些不同类型的天赋之间的差异后，你就要学会怎样在不同的事情上，充分发挥并运用哪一种天赋。

心智这类天赋又被称为“情商”，是所有天赋中最重要的一种。对你来说，就是控制你自己。

制订计划的途径一条是研究过去，另一条就是预见未来。从你检查每天所做的工作以及相处的人开始，从你懂得为了搭建一个实现梦想的桥梁，你必须设法使自己的计划更加切实可行开始，脚踏实地，而不是浮想联翩。

如果你不想为了一份薪水劳碌终生，首先要做的第一步就是不要再做手头那些将来不想做的事情，而是立即开始摸索学习如何为了被动收入和组合收入工作吧。也就是说，从现在开始做明天希望的事情。

当你设想自己置身于一个无须稳定工资和工作的现实世界时，就意味着你从此远离财务困境，不再为很少的工资出卖自己宝贵的生命，不再整日生活在对贫穷或失去工资的恐惧之中。从现在开始研究收入的不同类型，这样做将使你富有，并且工作更少。

这些收入类型有：工资收入、组合收入、被动收入、剩余收入、分红收入、利息收入、专有权收入、金融收入。

9. 怎样挖掘自己的财商？

对财富的渴望，会激发每个人的财商。

第一，一个人要有一个梦想，一系列决定，快速学习的决心以及正确使用你天赋的能力和发掘你现金流渠道的能力。从内心建立自信：我一定要富有。

第二，要转变靠工资稳妥地过一生的传统观念，跳出一生为钱工作的怪圈，学习并尝试用钱赚钱的技巧，并没法让钱为你工作。

第三，不要希望一夜暴富，须知巨大财富的积累，至少需要十年、二十年的时间。所以，你最好从现在开始（什么时候开始都不

算晚，当然是越早越好。）在自己擅长的领域里，脚踏实地，坚持下去必将获得回报。

第四，寻找正确的致富途径，努力思考如何才能为大多数人提供他们需要的产品，以及他们需要的服务方式。你越能够为大多数人服务，你就会越富有。

第五，改变思维定式：由过去的靠体力赚钱转向靠脑力赚钱的思维形式，想方设法不工作就能赚钱。比如，一个偏僻的村庄历来都是靠人靠车运水吃。而一个人则投资建立了一个输送水的管道。由于管道送水，既卫生又价低，很快垄断了送水业务，一年内收回了成本，以后尽情坐享其成了。

第六，不要成为金钱的奴隶，你应该明白：金钱只是保存财富的一种形式，一种成就某件事情的工具，而不是最终的目的。

你要有在财富面前保持头脑清醒的平常心，把赚钱看成是对自己身体和智力的一种挑战，在赚钱中获得乐趣，并与大家分享获得财富的乐趣。

结论：在通往财务自由的途径中，你必须对自己真诚，你一定要相信自己行，不要因别人的好言相劝而半途而废。记住：最容易的道路往往会越走越艰难，而艰难的道路往往会越走越轻松。上天赐予我们每个人两样最伟大的礼物：思想和时间。现在轮到你运用这两种礼物去做你愿意做的事情了。学会如何投资于你的头脑，学会如何获取资产，财富将成为你的目标和你的未来。

笔者衷心希望你能运用上天赐予的伟大礼物，获得更多的幸福。

☺致富前比金钱更重要的东西

1. 个人的价值观——你判断对错的标准——是你成功的基石

一个人成功不仅与钱有关，而且与你始终认为是最重要的东

西有关。在生活的某一方面做得很好，却在另一方面丧失自己的原则，这不叫成功。牢不可破的价值观给你一种真正的价值感，因为你设立了这种标准，你在实际生活中将会坚持这种价值观。没有恒定的价值观，或者为了需要而扭曲价值观，都会削弱你的成功。如果你所看到的自己并不是你想成为的那种人、金钱、信誉和名声对你又有什么意义？扭曲你的价值观，将使你活得没有分量，损伤你的自信心，吞噬你的自尊。别把自己卖给任何人，也别为了金钱而出卖自身。如果你的价值观公正而真实并且始终如一地坚持下去，你的成功必将降临。

诚实和正直是价值观中最重要的因素。尽管在实际活动中，诚实正直的人常常会吃亏，受挫甚至会失去很多财富，但是你的名声、信誉将赢得人们的信誉。长远来看，信任和你的名声超过一切，它们会给你带来无上的价值。

智慧是理想的翅膀。一个人无论从事何种事业，都必须在这个领域里追求卓越，脚踏实地地工作，不计较个人的得失，不怨天尤人，不因一时的失败而退缩，靠着自己的智慧创造的财富才能持续久远。

2. 你凭什么获得财富

金钱和财富是通过与别的事物的相互作用而获得的，如果你是在用劳动和智慧交换金钱，你就必须集中精力做那些使自己对别人有价值的事情。生财之道不是为了金钱而追求金钱，而应该懂得发展你自己固有的天赋和爱好。你必须寻求一种能让你想干什么就干什么，以及能给你带来快乐的生活方式。

几乎每个人都有发财的愿望，但事实上，大多数人只停留在想象财务上富有，却从来没想一想你将乐意放弃什么以便换取它的问题。这是一个需要记住的重要原则。当你准备为了一个目标而奋斗时，你是否愿意放弃和朋友们的餐饮、聚会和娱乐呢？是否愿意放弃舒适的生活和家人团聚的快乐时光呢？

一个人在追求财富的渴望中，必须在内心深处跟自己先进行一番较量，而且在这种较量取得胜利(战胜自我)之前，你是没有办法赢得跟身体之外任何一场较量的胜利的。同理，决定你富还是穷的因素，更多的要看你的心灵状态，不是任何别的强加在你身上的东西。大多数人为了微薄的报酬而拼搏，因为他们大多是被一种朴实的信念禁锢着，认为自己不是那种能够获得生活中更加美好的东西的人。如果你也这么想，那么，就有必要先调整好你的心灵状态；你完全可以得到你所追求的所有物质报偿，只要你是用正当和体面的手段获得它们。

3. 获得财富的方法

金钱是生活的组成部分，能激起人们最大的满足。我们每个人都能够以自己独特的方式取得别人无法取得的某种财富。努力在这个浩瀚的市场上发现什么适合我们的投资工具，应该成为我们赢得生活的一部分。

大多数情况下，我们一门心思地谋生，别的什么也看不见，你应该明白乐意放弃什么以便换取财富。生财之道不是为了金钱而追求金钱，而应懂得和发展你在以钱生钱上的兴趣。这个世界犹如一座用人垒起来的你争我斗的金字塔，你应该避开在金字塔底层进行争斗，那里人太拥挤，你应选择接近顶点的位置，获胜比较容易。

财富是一种游移不定的东西，每天得而复失。只有通过成功地进行内心与外界的较量而获得财富的人，才不至于像那些意外地发了横财的人那样，在发生意外的财富损失时痛不欲生。

如果你有一个有用的主意，就要竭尽全力去实现它，不管你有多少钱，金钱只是你的一部分。你生不带来，死不带去。享受有钱的乐趣，并时时对钱保持冷淡的态度，别让钱占据你的整个生活，是唯一可以获得财富自由的途径。通过帮助他人成功而成功，我们帮助越多的人成功，我们就变得越富有，无论是精神上的还是物

质上的都是这样。

金钱就是一种游戏，你了解规则，你就赢；你不了解规则，你就输。这规则就是：富有就是小的努力产生大的成果；贫穷就是大的努力产生小的成果。这句话蕴涵着许多创造财富的策略，这些策略在本书中已有阐述。如果你遵循这些简单的策略，就能在你的一生中获益无穷。用你所学到的如何投资你的剩余资金，如何通过多种渠道创造你一生的收入，就能在你退休时得到财务上的保障，你就将为你的家庭和你所爱的人们留下一个有财务保障的未来。

真正的富人都不是一夜暴富的，如果要笔者在运气与智慧之间做一选择，笔者宁愿选择智慧，因为笔者看到太多靠运气富起来的人的财富，最后又被运气带走了，而靠着自己的智慧富起来的人们，即使在一段时间遭遇厄运而落得两手空空，他们也能东山再起，重创财富。只要我们心想即开始行动，坚定不移地实现自己的理想，就能如愿以偿。

第五节　一生的理财计划

一件事情，一旦好好开始之后，在赢得一切之前，不应中途弃置。

☺怎样制订理财计划？

1. 拟定理财目标并坚持下去，不要让你的情绪破坏它。

2. 在建立个人资产阶段，应当选择一个没有风险的简单的投资机构，最好是采取储蓄的方式.

3. 每月留出收入的三分之一储蓄或投资，以便应急之需。

4. 购买住房是一种建立终生资产的行动，所以应当深思熟虑。在采取任何获得不动产的行动之前，都应当考虑好自己的资金支付能力和支付方式等问题。

5. 了解你的所有支出，及时地对你的计划实施情况进行回馈。

6. 像建立身体健康表一样建立一个家庭资产情况一览表，这可以使你随时了解家庭情况的变化以及有关法规的变化。

7. 使你的个人资产多样化。在组成你的个人资产的过程中要使固定资产、货币资产和金融资产这三者大体处于平衡状态。

8. 使你的资产增值。注意资产的时间价值，一切勿因投资时限上的错误带来经济上的损失。

9. 使你的资产活起来。不同的资产应该运用不同的增值方案。

如果是为了现金流收益，那么就购买并长期持有；如果是涉及资本收益，那么就短期转卖。

10. 你应当关心税制的执行和它的变化情况，这是管理好你的资产的一个方面。

11. 必要时变化你的投资方式和方向，更加安全地应付各种形势。

12. 随着人的寿命的延长，就业危机等情况的出现，在退休前用其他一些投资方式来弥补社会保障措施的不足。

☺如何摆脱恐惧心理？

大多数人都希望有一份工资收入，因为他们都有恐惧和贪婪之心。没钱的恐惧会刺激我们去工作，贪婪之心又促使我们想得到更多的东西。于是，人们不去分辨真相，不去思考，只是对感受做出反应。他们去工作，希望挣钱能消除恐惧，但钱不可能消除恐惧。恐惧使他们落入工作的陷阱，挣钱—工作—挣钱，钱控制了他们的情感和灵魂。

一份工作能长期解决你的经济问题吗？依笔者看是“不能”，尤其从人的一生来看更是如此。工作只是试图用短暂的办法来解决长期的问题。

造成贫穷和财务问题的主要原因是恐惧和无知而非经济环境、政府或富人。你要想摆脱没有钱的恐惧，首先应该控制自己的欲望，别让钱支配你们的生活。其次是改变你的财务观念和支出方式，弄清楚许多财务词汇的意义，比如：现金流、资产、负债、分期付款以及你的房屋是不是你的资产，好债与坏债的区别等。再次，考虑你自己的事业，开掘职业以外的现金流渠道，持久地把个人积累的资金变成能产生现金流的资产。

☺为什么要关注自己的事业？

世界上许多才华横溢的人终生陷入财务困境之中，其主要原因就是他们仅有好的主意，却从不采取行动，或者初次的失败就让他们一蹶不振。要成功，你就要全身心地投入。

为了财务安全，你就需要关注自己的事业。你的事业围绕着的是你的资产，而不是你的收入。想想看，一旦1元钱落进了你的资产项，它就成了你的雇员。关于钱，最妙的是能让它一天24小时地工作，并且为你的几代人服务。

请注意，你的工作和你的事业之间存在着巨大的差别。你的工作是为别人工作而使别人致富；你的事业是购买资产或创建资产，是不需你到场就可以正常运作并产生现金流的企业或者是任何其他有价值，可产生收入并且有很好的流通市场的东西。

在你花时间并投资建立自己的事业之后，你就打开了富人神奇的秘密，这个秘密铺平了致富之路，路的前头有对你付出时间和勤奋关注你自己的事业的回报。

☺人生各个年龄阶段的理财计划

理财不分年龄层,从5岁到60岁,随时都可以开始理财计划;理财不必高收入,只要你有收入,就可以有自己的理财规划。

下面就一个人不同的年龄阶段的理财规划提出一些建议。

一、20～29岁这个年龄段,一个人主要是由求知到收益的过度,并养成良好的消费与储蓄习惯。建议如下:

1. 拟定实际的理财目标并坚持下去,不要让你的情绪破坏它。

2. 选择合适的朋友和伴侣,保证他们能支持你的财务目标。

3. 不要短期内,在太多的异性朋友身上浪费时间和钱财,你应该有很多事情要做。

4. 每年留出2～3个月的收入,一部分作急用现金,另一部分投资货币市场和储蓄。这是为你失业、生病或修理房子和汽车做金钱准备,不断增加你的投资。

5. 从现在开始每月至少投资总收入的10%。

6. 你的投资资产中至少80%是向增长型项目投资,20%向收益型投资。

7. 在能承担风险范围内寻找高收益投资项目。

8. 了解你的所有支出。这是对你的计划实施情况的回馈。

9. 有规律而有系统的投资。

10. 不要透支信用卡。

二、30～39岁这个年龄段,一个人主要是正视金钱,并认真执行有计划的储蓄。建议如下:

1. 冒险买房,尽量减少税金。

2. 尽可能地利用递延税金方案。

3. 在金融市场或银行进行现金储备。

4. 股票投资不超过全部投资的5%。

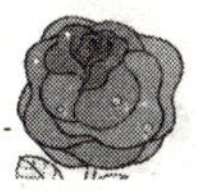

5. 尽量保证你的汽车使用不少于7年。

6. 不要频繁“跳槽”。

7. 为良好职业,家庭和社会关系做准备。

8. 尽早开始为孩子的教育费投资。

9. 让孩子学习和掌握明智的理财之道。

10. 购买足够的人寿保险和伤残保险。

三、40~49岁这个年龄段,一个人主要是为自己的未来做更充分的准备,给老人和孩子更多的关爱。建议如下:

1. 努力使自己的钱包满起来。

2. 控制自己在消费方面的支出。

3. 提防财物的损失。

4. 在自己的住宅上投资。

5. 用现有的钱赚取更多的钱。

6. 为将来的收入做好打算。

7. 增进你赚钱的财商。

8. 遵从聪明的投资人的忠告。

9. 不要在自己不熟悉的行业投资。

10. 不要贪图不义之财,不要滥用金钱。

四、50~59岁这个年龄段,一个人主要是为退休做准备。建议如下:

1. 不要把钱都花在日常生活当中。

2. 不要盲目地跟随某个投资热潮。

3. 应该在自己和家人的身体健康上多投点资,享受高质量的生活。

4. 应该在自己孩子身上多投点资,让他们在过舒适生活的同时,明白父母经历的艰辛,更重要的是使父母与子女的关系更加亲密。

五、60岁以后,享受快乐而富有的人生。

你退休以后，可以把所有的投资资本投入平衡稳定型共同基金。并要求投资信托公司每月向你提供7%的收益账目，把这部分收入存入活期账户，以便日常开销，这样你就可以无忧无虑地颐享天年了。

第六节　赚大钱的秘密

赚小钱靠智，赚大钱靠德。

道德是永久不坏的势，信用是永久可靠的资本。

☺成功商人必备的要素

做人要走正道，经商要走智道。要成为一个成功的商人，必须用正确的心理对待金钱，用积极的态度思考致富。为此应该具备如下几个要素。

1. 兴趣是成功的基石。经商要适合自己的爱好，做生意要卖自己喜欢的商品。

2. 利益共享是经商赚钱的法则。有钱大家赚，让别人尝到甜头，否则交易难成。这叫以小利予之以大利取之。

3. 信用是企业的生命，是赚钱的根本。自己守信，但不要轻信别人。

4. 要实干、巧干。要懂得花时间用头脑思考，才能发家致富。

5. 勤俭、忍耐、有恒心是发财的秘方。

6. 善于幻想才能发现和开创独门业务。

7. 正经钱可赚，昧心钱不可得。既要赢得起，又要输得起。

8. 敢于承担风险，有在困境中争取成功的勇气。

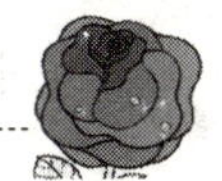

☺经商的九大原则

1. 先赚名誉后赚钱

做生意第一步最重要，不是谋名，就是谋利，只有走准了第一步，以后的生意才会水到渠成，不断做大。一个人要想在商场获得超人的成功，首先要出名气。什么是名气？一位哲人说过："诚实是上策。"质量是命脉。不论你做什么生意都要货真价实，童叟不欺。如果你弄虚作假，看人下菜碟，见风使舵，尽管一时获得高利，不久就会信誉扫地，血本全无。只有诚信为本，在众多消费者心中建立信誉，财源就会水到渠成，功自诚心，利从义来。

2. 以进促销

对于供求平衡，货源正常的商品，在保持必备库存的前提下，多销多进，少销少进。对于货源时断时续，供不应求的商品，则要开辟货源，增加进货，多进多销。对于销量不大的商品，则应多样少进，随进随销。鲜活商品，则要做到随进随销，分批进，分批销。此外，对当地的产品，要少进勤进，外地产品，要适当多进，适当储备。

3. 以稀为贵

人类对消费品有赖以生存，不断发展，充分享受的区分。在一个时期属于享受消费的产品，过了一个时期就可能成为生活必需品。譬如，过去夏天用冰就要建冰窖，吃点冰镇食品就是一种享受，而如今家家有电冰箱，吃冰镇食品已不足为奇了。同样，无论多么时髦的商品，随着时间的推移都会过时，物以稀为贵。供过于求时，储藏起来；求过于供时，赶紧出手，使之成为走俏商品。走俏商品，是生意的立足之本。

4. 因地制宜

各个地区有各自的风情民俗，传统习惯。你要尽可能多地了解各地的消费特点，根据当地顾客的喜好，确定商品，以吸引更多

的消费者，扩大您的市场。为自己开拓财源，就要眼界开阔，头脑灵活，就是不要死守着一个自己热爱的行当，而是要善于在其他行当中发现可以开发的财源。要根据具体情况做出灵活反应，并且反应迅速，想到了就立即着手去做，不放过任何一个机会。

5. 巧占市场

商场历来是相互竞争的战场，每个竞争的目的是谋求获得更大的市场占有率。要想在竞争中取胜，就要强调战略战术，既有进攻，又有防御，还要考虑心理因素，进行谋战。

你若拥有雄厚资金，其实力与竞争者旗鼓相当，可采取正面进攻的方式，寻找对手存在的某种弱点，选择相同或不同目标，与竞争者展开正面抗衡。

你若对自己的资金有所顾虑，实力弱于竞争对方，可采取后门进攻，迂回包围的策略，选择不同的近期目标，集中力量对竞争者市场形成包围趋势，最后一举占领市场。

你若是资金少、实力又弱，可采取步步为营的蚕食战术，即先找到竞争者不易发现的弱点，一点一点地扩大市场范围，在不知不觉中占领市场。

6. 定价策略

价格竞争自然是一种可用而且也的确可以收到相当效果的方式。一种商品刚一上市，客源增长缓慢，通常采取以下措施。

导入期定价策略：

(1)高价策略。将新商品制定高价有助于造成产品优质的形象，虽然销售量低，仍然能获得较高的利润。

(2)低价渗透策略。可以阻止竞争者进入市场，有助于增加销量，扩展市场份额。

(3)满意价格策略。这是汲取上述两种价格策略的折中策略。既能保证获得合理利润，又能为顾客接受，从而双方都满意。

(4)短期优惠价格。开发新产品时，暂时降低商品价格，为顾

客所了解，迅速占领市场，过一段时间后再提高价格。

成长期定价策略：

随着市场需求的增长，商品销售量的增加，在正常情况下，单位成本开始下降，利润有明显的提高。因此，要选择适当时机，灵活运用价格手段，去进一步拓展市场，追求最大的利润率。

稳定期定价策略。

这个时期消费者对商品已经接受，销量处于平衡状态。采取价格折扣优惠策略有：一、批量大优惠；二、累积量增加折扣。这时，只有那些低成本的企业，才能在低价位获得利润。否则，亏损难以避免。

7. 抓意外商机

要真正能够把握住遇到的机会，除了行动迅速，敢想敢干之外，还有很重要的一点，那就是要学会乘势而行。具体说来，这种“势”，也就是由时、事、人等因素相互作用形成的一种可以助成“毕事功于一役”的合力。“时”即时机；“事”指具体将办之事；“人”即具体办事的人。一件事不同的人去办就会出不同的效果。所谓乘势而行，就是要在恰当时机由恰当的人选去办理该办的事项。创造成功的机会，就是独具慧眼的经营者从不让机遇从身边溜走，而且很好地捕捉它，并加以利用。

8. 取地利之美

无论是开个店铺还是办公司、办企业，地理位置的选择要考察周密。重点注意下列几个因素。

(1)选择坐北朝南的房屋，最好是朝向东南，这种朝向的房屋日光充足，日照时间长。

(2)选择高层住宅区的一面。这里的居民比较集中，而且经济条件一般都比较好。

(3)选择商业街长度内三分之一处。按照黄金分割率 1∶0.68 的定律，那里是人气最旺的地带。

(4)路口,河道的转弯处,要选择位于凹处,而不宜选择凸处。

(5)不要在坡道边开店铺,那里不利于车辆停留。

(6)要选择同类行业集中的位置开设店铺,因为,那里可以为顾客提供比较、选择的余地,以利于吸引顾客。

9. 集人和之势

在现实中,我们常常看到这样一些现象,同样的商品,有的人销售畅快,有的人就卖不出去;同样的企业,有的人办得红红火火,有的人办得惨惨淡淡。究其原因主要是"人和"在起作用。构成人和的优势有三个因素:一是经营者的人品高尚,有口皆碑;二是商品货真价实 ;三是服务优质。

☺做好买卖的十六条法则

怎样做好生意怎样赚钱,这些话题在今天已经被赋予了新的内涵和形式。那么审视过去那些做生意的谋略、技巧,更新我们的观念,丰富我们的经验宝库,使之与新形式更加吻合,是每一个准备创一番事业或已经搏击商海的弄潮儿必须解决的问题。传统的游戏规则已经过时,新的规则刚刚兴起且有待完善。所以,我们试图提供一些新的视野。

第一条　把握时机

做生意抢占先机是第一大事。每一个商场中人,必须记住:机会比资金更重要!

抓住机遇即见缝插针,匡救一篑。如果把"缝"看做一种机遇的话,"见缝"则是要善于发现机遇,捕捉机遇,然后不失时机地"插针",利用机遇,实施自己的宏伟蓝图。

综观捕捉市场机会的方法,可归纳为三条:

一是快速获得经济信息,尽早窥见市场、机会;

二是善于运筹铸成巧用市场机会的高招;

三是创造条件,把市场机会转化为企业机会。

只有这样，才能将自己的产品顺利地打入国内外市场。

第二条 能进能退

高明的生意人，不是情况发生变化时能随机应变，而是事情尚未发生时，便早有预见。具体来说：

1. 要识别和了解自己企业和其他同业在推销同一类商品时通常会遇到的，并需设法对付适应的共同情况，即有关销售项目的总体市场性质和特征。

2. 在生意地点、四周环境或资金、人力等方面，要考虑如何借助整体市场充分发挥自己独具的有利条件，避免自己的不利条件。

3. 监察有关产品的销售情况，力求确切了解顾客是否认为购买你的商品或受到的服务项目，从中可以得到实惠。

4. 监察市场竞争情况，力求确切了解本企业是否赢得赖以维持营业的足够数量的顾客和贸易额。

5. 监察公司各项营销实务工作的进展情况，力求确切了解现行的各项促销措施是否行之有效，或者，效果一般还是效果甚佳，其中原因何在。

6. 监察影响市场的其他因素的变化情况，力求确切了解是否出现某种萌发性的需要或需求，这种需求是长期的还是短期的。

在经销过程中，形势的变化相当复杂。这就需要不断对形势进行深入细致的分析，做出正确的判断之后，采取相应的经营策略和手段来适应形势的变化。所以，一个聪明的商人要审时度势，能进能退。商业生涯中历来是强存弱汰，掌握进退的艺术是成为强者的必备条件，也是商战中的一种策略。

第三条 生意背后

对于生意高手来说，寻常事背后往往有不寻常的商业价值。从不同的角度去看这个市场，才可能真正理解市场。

那么，怎样才能发现生意背后的生意呢？首先，必须把握市场的供求差异，这些差异正是企业的商机。假如某城市家庭中洗衣机的市场需求总量为100%，而市场供应量只有70%，那么，对企业来说就有30%的市场开拓。

其次，捕捉市场供应产品结构和市场需求结构差异。产品的结构包括品种、规格、款式、花色等。比如海尔人听说洗衣机在四川销售受阻，原因是农民常用洗衣机洗地瓜，排水口一堵，农民就不愿用了。于是，海尔又开发出一种出水管粗大的洗衣机，很受西南农民欢迎。

再次，捕捉消费者需求层次的差异。不同层次消费者的总需求中总有尚未满足的部分。满足不同层次消费者的需求，就为企业开拓市场提供了商机。

市场机会可分为潜在和表面两种，那些明显没有被满足的市场需求称为表面市场机会。那种隐藏在现有某种需求后面未被满足的市场需求称为潜在市场机会。

俗话说“有心遍地财”。对于任何经营者来说，处处留心，处处有商机。当然，任何市场空白都是机遇与挑战并存，希望和困难同在。

第四条　大局大势

所谓行情，就是创造需求，而把需求导引出来的就是流行。

流行与时尚是捉摸不定的，厂商应该在某种流行与时尚到达高峰之际便着手分析下一波的流行内容与形式，密切注视自己目标市场消费者所属群体的偶像，因为，他们的一举一动，他们的喜好，很可能就是明日流行时尚的内容。所以，生意人必须具有敏锐的洞察力，不断跟上流行的步子，才能在激烈的竞争中创造辉煌。

第五条　生意杠杆

创业需要资本，做生意需要本钱，这是最简单的道理。然而，要想做大生意，没有雄厚的资金怎么办？一个有效的方法就是一个“借”字。这种借钱做生意为自己赚钱的方式就是力学中的杠杆原理。找到一个支点，你就可以撬起地球！利用别人的钱就可以

使你的财富产生爆炸性地增长。

利用别人的钱创造财富，要有以下几个要领：

1. 抛开脑子里的一切顾虑，只想着实现眼前的目标，张口借钱就是了。

2. 到你能拿到的钱之前，就不要采取任何行动，避免陷入被动局面。

3. 须有一套详细的计划与可行性论证，去说服别人投资。

4. 诚实、正直、守信用，还必须按期偿还全部借款和利息。

5. 走股份集资之路。把自己的想法告诉几个有钱的朋友，合伙做生意，有利大家分，有险大家担。

6. 掌握小笔借钱的优势：有利于消除对方的心理障碍；有利于按期归还；有利于博得对方的信任。

第六条 无本获利

所谓“无本获利”就是说以知识价值为核心，力图在自己和服务目标之间做一条最短的直线，直截了当地赚钱。从这个意义上说，信息比资本更重要。

利用信息资产兑现金钱，现在已有了三种成形的途径。

一是外包。假如你正在经营着一家很有信誉的广告公司，已形成的品牌形象就是一种无形资产。当你以你的品牌形象为某厂商做广告时，厂商会由此从用户身上赚钱，而你公司据此可以向厂商收取费用。

二是吸引广告和赞助。当你为社会提供了有价值的信息服务，就会获得政府或其他方面的资助。这一过程的前半程是无偿的，而后半程服务商从间接受益者那里得到间接的补偿。

三是提供信息内容。将无形的知识资产凝固为有形产品出售，或者利用市场信息，自我加工出知识（信息资产），转回去运用于工商业（物产）市场运作。

更重要的是，通过开发信息资源，“制造”出有影响力的不要

“本”的“本”，从战略上替代了资本，成为“无本获利”之源。

第七条　奇出效益

要想生意兴隆，归纳起来有以下七条原则：

原则之一：力求创新。任何商店，只有表现出自己的特色，才能不断增加顾客。

原则之二：追求成长。做生意要不断地向更高的目标挑战，建立完善的管理制度，加强对销售、采购、门市、部属资金等方面的管理。

原则之三：确保合理的利润。做生意不要以贱卖的方式，而应该是以更好的服务，才能吸引顾客，并获得正常的利润。

原则之四：以顾客为出发点。经营商店，必须把自己当做替顾客采购商品，设法了解顾客的需要和数量，才能让顾客买到他所需要的东西。

原则之五：倾听顾客的意见。经营事业，要顺应自然，集思广益，然后才去做该做的事，必然无往不利。

原则之六：掌握良机。调查顾客预定购买的物品以及购买时机，这样就会引起顾客对你的好感，在销售上就方便多了。

原则之七：发挥特色。卖同样东西的商店到处都有，要使顾客上门，非得有一些特点不可。首先，应该对同类的商品，以不同的方式出售，以方便各层次顾客的需求。其次，应该在服务上下工夫。尽管商品相同，服务水平不同，效果也会大不同。再次，舒适的店面，灵活的营业时间等足以吸引顾客上门了。

总之，从长计议，从小处着手，不因为利小而不做，积少成多，逐步从微小的资本成就商业上的辉煌。

第八条　奇思异想

世上赚钱的方式有两种：一是用力，一是用智。做好生意只有好的构思才能使自己的生意有理有情。

美国经营哲学中有这样的一条劝世良言：如果你不能战胜对

手，那就加入他们中间。

一个有成就的商人，当他首先在心中感到他所追求的目标已经属于自己了，并且以富有才智和妄自尊大的精神进行工作时，才能以卓绝的表现发挥出自己隐藏在内心的神圣天赋，才有可能取得成功。

做生意要想石破天惊，就需要奇思异想，有了奇思异想就会有许多独特的财路。任何一种商品都在不断改良以适应人们不断进步的需求。所以，你要突破思维定式，独辟蹊径，开拓一个新行业或新的市场，它的前景如何，消费者能否接受，这其中有什么不确定因素，你若看准了，自然能大赚一笔。当然，你要以科学求实的态度去思考与运作。

第九条　黄金分割

我们先分析一下正方形的内切圆。设正方形的面积为100，那么其内切圆的面积则为78，余下的面积则为22。画一个边长为10厘米的正方形，一计算便可得到证明。

再比如空气中的气体比例：氮气占78%，而氧气等其他气体共占22%，人体也是由78%的水和22%的其他物质构成的。

这个“78∶22”的法则，是人力不可抗拒的大自然的法则．按照这个法则做生意就会得心应手，常胜不败。其理由是，少数人拥有着大多数的财富。假如一个城市有10万人，共有10亿元财富在城市流动，那么肯定是2万人左右的人拥有7.8亿元左右的财富，而其余8万元左右的人拥有2亿元左右的财富，经商者以这2万人为对象，肯定会赚到钱。

赚钱就应该追求一本万利，一本万利的经商法必须把目标放在那拥有78%财富的人身上。同样这条法则还可应用于其他范畴，比如光顾商场的顾客，女性要占到80%，而年轻女性的人数又占女性顾客的80%，为了吸引这些女人的购买欲望，那就要陈列适应这些女性的商品，以满足她们的需要。

按照这个“78∶22”的经商法则，经商者就要研究如何挣富人的钱，如何挣女人的钱。建立有钱人的消费档案，把他们的情况和偏好记录下来，及时了解顾客的需求变化和消费心理，有的放矢地做好服务，便会争取许多稳定的客户，达到赢得市场的目的。

第十条　虚实战术

在瞬息万变的市场中，经商者既要保持清醒的头脑，冷静地分析真伪，防止上当受骗，又要善于浑水摸鱼，混淆视听，使对方思路模糊，在精神状况不佳之际与己成交，达到销售的目的。常用的策略有：

1. 故意把商业细节弄得复杂，让对方没有过多的时间去思考清楚，或者使对方不好意思询问细节，迫使对方倾向于同意你的看法。

2. 在洽谈生意的过程中，让对方陷入“见林不见树”的迷雾里，尽量提供对方许多相关及非正式被认可的资讯，使对方被一堆琐碎的资料包围住，错过真正的问题关键。

3. 推销你不感兴趣的商品。越是你不感兴趣的东西，你越会动脑筋去思考如何才能把它卖出去。你要把一切能够用上的手段：夸奖、恭维、劝说、撒谎、引诱、降价，送货上门等都用上，而且在商品售出时不会产生爱不释手的心理。

4. 攻、守、退、避两获利。“攻”就是以充分的理由使对方不得不接受你的条件，进而把自己所得的利让出来一部分。在推销商品时，就是想尽一切办法说服顾客，使买卖成交。“守”就是在原则方面要固守而决不轻易退让。设立“虚标准”以保留讨价还价的余地。“退”可应用于两个方面：一是为了总体利益不受损失，在局部利益方面作一些退让；二是在某些小的利益方面作一些退让，进而在另一些方面的利益可望增加好的效果。“避”即避实就虚。“避”是“守”的一种变形，避就是不与对方做正面交锋。多用以考虑是否接受对方条件时，争取赢得一定的时间，以便反守为攻，达到自

己的目的。

第十一条　掌握主动

在现代经商活动中，生意人为了使自己的企业和产品在竞争中立于不败之地，总是千方百计地争夺利益，谁能把自己的长处发挥得好，谁就能从中赚大利润。

“知己知彼，百战不殆”是经营者稳操胜券的又一法宝。在某些行业里，如果有几家同行就会产生竞争，这就需要着重研究以下几个问题。

——谁能控制市场，或在多大程度上可以控制市场？

——竞争对手的实力是否雄厚？地位是否稳定？有何优势和弊端？

——本公司可能获取的贸易份额是多少，或者至少享有多大的贸易份额才能维持营业？等。

如果当地市场某种行业的生意并非由某家大户独占，而是像零售市场那样由相当多的大小商户共同分享的话，首先要详细了解各家竞争对手的营业地点，则显得十分重要。因为透过“营业地点”，可以推断他们的顾客来源和主要销售商品的种类。

其次要比较竞争的商品。通常要想一想，同是一种商品或服务项目，那么为什么会买我的而不买他的呢？或者为什么会买他的而不买我的呢？然后才能吸引和取信于顾客。当然，经营某种对手没有的空缺品种，更会获得大的利润。

“先下手为强。”在商业合作关系中，也许会由于一方总想多获得甚至独吞全部利益而变得钩心斗角。平时我们讲待人要诚信，处事要宽容。但在商业活动中就不能只讲“仁义”而忘了自己的利益。合伙做买卖要利害分明，不要让对方掌握你的短处。诚则合，不诚则分，切不可好面子，造成自己人财两伤。

第十二条　弃亏为盈

天有不测风云，现代商场上的竞争尤是如此。当局势恶化到逼迫决策人必须作出损失时，聪明的经营者应该牺牲局部，以保全局或换取全局的胜利。这在战术上叫“李代桃僵”。

一般来讲，企业的亏损主要有两个原因；一是商品滞销，二是人员超标。要想扭亏为盈就要培养自己的高瞻远瞩的眼光和雄才大略的风格。毫不犹豫地抛弃亏损商品，想方设法在赢利商品上一胜再胜。在人员安排上要科学、合理，精简部分人力以换来企业从上而下的活力。

谋后而战，是一个精明的商人所必须采取的方式，在众多的资料中进行分析研究，制定出切实可行的经营方略，走出困境。

第十三条　薄厚平衡

现代的商人必须依照自己的信念或经营观念，确保适当的利润。在营销实务中，通常有五种定价方式：成本定价发、随行就市法、高价入市法、低价渗透法和价值定价法。

做生意的方式很多，价格是一个综合指数，包括成本、运输、保管、服务、利润等，合理的定价是不应该随意改动的。同样的商品，在不同的销售现场，可以用不同的价格销售。对于销售者，原价反映了产品的市场定位与形象，如果标价偏低会造成销售产品的后期价格空间太小，对销售严重不利。对于消费者，在决定购买商品时，总是希望以打折的价格买到原价的享受。所以，经营者就要根据不同的商品，不同的销售期，灵活运用上述五种定价方法，恰当地保持利润的薄厚平衡，这样，既可以保持合理利润以保障事业的稳定发展，又可以赢得广大消费者的信任和惠顾。

第十四条　诈与反诈

兵法中说“兵不厌诈”。诡诈作为一种策略和手段，尤其是在市场经济的条件下，施展一些颇为重要。值得注意的是，使用诡诈和经商讲信誉其实并不矛盾，关键看你如何去把握。

商人和骗子的区别是：商人最终将给予他所许诺的好处，骗子则不能。一个明智的商人会审时度势，有所约束地考虑自己的承

诺，因为他深知很多合作对象也许不止一次地同自己打交道，他必须把眼光放得远一些。假如你的公司目前正面临极大的资金困难，在寻找合作对象时，就不要把自己的困难和盘托出，否则很可能使对方掉头而去或者担心自己蒙受损失。在这样的情况下，使用欺骗手段，尚可认为合情理。首先，其目的是促使双方的成功合作，使双方都获得利益。其次，欺骗开始的时候，也许许诺条件是空的，但到最后条件会实现。

我们在做生意中适当采用一些诡诈策略，是避免挫折、保护自己利益，使自己占据优势所必要的。对于风云莫测的商场来说，相信人是应该慎之又慎的。即使成功地与对方做成了这次生意，并不意味着下次就有保证。生意场中，是没有永远的伙伴或朋友的。所以，你在与对方签合同做生意之前，要随时注意对手的情况，切不可粗心大意，过分依赖信誉。

做生意诡诈与反诡诈是生意场中的一种随机策略，真正使企业发展壮大的秘密还是在于取信于民。企业要想在商业竞争中获得长久的发展，只能靠信誉和真诚树立自己的企业形象，扎扎实实地获得利益。

第十五条　随机应变

商业竞争最终是为了利益，而不是为了自尊或情感的需要，不能意气行事。当生意双方都要争一口气时，结果往往是两败俱伤。竞争在于谋势，而不是计较一时一利的得失。

在做买卖的过程中，最忌讳的莫过于使用过多的“否定句”，尤其不要以“否定句”来结束双方的交易。贸易洽谈，双方出现意见分歧时，给别人“面子”，就是给自己“银子”，利用“缓冲策略”随机应变有利于达到圆满的协议。

当然，这并不意味着中国人对“人”与“事”完全混淆不清，而是有程度上的差异。合作是交情，成交是生意，虽因“交情”而合作，但生意仍应保持有利润才行。简单来说，做买卖就要使对方有爽快的感觉。能让对方痛快，就能达到“买卖完成，仁义又在”的最高境界。

第十六条 形象营销

不管做什么生意，必须针对消费者不同的消费心理制定不同的营销策略。顾客和消费者的信任和青睐是经营成功的根本。要想赚钱，就应该去了解时代的潮流，适应消费者和顾客的消费习惯，这才是摸透生意心理战的玄妙所在。那么，怎样才能使自己掌握心理战的玄妙，并在商场上如鱼得水呢？

首先，努力使自己的产品人见人爱。心理学家研究表明，人们一般都有自恋倾向，许多购买行为往往是出于“我喜欢”，而不是“我需要”。所以说，在销售产品上，声誉与形象比任何明确的产品特点更为重要。

其次，努力使自己的产品契合消费者的内心形象。心理研究发现，消费者“喜怒无常”的表面现象背后，都有某种不同的动机在支撑着。诸如人人都希望自己与众不同；人人都希望自己十全十美；人们都有显示自己尊贵的欲望等。

再次，区分男女顾客的营销方法。女性的感性较强，很容易受到环境的、别人赞美的影响，购买自己并不十分需要的商品。经营者要掌握女人喜欢赶时尚的特点，适时地向她们推荐新款式、新包装、色彩鲜艳的商品。男人在消费方面比较理智，他们对商品的需求常常是：商品的阳刚之气；商品的贵族性；注重品牌和质量。男人总是注重商品的功能，女人总是注重商品的外观。只有性别不很明显的商品，销售方法才男女一样。

所有这一切都表明，形象营销已经发展成为一场空前规模的“攻心之战”。

☺商道另类学问

当你创建的企业一切都运转正常之后，如何保持稳定，持续增

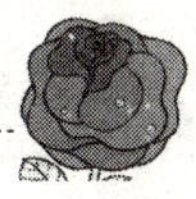

长地发展，确实值得一位企业所有人认真考虑的事情了。所谓打江山容易，守江山难，这时就明显地体现到了。

一位企业家要想在商战中获胜，仅靠科学的、经济学家的头脑还远远不够，还必须具有政治家的手腕，心理学家的洞悉，军事家的谋略。把这些智慧运用到下面一些具体事情上，也算是经营管理的金科玉律吧！

1. 厚黑学说对人生的价值

厚、黑是神秘的自然法则，它是支配人生各方面成功的要诀，也是有一种极具价值的学说，普天之下皆适用。所谓的成功，是自己的大彻大悟，了解自己该走的路，而不是做别人的梦，或者去实现他人的理想。人心的黑暗面导致了很多事情并不像你想象的那样发展。事情的成败与你外表有效率的行动，以及你内心对事情的领会有着密切的关系。

脸皮厚，就是喜怒不形于色，就是不理睬他人的风言风语，就是该属于自己的权利或利益就一定要明确界定，毫不含糊。这是一种保护自己的自尊心或利益免受别人伤害的盾牌。从理想主义思考，我们所接受的教育是在给予之时不期待得到报偿。可是在现实生活中，大多数人在给予之时是以期待报偿为条件的。如果忽视这一点，就会因为破坏相互之间的希冀而使事情无功而返。

心黑，就是不计自己行为的后果会对别人产生什么样影响的能力。一位“黑心”者是无情而超然的，但不是邪恶的。一位企业家必须能够对无利可图的经营作出不容置疑的决定，否则，他的公司将难以为继。“黑”者目光不短浅，没有不必要的同情心。他不问代价，把注意力全部集中在目标上。

2. 知己知彼，刚柔并济

自我观察是自我发展的根本之道。当你没有证据表明你比别人处境高明时，千万别抱有获胜的幻想。你必须先了解你自己的行为动机，以便了解他人的行为动机。世界不是那么简单，我们只需要制定并遵循什么是对的或错的规则即可。要坚持做任何超乎寻常的事情,都需要有内在的力量,而且坚定不移地相信自己是正确的。

恐惧不一定就具有破灭性质。要是我们了解恐惧的原因,学会尊重恐惧,并且为了更高的目的而引导恐惧的情感,我们就会从中得益。由于恐惧的恩赐,我们懂得尊重自然法则,就会小心翼翼地保护自己免遭伤害。

为了战胜恐惧,你必须找到面对恐惧的勇气和意志,必须拓宽视野,全盘看待事务发展的必要性。如果你希望在人生中取得成功,必须要找到无条件支持你的人,或者在你自己心灵中形成自我支持的力量。当你从事任何事务时,不带得失之心是对抗恐惧的最佳良方。

3. 欺而不诈之道

不论何人,一旦受到正面批评,就会产生一种别扭心理,如果利用这种心理倾向,就可以操纵顽固的反对者。

对于顽固的反对者,首先要承认自己意见上的“弱点”。当你想说服对方的时候,如果让步地说:“也许我真的也有错”,对方就会容易被说服。由此及彼可以导出如下结论:凡是与人打交道时,就要利用这种“别扭心理”,适当地说些恭维的话。

在交涉并要解决好几个问题时,必须从容易解决且对方易于接受的问题着手。当对方强烈反对时,可以制造一个假想的敌人,以转移对方的注意力。比如,具有同样竞争力的中小企业,遇到纠纷时,如果有一方说:“我们若继续这样敌对的话,会让第三方坐享渔利的。”如此一来,对方也会产生一种危机感,为了当前的利益,就会减弱敌对化的情绪,使双方和谐地解决纠纷。

对一项困难的谈判,最好安排在时间较为紧迫的晚上进行。在交涉会谈的时候,越是重要的课题,越是放在逼近预定结束的日期里。

4. 谎而不骗之道

当你无法完整地将自己的信息资料传达给对方，而又想消除对方的警戒心时，最好是利用攻心术促使对方对你产生亲切感，从而创造出彼此间的亲密关系。比如公开自己的隐私、说些自家的私事、让对方尽情发泄、谈谈自己的失败经历、肯定对方的优点、维护对方的自尊心等。

总之，尽可能地将自己的地位降低到和对方平等的位置上，或者让对方站在较为优越的地位上。等对方的心情好转时，再以先发制人的方式予以说服，最后，自己还是又恢复到优越的位置上。

5. 忍者反击之道

当人们遇到不公平的事情时，通常有三种反应类型。

——理智型，即告诉自己无须在意那些对自己不好的人，认为自己并未受到伤害。

——冲动型，即想要报复、痛殴对方，或者四处宣扬、气愤过度。

——自治型，即把不愉快的事情视为检视环境、了解他人、探索自我，以及战胜压力的机会。

那么，我们怎样应对这些不公平的事情呢？下面是一些策略。

——寻找够朋友的人的同情和支持，保护自己，不再轻易动怒。

——确定你的权利是什么，如何才能顾及你的要求，以及如何才能满意地解决目前的问题。

——采取策略的反击，即直截了当地制止或适时地打断对方说话，以缓解气氛；掌握主动权，待对方说完之后，再积极反驳。

——让原先无可奈何的感觉，转变成为健全成熟的心态。

6. 以弱制胜仁者行狠之道

获取财富不是你愿意干什么得到它的问题，更重要的是你愿意放弃什么以便换取它的问题。生财之道不是为了金钱而追求金

钱，而应懂得并发展你自己固有的天赋和爱好，你必须寻求一种能让你想干什么就干什么，以及能给你带来欢乐的生活。财富的奥秘：我们不必乞讨，只需要求按理属于我们自己的东西。

因此，你应当遵循以下一些获得财富的法则：

——互利。世间存在着支配功利和互利的不成文法则，一般人们都照此行事。

——维护自己的尊严，当心咬人的狗，别惹能够伤害你的人。

——了解自己的价值，保护你的利益，为自己合法的应该得到的东西而熟练地奋斗，是很必要的。

——不要低估你的对手，过分暴露自己的内心世界。

——在人的行为领域里，你不必处处获胜，不需要每个人都与你志同道合，而是需要认清爱你及恨你的力量，并且学会运用这种力量。

——遇到狡诈无情者，可激发我们内在潜藏的力量，以自己的成功进行有力的反击。

行狠的本能是驱使我们不管自己愿意不愿意，都采取正当行动的力量，它使我们始终沿着通往自己目标的道路前进。

7. 行狠的方式

在成功地实现人生目标和抱负当中，一个人的抱负越大，就必须越能够发挥自己的行狠本能。下面是常见的一些行狠方式：

(1)在商业世界中，花时间与那些能够或者将会提高我们财务或者社会地位的人们相处，就能够促进我们的成功。

(2)搭便车通向成功，在别人的优势上发展创新。

(3)攻击对手的致命点。记住，可以成为某人力量的源泉，常常也能成为某人弱点的源泉。

(4)掌握后退的艺术。假如你是个弱者，希望同强者较量，那么在你发动挑战之前，第一步就是需要计划自己的退路。

(5) 当你自认为一件有价值的事情时，不要和无知的人浪费

工夫，直接跃上顶端，从公认的权威机构或权威人士那里获得赞同。

(6)反败为胜。要时刻提醒自己：其实，自己跟最有力的人们一样有力。要锲而不舍、孜孜不倦地努力争取胜利。

☺商务交易常用的六项“诡道”

一、谈判技巧

谈判是一种在双方都致力于说服对方接受其要求时所运用的一种交换意见的技能。其最终目的和结果就是要达成一项对双方都有利的协议，并且双方都感到自己有所收获。

1. 谈判原则

经济谈判是指经济交往的各方，为了各自的经济利益，就各种提议和承诺进行洽谈协商的过程。通常在经济谈判中应遵循下列原则。

(1)谋求一致的原则。谈判双方都共同努力，既注意自己的利益，又使对方从谈判中获得某种满足，寻求互惠互利的最佳结果。

(2)平等互利的原则。在经济活动中，供需双方力量不分强弱，在相互关系中应处于平等的地位，在商品交换中，自愿让渡商品，等价交换；谈判双方应根据需要和可能，有来有往，互通有无，于双方有利。

(3)以战取胜的原则。这是指谈判一方牺牲对方的利益来取得自己一方的胜利。“以战取胜”的危害在于失去了谈判对方的友谊，失去了将来与谈判对方开展更大业务往来的机会。

另外“以战取胜”的策略一般只用于一次性经济谈判，往后没有必要买卖关系的情况，另一种情况是，买卖双方中一方的实力比另一方强大得多。当然，应尽量避免采取这种强权的策略或原则。

(4)把握谈判关系中根本点的原则。任何一项经济谈判，双方都要考虑到国家计划，指令性规定的项目，指导性计划要求的项目，不得擅自变更，不得超出国家控制的范围。对于自由交易的部分，双方也要使交易有利于行业、部门、地区乃至整个国民经济的发展。

涉外谈判中，谈判人员要热爱祖国、维护国家民族的尊严、严格按照党中央的方针政策办事。

(5)遵守法律的原则。在国内经济谈判中，双方在谈判的内容、方法、技巧等方面只有符合有关法律、政策、才能促进社会主义经济的发展。

对外经济谈判中，应当遵守国际法则并尊重对方国家有关法规、贸易惯例等。

2. 报价策略

一般来说，谈判人员可以根据外部环境和内部条件拟定出价格掌握幅度，确定报价的上下限，即期望标准或临界标准。提出价格问题的最恰当的时间是对方询问价格的时候，因为这说明对方已对所提供的项目发生了兴趣，这时提出价格是水到渠成，可以减少谈判的阻力。在谈判的开始阶段对方就询问价格，说明他对项目的兴趣不强，此时最好回避正面回答。可以说："这要看你选择哪种质量型号的"等。报价时要尽量用小单位的价格报价，不用吨而用公斤，这可适应对方求廉心理。

同类、同质产品因它流向、需求的急缓程度、购买数量、购买时间、付款方式不同会形成不同的购销价格，对老客户大批量需求的客户，价格可适当打折扣，以建立稳定销量，当对方认为购买某产品是一项投资，或高科技者卖产品，或中间商不在乎价格高低都可获利等情况下，可采用高价策略。

3. 还价策略

供方报价高，需方出价低这是常识。如何还价还需仔细研究。首先要摸清价格的虚实，运用市场竞争的情况，有关法律政策或拖延等条件摸清价格的虚实。然后借助"假如我再增加一倍订货数

量……”,“假如我要预先付款……”,“假如我与你签订长期合同……”,“假如我方向你提供技术咨询,那么你会给我方什么优惠?”这些谈话来达到还价的目的,再有就是采用得寸进尺的策略。这策略抓住了人们对“一点”不在乎的心理。小小的让步就对方而言或许算不了什么,但对你却不同了,有可能为你节省资金和时间。

4. 促成协议策略

经过报价和还价的反复磋商,把握最佳时机极力促成签约。通常需要提出有关付款方式、交货时间、保养维修等方面的问题时,或是对原有报价的内容又重复核实以及在一些次要条件方面讨价还价时,都是促成交易签约的最佳时机。

5. 购买谈判策略

在卖方市场条件下,需方的购买谈判主要集中在货源上,其次是采购时机和产品质量问题,具体策略如下:先苦后甜。需方先在质量、货款的支付、运输条件、交货期限等方面提出较为苛刻的方案。在讨价还价过程中逐步让步,在对方比较满意的情况下,提出购买的数量问题和采购时机。买方应采取广泛争取货源,利用客观优势向卖方施加影响,但切忌受对方低价诱惑造成库存积压。

在买方市场条件下,需方的购买谈判的主要问题,一是争取更多的优惠条件,二是重信用、质量和新市场。具体策略如下:

——货比三家。对于基本货源、要选择信誉好,经济实力强的企业的产品。

——对于新产品、要先摸清新产品的底码,以及厂家生产能力和市场发展的前景后再采进。

——顺手牵羊。它是指购买方有意识未将一项小的要求提出,等到签约阶段再突然提出,迫使对方在权衡利弊之后做出接受的决定。

6. 销售谈判策略

在卖方市场条件下,买方与买方之间的竞争比较突出,具体策

略有:对政府采取控制的商品要照章办事;在商品供不应求的情况下要厚利多销;在以小问题换取对方在大问题的让步时以攻为守;居安思危是指供方在与需方交换条件时,以对方能否接受他所提出的建设性意见为筹码。

在买方市场条件下,销售谈判的难度比较大。主要推销技巧有:

(1)引起购买兴趣。如:产品示范;激起好奇心;服务法:馈赠法;名望法。

(2)优惠攻势。如:品种多样化;质量等级化;销售灵活化;价格多样化;服务如意化。

(3)一揽子交易。这是指一笔交易以好坏搭配,有吸引力,具有平衡性。

二、要账

随着经营的进展,生意交往的面也较宽,交付款方式多种多样,人员关系也较复杂,拖欠款,欺骗行为也越严重。学会收账很有必要。下面介绍几种方法:

(1)在存款、发货时小心谨慎。特别是价值大,不易追回的款的支付更要小心,凡事从一开始就避免烂账是诀窍之一。

(2)充分掌握对方的情况。通过各种渠道,了解对方情况,看其是否有支付能力,是否有其他保证金等基础。若对方情况不熟,是难以获得收款的财物的。

(3)掌握法律依据。对该收的款,对方赖账,需有确凿的证据,还要懂得法律效力如何。有些私下约定,法律是不承认的。

(4)委托“收款公司”办理催收呆账;或通过银行划拨硬扣;或追款要“脸皮厚”跟得紧。

(5)识破欠款借口,灵活制定应对策略,提高应收账款回收率。

(6)选择欠债人情绪最佳的时间打电话,他们更容易同你合作。比如:上午9～11时,下午3～5时,尽量避免用餐时间打电

话。再就是应避开星期一工作最忙的日子和星期五下午要去度周末的时间。

(7)不要逼人太紧，耐心给对方几次搪塞的机会，先礼后兵，尽量做得仁至义尽。

三、签订合同

经济合同签订的过程，也就是谈判双方对合同内容协商，为谋求各自经济利益取得一致意见的过程。这个过程一般要经过要约和承诺两个主要步骤。要约是要约人履行与对方订立的经济合同的内容。承诺就是接受要约人(承诺人)对于要约中所提出的各项条款，都表示赞同。要约一经承诺，合同即告成立。

签订经济合同易忽视的问题：

(1)合同条款缺乏详细、专业、特殊的质量要求与标准。

(2)合同缺少对产品有特殊要求时的变动价格的规定。

(3)合同交货期不明确。如："×年×月×日前交货"就不确切。交货时间要明确起点和终点。

(4)合同的验收方法、地点不清楚。

(5)合同结算办法不明确。把"结算方式"写成"货到付款"或"通过银行转账结算"是不合适的。应具体注明是"验单付款"或"验货付款"。并在条款中注明时限和结算方式是现金支付，还是银行转账支付。

(6)合同条款用词含糊，模棱两可。

(7)合同遗漏答约地。在合同中明确"签约地"，当合同发生纠纷时，便可以迅速确定管辖机关，准确、迅速、合法地解决合同纠纷。

(8)签订经济合同的主体不明确或不合法。按照我国《经济合同法》规定，只有"法人之间"才能订立经济合同，代理人应该以被代理人的名义进行活动，不应以自己的名义进行活动，更不能把代理人和被代理人的名称都写上。

(9)合同没有违约责任条款或违约责任表述不正确。

按照国家规定:通用产品的违约金为不能交货部分货款总值的1%～5%,专用产品的违约金为不能交货部分货款总值的10%～30%。超过规定期限不能交货的,应偿付需方不能交货部分货款总值的1%～20%的违约金。

(10)草率签订。任意中止,由于在资金、货源、运输、产品销路不落实的情况下草率签订合同,就容易出现任意中止或单方撕毁合同的情况,造成经济损失,还有一些因客观条件的变化给合同的履行带来一定的困难。如政府干预、物价上调、项目调整等。这些都应在签订合同前充分考虑到。

(11)合同条款互不衔接,相互之间发生矛盾。

合同一般由"约首"、本文和约尾三个部分组成。"约首"是合同的名称、号数,签约的日期、地点,双方的名称、地址,以及序言等内容。本文包括标的、数量和质量、价款或酬金、履行的期限、地方和方式、包装和验收方法、违约责任等条款。"约尾"用来反映合同文字的份数、附件及双方签字盖章等。在签约时,不仅各条款要完备,而且要保证各条款不发生矛盾。检验方法的规定要与品质的规定相一致,售价的规定是否包括运费等。

四、防欺诈

俗话说"贪财害命"。许多人上当受骗的原因,大部分是自认有利可图。当你将要接手的一项工程项目造价比通常情况高得多的时候;当你将要购买的一批货物,附带很多优惠条件的时候;当你遇到的买主不讨价还价的时候,都可能潜藏着欺诈。

还有一种欺诈行为最使人气愤,也最容易使人受骗,就是熟人之间的君子协定。当你与熟人做买卖,或委托办一件事时,或者彼此关联的协作时,对方满口承认你和他谈的一切条件,可就是到最后结算款项时,他却矢口否认其中的约定条款,那时你真是哑巴吃黄连,有口说不出啊!

有时，你虽然和对方签订了文字合同或协议，即使由于对方原因造成了履行合同的过期，你却好面子没有补充条款，到后来也很有可能对方把所有的不是都推到你身上，你真是哭笑不得啊！

世界上的骗术有千百种，但你必须记住两点规则：一是世界上没有便宜的事；二是别人不会把好事让给你。你只有老老实实做人，踏踏实实做事，靠勤劳、智慧创造财富，才会快乐而富有。如果你总是存有侥幸心理，梦想发一笔不义之财，很可能被这种欲望毁了你的一生。不信你就试试看。

五、不称霸

纵观历史上许多有名望、有实力的企业由盛转衰的发展史，你会发现，这些企业为什么转眼间就垮台了呢？

其实造成这种情况发生的原因主要有两条：一条是用人不当，另一条是盲目扩张。所谓用人不当，是指没有用有真才实学的人才，他们耽误了你的事业；二是指错用了奸佞之人。有些和你共同创业的伙伴，盗用了你的名义，骗取了你的钱财，拆了你的台。

所谓盲目扩张，指的是许多企业领导人，一旦赚了钱就飘飘然，缺乏对企业现状的科学了解，缺乏对资本的合理运用，一味地贪大求快，致使缺乏管理经验造成企业内部混乱，精力不足造成顾此失彼；资本不足造成产品运转瘫痪，所有这些原因致使原本兴旺昌盛的企业走向破产。这些教训应该引起每一个企业经营者提起高度的警惕。不盲目扩张，不称行业霸主，应该成为我们的座右铭。

六、分享财富

笔者成长在一个很看重精神价值的家庭，因而笔者从小就被教导说，物质的东西只是过眼烟云。笔者一直在为把自己塑造成一个真正有益于社会的人的理想而努力。金钱对笔者来说，从来就没有认真去思考怎样才能获得，总是天真地想只要好好工作就会得到好的报酬的。随着年龄的增长，生活中的难题一个接一个地出现在自己的面前。而难题的重要症结就是金钱的短缺。尽管如此,笔者还一直奉行“君子爱财,取之有道”的信条。只是靠着自己的心智和体力,一点一点地才富裕起来。

金钱不完全等于幸福,真正的幸福应该是健康的身体,充实的头脑,美满的婚姻,亲密的朋友,这些都是金钱买不到的。但是,金钱确实能够使你生活稳定,保持你的尊严。

当今,教育人们如何致富的方式多种多样。许多人在大胆的尝试中变得越来越富有,这往往使人们忽视了比金钱更重要的东西,一心想成为金钱的主人,却往往沦为金钱的奴隶。许多人一有钱就肆意挥霍或者成为守财奴,从一个极端走向另一个极端,很少关注自己的生活如何平衡发展,使生命的结局不太美好。

在过去,富有是一种罪过,而现在它是一种奇迹。当你奇迹般地富裕起来之后,既不要得意忘形,又不要忘记做一些慈善事业,为人类留下一笔比金钱更长远的财富。报答那些在你困难的时候曾经给过你精神和物质方面帮助的人,报答那些曾经养育你的国家和亲人,与他们共享财富的快乐。

第六章

投资创业的精髓

世界上许多事情失败的原因在于缺乏恒心。

虽然有钱不一定使你快乐，但它却会使你保持尊严。

第一节　投资的策略

分散投资，避免满盘皆输。

☺成为成功投资者的诀窍

1. 先投资自己的大脑

信息时代是一个人应该对自己负责的时代，如果你出现经济危机，那不是企业和政府的问题而是你自己的问题。所以说只有接受财商教育的课程才能避免个人财务的困境。那么，什么是财

商呢？财商是把现金或劳动转化为能带来现金流资产的能力。财商是由四个方面的专门知识所构成的：第一是会计，也就是财务知识；第二是投资，即钱生钱的科学；第三是了解市场，它是供给和需求的科学；第四是法律，它可以帮助你有效地运营一个进入会计、投资和市场领域的企业并实现爆炸性地增长。因此，你要想成为一个成功的投资者，就必须首先投资于自己的大脑。

2. 建立支持系统

一个人无论多么聪明，也难免存在思考的盲点或思维的误区。所以，你若想进行投资创富，就应该建立一个支持系统，它包括这样一些人员：你的家人、朋友、行业专家、会计、银行家、律师等。当你对投资事项把握不准的时候，向他们请教，或者把你的投资打算向他们咨询，请他们对你的投资项目进行评估。这样，你就可以避免浪费许多时间和金钱。

3. 投资意图

投资意图的不同，直接影响投资方式的选择。一般来说，低收入的家庭以保全为目标，注重资产的安全性，主要是为了减少物价上涨对货币资产的侵蚀，这类投资者的要求是能有收益即可，以存款与债券为主要投资方式。如果是将投资收益作为家庭个人的一项重要收入来源，则应以经营为目标，把增值性放在突出位置，兼顾安全性，选择高收益、高风险的股票、期货作为主要投资方式。

4. 时间的投入

人生的时间是有限的，多少用于赚钱，多少用于学习知识、技能这是一种最基本的投资决策，是个人投资的基础。在这一投资决策确定之后，问题就是在既定的时间内如何赚钱，如何学知识，而这又恰恰是个人投资中最重要的问题，这就要求你必须对自己的时间作出科学合理的安排。

5. 资金的筹划

资金的来源可以通过各种渠道筹划，如自有资金投资、集资、

贷款以及别人合伙投资等。只要有可能就争取各方面的资金，启动资金越充分越好。这是因为即使你经营启动后，也可能经常遇到资金周转困难的情况，特别是创业初期，这种可能性更大，而边经营边筹划资金的能力，又远不如已有一定根基的商人，弄得不好，就会因一笔在别人看来微不足道的资金，而弄垮刚刚起步的事业，这是创业者尤其要注意的。

6. 智力投入

高层次赚钱就是充分挖掘潜力，在动脑筋上下工夫。进行个人投资，更需要讲究技巧，观察市场，做到心中有数，胜券在握。投资者想要在市场上立于不败之地，就必须在信息的收集分析方面下工夫。只有掌握了多方面真实有效的信息，并对此作出科学合理的分析与判断，才有可能使自己在市场经济的搏杀中处于主动地位。

7. 心理因素

西方经济学家按照投资者在选择工具时对收益与风险的态度不同，将投资者分为风险追求者、风险无所谓者和风险惧怕者。中者常被市场人士称之为理性投资者，既不追求高收益，也不愿冒大的风险。很显然，心理状态属于前者的投资者，可以选择收益较高和风险较大的投资方式；而心理状态属于后者的投资者，则应选择收益较低，风险较小的投资方式。

8. 投资环境

社会经济发展存在着景气循环周期，不同的循环阶段，对各种资产有不同的投资价值。经济景气时，通常物价会上涨，景气高潮时尤其如此。在经济转向景气时及时卖出房地产、黄金、珠宝饰物等可获较高利润。相反，当经济转衰，快要走下坡路时，利率已达到高水平，赶快买些债券或存定期存款。不同金融资产对客观环境的要求是不同的，股票、期货增值虽比存款高，但对地理通信条件的要求也较高。在没有证券、期货交易市场或通信条件落后的地方，投资股票和期货不仅会增加成本，也不能及时掌握市场信息，大大增加投资风险，即便是国家债券，由于很多地方没有形成流通转让市场，到期前转让很难取得名义的高收益率。

9. 投资技巧

——一“石”多“鸟”。它要求投资者把资金分散在股票、债券、房地产、基金或存于银行等多种投资渠道。这可借鉴传统的投资“三分法”，虽然其收益不可能极大，但可以减少风险并获得相应的经济收入。

——领先一步。想大赚一笔，就必须主动先人一步寻找信息，挖掘时机，并对此作出科学合理的分析与判断，才有可能使自己在投资市场的搏杀中处于主动地位。

——借“蛋”生“鸡”。自有资金不足时要学会借蛋生鸡，就是用举债资金进行投资，其最大的好处是用少数自有资金享受大量的增值效益。另一种策略是设法集中小资本，进行联合投资。

——借“鸡”生“蛋”，如果自己不行，就把钱交给可靠的人、信托投资或基金公司，委托他们帮助你进行投资。现在全世界投资渠道、投资工具越来越多样化，多种信息收集做到准确、及时、全面将更加困难，收集成本也越来越高。适当地委托他人进行投资也是一种明智之举。

10. 避险策略

——风险预测策略。投资前，应广泛收集各种经济信息，对即将投资的各种方案的风险情况进行分析和预测，确保投资高收益、低风险。预测时，要充分考虑到家庭经济状况和国家宏观经济形势，必要时可向权威机构直接咨询。

——风险转移策略。对风险大、收益高的项目，不宜采取直接投资方式，可向负责该项目的富有实力的投资方进行投资，让出部分收益，转移投资风险。

——风险控制策略。要对投资全过程进行跟踪监督，不断调整投资方向，及时化解投资风险。当预测到投资将面临风险时，要

采取果断措施，收回部分投资，减少风险损失。

——风险补偿策略。在进行投资时就要充分估计将面临的风险程度，并将预计的风险损失先计入投资成本，从投资收益中预提一定的风险准备金，以补偿投资风险而造成的损失。

☺正确投资的十个窍门

1. 善于把握投资机遇

成功投资的一个基本原则是无论市场行情上涨还是下跌，都应该随时准备获利。实际上，最好的投资者在市场萧条时反倒能赚到更多的钱。这是因为，行情下跌的速度比上涨的速度快。机会就在你面前，大多数人看不见这种机会，只是因为他们忙着寻找金钱和安定，所以他们得到的也就有限。当你看到一个机会时，你就已经学会了并且会在一生中不断地发现机会，就能避开生活中最大的陷阱，就不会感到恐惧了。因此，人们应该更多地投资于对自己的财务教育而不是股票、房地产或其他市场。你越精明，就越能应付意外情况的发生。

2. 抢占商业的先机

商机本身无先后，然而发现和利用商机的人却有先后。抢占先机之精要是商家睿智果断地先他人一步发现和利用商机，独占市场赚钱。由于抢先，于是就赚得顺当，赚得多。商场如战场，时间就是金钱。抓住机遇，利用时间，先下手为强，对生意成败是很重要的。须知时不我待，转瞬即逝，没有时间观念，没有抢占先机的果断决策，即使机遇迎面走来，也会与你擦肩而过。

3. 抢先掌握经营信息

在从事经营活动中掌握信息应比同行抢先一步，这样才能争得占领市场的主动权。抓信息应该抢先，要讲究时间性。这对经商人来说是很有借鉴和启发的：一是做生意要有经济核算的观念。即：比较成本，应善于做“吃小亏赚大钱”的买卖。二是做生意应有强烈的时间观念。在时间就是金钱的今天，经商者在捕捉信息等方面，应“惜时如金，分秒必争”。掌握商品经营的主动权，正确运用抢先一步法。

4. 把握机遇，将创意付诸行动

再好的创意若没有付诸行动，就看不到成果，便毫无价值可言。事实上，我们不要怕，只要谨慎小心，就不要低估自己的创意。很多人的成就一开始也是来自那些看起来不怎么样的想法，创意只要不是生死攸关，不妨都抱着一试的心理，往往会有意想不到的成果。同时，不要小看自己的能力、再大的创意，只要肯踏出付诸行动的第一步，再一步一步往前走，便会有成功的希望。把握机遇，决不放弃任何将创意化为行动的机会。

5. 缺钱时更需投资

缺钱时可以有两种选择：一种是安于现状，不去设法投资、理财，其结果当然是永远没有钱，除非有天外之财从天而降。另一种选择是设法去理财、投资。而投资又可能出现两种结果：失败或者成功。如果投资不当，就会雪上加霜。这也没什么大不了的，反正是缺钱，只不过比以前更缺钱罢了。只要不去过度投资，而是精心策划，谨慎从事，这种情况是可以避免的。如果投资成功，并逐渐把蛋糕做大，就可以告别那种囊中羞涩的状况。在投资的结果中，成功的机会至少有50%。而不投资，其成功机会为零。

6. 填补市场空缺是赚钱的捷径

随着人们物质生活的日益提高，无论是在发达的地方，还是在穷乡僻壤，市场上总会出现空缺的情况。一旦你能了解到市场上缺什么，马上组织物力进行填补，可以使你在短时间内发财致富。

7. 投资自己的创意

创意是需要获得法律保护的。当创意合法地得到版权、专利或商标的保护时，它们就是资产——知识产权，它们能产生剩余收入和循环收入。即使你不是创意的创始人，仍然有可能投资别人

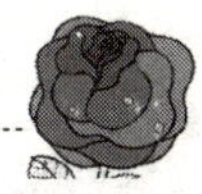

的创意，把它变成有价值的知识产权。在知识经济中，创意附加的价值是巨大的。能使创意变成资本的人是智力之王。像对待金钱一样对待创意。你越重视它并把它投入适当的应用，你就会创造越多的财富。形成创意并对它进行投资是值得的。

8. 要适合自己

俗话说："隔行如隔山"。因此应尽量选择与自己的专业、经验、兴趣、特长能挂上钩的项目。对于创业者来说要多考察当地市场，所发展的项目要有直观的利润。有些产品需求很大，但成本高、利润低，忙活一阵只赚个吆喝的大有人在。像学游泳一样，必须先到浅水区多练几次，待熟练后再到大江大海里享受弄潮击浪的乐趣，否则会有溺水而死的危险。当你瞄准某个项目时最好适量介入，以较少的投资来了解认识市场，等到自认为有把握时，再大量投入，放手一搏。不要嫌投入太少利润菲薄，要知道"船小好掉头"，即使出现失误，也有挽回的机会。

9. 尽量选择潜力较大的项目来发展

选择项目不要人云亦云，尽挑一些目前最流行最赚钱的行业，没有经过任何评估，就一头栽入。要知道，那些行业往往市场饱和，就算还有一点空间，利润也不如早期大。当然，任何项目都有风险，但是事前的周密考察、科学取舍是非常重要的。当今，各种信息充斥每个角落，许多人都是根据信息来选择项目的。所以，我们对信息一定要考察、善分析，没有经实地考察和对现有用户经营状况进行了解，千万不要轻易投资。重考察，要一看信息发布者的公司实力和信誉，当然少不了向当地工商管理等部门了解情况；二要看项目成熟度，如有无设备、服务情况如何，能不能马上生产上市等；三要看目前此项目的实际实施者在全国有多少，经营情况如何等。

10. 建立一个系统

系统一词用于投资领域，简而言之，意思就是赚钱的工具。大部分人都是用时间赚钱，工作一天，挣一天钱，不工作就挣不到钱。

如果你花时间和一些金钱建立起一个赚钱的系统，系统就会为你赚钱，而且是当你睡觉的时候，也会产生现金流入。赚钱的系统是多种多样的，比如，创办一个企业、发明一种专利、建造一种设施、提供一种服务等等。你可以选择你力所能及的一种形式，构建你的财富系统。

☺八种投资工具及投资方法

我们在投资之前应该对投资的种类及其各类投资工具的特点方式方法有比较清楚的了解，选择自己感兴趣的，而且比较熟悉的领域。选择比较适合自己的经济状况和有充分时间可利用的项目。恰当地选定项目，是投资成功的重要一环。

投资的种类有：储蓄、股票、债券、期货、房地产、保险、收藏、其他等八种。

1. 储蓄投资

储蓄的技巧在前面第三章中已有阐述。本章主要讲一讲怎样坚持储蓄。

如果你每天存一元钱，假定银行利率为5%，那么，41年后就变成5万元；

如果你每天存5元钱，假定银行利率为5%，那么，41年后就变成25万元；

如果你每天存10元钱，假定银行利率为5%，那么，41年后就变成50万元；

如果你每天存15元钱，假定银行利率为5%，那么，41年后就变成75万元；

如果你每天存20元钱，假定银行利率为5%，那么，41年后就变成100万元；

你开始得越早，就能越早变得富有。我们大多数人都可能成为百万富翁，但是，许多人都缺乏长期坚持每天存一小笔钱这样一

种简单的习惯。那么，当然也就耽搁了开始的时机。长期地坚持投资比你投资多少更重要。现在就做，定时地做，坚持地做。真正的富人都不是一夜暴富起来的，这是一个长期的智力和毅力坚持的过程。

2. 股票投资

股票是股份公司发放给投资者股东的投资入股，领取股息的书面凭证，属于资本市场上流通的一种有价证券。股票按不同特点可分为不同的类别，如按形式可分为记名股票和不记名股票；按票面是否标明金额可分为面值股票和无面值股票；按投资者占用权力的不同可分为普通股票和优先股票，等等。不过，比较重要的还是普通股票与优先股票的划分。

普通股投资者享有参加股东大会，行使表决权和选举董事会的权力，其股息是不确定的，取决于公司的盈利状况与分配政策；优先股投资者一般在股东大会上没有表决权，不能参与公司的经营管理。优先股股息是预先确定的，与公司盈利状况和分配政策没有直接的关联，但公司破产或解散清算时，对剩余财产的清算、分配权都要优于普通股。股票具有以下基本特征：

(1)不可偿还性。股票是一种无偿还期限的有价证券，投资者认购了股票后，就不能再要求退股，只能到二级市场卖给第三者。

(2)参与性。股东有权出席股东大会，选举公司董事会，参与公司重大决策。

(3)收益性。股东凭其持有的股票，有权从公司领取股息或红利，获得投资的收益。

(4)流通性。股票的流通性是指股票在不同的投资者之间的可交易性。

(5)价格波动性和风险性。股票在交易市场上作为交易对象，同商品一样有自己的市场行情和市场价格。由于股票价格要受到诸如公司经营状况、供求关系、银行利率，大众心理等多种因素的影

响，其波动有很大的不确定性。正是这种不确定性，有可能使股票投资者遭受损失。价格波动的不确定性越大，投资风险也就越大。

3. 债券投资

债券是发行人直接向社会借债时所出具的借款证书，反映了债券投资者债券发行人之间的一种债权债务关系，也是一种有价证券。债券按其发行主体的不同可划分为政府债券、公司债券及金融债券三种。

一般地，债券投资者可按规定条件取得稳定的利息收入，到期收回本金。债券投资风险要小于股票投资风险，相应地，其收益率也比股票投资率低一些。据统计资料表明：股票的年平均收益率为10%，政府债券、公司债券年平均收益率为3%～5%。对于想获得高于银行利息的回报而又不愿意承担风险的投资者来说，债券无疑是一种良好的投资工具。

4. 期货投资

期货是指在达成买卖协议而于未来一定时期内实际交割的各类商品。即交易双方在期货交易所通过买卖期货合约并根据合约规定的条款约定在未来某一特定时间和地点，以某一特定价格买卖某一特定数量和质量的商品的交易行为。

由于期货市场的存在，期货合约的买方或卖方不必经过对方的同意，就可自由转让或购进期货合约，而不必担心会像远期要约那样很难找到合适的买卖对象达到交易。这就为买方或卖方根据生产经营过程中的变化情况而相应地进行期货合约的调整，回避风险提供了方便。

期货投资可以回避下列三项风险：

(1)在贸易中因汇率变动而遭受损失的汇率风险；

(2)在借贷中因汇率变动而使一方遭受损失的债权债务风险；

(3)国家、银行、公司等持有储备性外汇资产因汇率变动，而使其实际价值减少的储备风险

5. 房地产投资

房地产投资中关键的几个要素就是：寻找、融资、收获。如果你想在房地产投资中获得成功，你必须懂得如何找到便宜的房地产，如何为这些房地产提供资金，然后如何经营它们，或者说从每笔交易中获利。在你居住的城市中就有成百上千的待售房屋，然而你只要考虑它们中间哪些是最便宜的买卖，就能排除这些房屋数量的99%。然后你集中精力为买到它们筹措资金。最后，你决定是将它们留在手中以赚取长期利润还是迅速转手以谋求短期收益。这听起来可能太简单了一些，实际上这就是对房地产投资的最精辟的概括。

(1)寻找廉价的房地产。

急于出手的卖主：离婚、废旧房屋、搬迁、拖欠债抵债、生病或死亡、不在当地住的所有者，需要变现进行另一项投资的，为脱离难缠的合作者，以及为满足地位标志的需要等等。

(2)隔资的技巧。

①让卖主扮演银行的角色。洽谈分期付款条款，让卖主赚得比银行贷款利息高的收益。

②用自己的财产做为首付资金。有时，卖主愿意用他们的产权来交换比现金更有价值的东西，如一辆汽车，家具设备，一块空地等。还可以用一段时间内的劳力付出，一笔债券等作为零首付资金。

③转换。当你购买了一项房产时，立即寻找需要租赁的用户，用收取的租金作为你购房的分期付款，应保证还有节余。

④找一个合伙人。如果你没有足够的资金购置房产，你可以一半的收益代价找一个够资格的合作者。

(3)如何获取收益。在你决定购买房地产之前，你应当清楚你打算怎样获取你的收益，常有两种基本方法：

第一种方法：购买并长期持有，这涉及的是现金流收益；

第二种方法:短期转卖,这涉及的是资本收益。

我建议两种方法都采用。每年至少购买一项房产作为长期投资组合持有,并至少转卖一项房产以获取短期收益。

6. 保险投资

投资连接保险是一种将投资与保险相结合的保险。被保险人可以在获得风险保障的同时,将保费的一部分交给保险公司,并经由专业人员进行投资运作。所谓"连接"就是将投资与人寿保险结合起来,使保户既可以得到风险保障,解决自身及家庭的未来收入,资产增值问题,又可以通过强制储蓄及稳定投资为未来需要提供资金。投资连接保险可以提供人身意外、疾病、身故等基本保障。例如,一位30岁的男性客户投保了五份平安投资连接保险,保险期限和交费期都是25年,每年交纳的保费是6060元,25年累计保费则是151500元,其中保险部分28860元,占25年累计保费的19.5%,投资部分122640元,占25年累计保费的80%~95%。假如保险期内的平均回报率为5%,那么,在保险期满时,投保人就可获得196408元的生存保险金,而如果投保人在保险期身故或全残,也可以获得至少17万元的赔付。投资连接保险没有预定利率,投资回报具有不确定性。对保险公司来说,由于对客户没有长期承诺,可根据市场情况给予投资回报,有利于降低利率风险;而对客户来说,则承担了全部的风险和收益,但即使投资收益不理想,客户仍能获得充足的保险保障。

7. 收藏投资

目前收藏格局呈四大趋势:

一是注重专题收藏。品种有邮品、钞币、磁卡、字画、瓷器、宝石、奇石、文房四宝、明清家具、报纸、门券、烟标、火花、图书、名酒、像章、藏书票、唱片等。

二是注重珍品的收藏。越来越多的收藏者都在处心积虑地想怎样提高自己收藏品的档次。

三是注重以收藏品养藏品。

四是注重藏品的研究。

一个人一开始对某一物品的喜爱，转而如醉如痴地全身心地投入，不惜花费时间和金钱，到处收集自己喜爱的藏品，日积月累，本人不仅从收藏的物品中享受到极大的乐趣，而且在不知不觉中积累了巨大的财富。这方面的例子举不胜举。在收藏方面的投资，会获得精神、物质两方面的巨大收获。

8. 其他方面的投资

一、民间投资。(1)是指个人或团体以资金、技术入股的方式兴办民营企业；(2)是指民间投资者以购买、兼并、租赁、托管、参股等方式，参与国有企业结构调整和资产重组。(3)是指利用民间资本投资开发公共设施和公共服务项目。所有这些民间资本的投入，都会获得稳定，较高的利润回报。

二、彩票投资。彩票以小博大，以微小投入而中大奖，所以具有强烈的刺激性和诱惑性。彩票业更重要的是唤起人们的投资热情。人们苦心经营，或许收入不丰，而持之以恒，摸索彩票中奖号码的规律，并以平常心态购买，或许终有回报。

购买彩票要保持一种平和的心态，量力而行，以收定支。以个人收入的1%投资彩票。购买彩票也是缓解精神压力的妙方，中不中没关系，关键是开心，满足消费者的心埋期望，生活情趣。

买彩票要遵循两条原则：一不多买、每次10元；二是自编号码，人不随机，不可太贪，一切随缘。千万不要为必中大奖而买彩票，要靠勤劳和智慧创造财富。

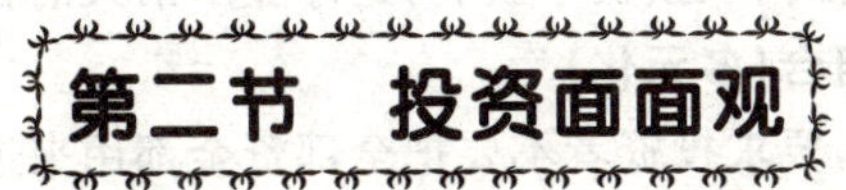

第二节　投资面面观

投资的真谛在于寻找有价值而花费低的目标。
”

☺投资的五项策略

投资学是一门综合性学科，我们只有了解到投资活动从一开始计划到具体实施的全过程中的方方面面的情况，才能选择正确的时机、正确的项目、正确的方式进行最有效、最保险的投资，以达到花费最低而获益最高的目的。

具体内容阐述如下：

一、投资原则。第一不许失败，第二永远记住第一条

理念之一：长期拥有好企业。一种是能提供重复性的传播事业。另一种是能提供一般大众与企业持续需要的重复性消费的企业。

理念之二：不熟悉的行业不投。以自己了解的，赢利前景明朗的公司业绩为基础。

理念之三：要研究企业，股价并不能反映一切，有时股市价格比内在的价格高，有时比内在价值低。应该把握的是：当企业的市面价格低于其价值时即投资。

理念之四：投资特殊商品型企业。这类特殊商品独此一家，他人没有能力竞争。

理念之五：投资的安全系数要大。投资者需要懂得如何去估计企业的内在价值，不能用太接近价值的价格去购买企业，例如，用花 8000 万元去购买 8300 万元的企业，安全系数就未免太小了一些。

人生最重要的不是以你的所得做投资，任何人都可以这样做。真正重要的是如何从损失中获利，这才显示出人的智慧。

二、投资组合（多元化）

一般说来，要求投资者不要把全部资金都用来进行一种投资，而应该将资金分成若干部分，分别运用不同的投资工具，投资于不同的领域。当银行利率上调时，储蓄存款收益较高；而股票会面临

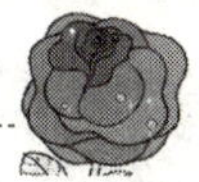

股价下跌，收益率低的风险。当银行利率下调时，储蓄投资的收益降低，股票投资则会提高收益。通过储蓄与股票的组合投资，使得投资风险降低，收益维持在一定水平。

投资组合必须是长时间追踪调查，成熟一个发展一个，步步建立起来。在这当中，还必须不断地对它们进行甄别筛选，对长期占用资金或资源，却不能取得明显收益等不良资质的资产要及时果断地进行处理，尽可能保证资产使用效率的最大化。

三、投资决策

1. 投资方案的可行性评估及选择。

将投资方案预计的所有现金流，包括初期及中期的技术支出，期间内的投资收益全部贴现到当前，加总求和的值，称为投资方案的净现值。净现值大于零的方案可行。

2. 投资项目完工期的提前或推迟时对投资收益的影响分析。

投资项目的计划竣工期早完成早见效益，如果工期延长势必加大成本影响投资效益，这正说明了资金的时间价值的作用。

3. 投资借款还金额的确定。

投资借款的偿还金额，是指每年偿还贷款的一笔相等的现金流(包括本息两部分)，所以用年金现值公式求解每年发生的年金数额。

四、投资误区

1. 盲目地去经商投资，或单凭别人介绍而轻率投下资本是非常不明智的。

2. 不是用脑子去琢磨，而是道听途说。

3. 不了解投资项目所要承担的风险及价格在市场上的走势。

4. 对贷款利息不精于计算，并且对投资的相关费用不求甚解。

5. 第一件投资成功了，则把所赚到的钱都投到第二项投资中。

6. 观念上不清楚风险的概念，投资本身没有风险，没有知识才有风险，被误导也是有风险的。购买资产没有风险，购买你被告知是资产的负债是有风险的。考虑你自己的事业没有风险，依赖于稳定的工作，首先支付别人的事业更是有风险的。

五、投资风险与防范

经商投资有风险，这是人所共知的。那么，究竟有哪些风险且如何防范呢？常见的风险有：

1. 行业风险，行业本身会因经济环境变化而兴盛衰败。

2. 经济形势变化风险，经济有盛有衰，循环不息。

3. 政策变化风险，政府对特别行业的宽松与严紧政策的变化，都会使投资者面临一定的风险。

4. 资金集中风险，投资仅限于一个领域，一方损失，满盘皆输。

投资风险是客观存在的，防范并减少风险应掌握以下技巧：

1. 分析风险，考虑一切正常开支或意外情况收入减少的风险。

2. 评估风险，了解并预测风险将要带来的损失程度，做到心中有数。

3. 预防风险，采取最佳措施，减低风险发生的可能性。

4. 转嫁风险，不要把鸡蛋都放在一个篮子里，或投入保险。

☺投资的六个等级

许多人没有钱用来投资。他们不是花掉了他们挣来的每一分钱，就是花的比挣的还多。他们一生陷入财务危机之中，不是因为他们钱挣得少，而是因为他们不善于管理钱，是由于他们财商低。而另外一些人由于财商的高低，又可分为以下六种等级的投资者。

第一级：借钱者

这些人通过借钱解决财务问题，他们甚至还用借来的钱进行

投资。对于这些人来说，他们的问题不在于他们的收入，而是在于他们没有良好的用钱习惯以及没有钱生钱的意识。他们这种借钱、购物，消费的习惯，使他们随时都会发生财务危机。

第二级：储蓄者

这些人通常定期地把一小笔钱放起来，以低风险，低回报的方式保存。他们的储蓄通常是为了消费而不是为了投资。例如，他们攒钱买新汽车，去度假等等。

这个等级的人经常浪费他们最宝贵的资产和时间，却去试图节省某一分钱，他们常常为了一点赠品，排着长队等上好几个小时。

如果他们不去努力地省钱，而把这些时间用来学习如何投资，例如把1万元钱投在某项基金上并忘掉它，那么20年后它的价值将达到100万元。因此，我建议你们在银行中保持有可支付一生的生活费的现金，然后把钱投在比银行好得多的领域里，这才是一个明智的投资策略。

第三级："聪明的"投资者

在这个等级的人可分为三类。他们都是受过很好的教育的聪明人，有丰厚的收入，但是他们对于投资却不甚精通。

A类，这类人构成"我不能被打扰"一族。他们只是把钱放着，日复一日地工作，从不考虑他们的财务前景，只是到了退休时，他们才会考虑投资是如何做的。

B类，这类人是"愤世嫉俗者"。他们通常看起来充满智慧，说话具有权威性，在他们的领域里很成功，但是在聪明的外表下，他们事实上是懦夫。当你征求他们对股票或者其他投资的意见时，常常说及他们是如何"受骗"的，使你的感觉极差。

愤世嫉俗的人最差劲的地方是他们装成智者并用内心的恐惧影响身边的人。他们非常"聪明"又过于谨慎，常常散布金融方面的一些坏消息，你要小心不要让这些人粉碎了你的金融梦想。虽然金融领域的确充满着诡计和骗子，但是又有哪个行业不是这样呢？不用花钱，不用冒险就迅速地致富是可能的，但条件是你必须亲自使之成为可能。

C类，这类人叫做“投机者”。这些人没有设定交易规则或准则。他们不靠长期的勤勉、学习和领悟，他们靠的是所谓的“内幕”、“暗示”或者“捷径”。他们寻找投资的“秘密”或“圣经”，寻找新鲜刺激的投资方式。

他们认为自己很聪明，从不谈及他们的损失，他们认为，他们所需要的是等待“一笔大交易”，然后就会一路顺风了。实际上他们是世界上最差劲的投资者。说到底，他们在投资问题上过于懒惰。

第四级：长期投资者

这类投资者在真正投资之前会投资于他们的自身教育，而且非常清楚投资的必要性，他们会十分清楚地列出长期计划，并通过该计划达到他们的财务目标。

如果你想成为一位长期投资者，那么你应该制订一个计划，控制你的花钱习惯，最小化你的债务；用你的钱生活，并增加你的钱；弄清楚你将每月投资多少钱，用多长时间按实际回报率获得收益，以最终实现你的目标。目标应该是这样的：我计划在多少岁时停止工作？我每月将需要多少钱？

有了长期计划，你会减少你的消费负债，并把一小笔钱定期地放在一个绩效最好的共同基金上，只要你及早地开始并时刻监督自己的行为，那么在积累退休财富方面你将有个良好的开端。

记住，小额交易通常导致大额交易。钱可以迅速增加你的智力，仅用一小笔钱开始，你就会学到许多东西。不要恐惧和犹豫，以免浪费时间和失去受教育的机会。如果你想过一种成功富裕的生活，那么你最好成为第四级的投资者。

处于这个等级的投资者要富有耐心，不要频繁改变花样，尽量

使投资简单化。要善于利用时间，如果你早些开始，最好在40岁以前，进行有规律的投资，那么你就能创造出惊人的财富。

第五级：老练的投资者

这些投资者“财力充足”，并有良好的财务习惯，能够追寻更积极的或者更有风险的投资战略。

这些投资者经常进行“成批”而不是“零售”投资。就像有些人从零售商那儿购买电脑，而有些人则购买元件，然后“攒出”一台自己的电脑一样。第五级投资者把不同的投资放在一起，组合成他们自己的投资。他们将全部资产的不到20%用于投机性投资。他们常常在开始时投入很少的钱，去学习各种投资，如股票、企业所有权、不动产组合、购买抵押品等。如果他们损失了这20%，也不会破产或者没钱吃饭。他们会从失败中再回到游戏中去学习更多的东西。

第六级：资本家

世界上只有少数人能达到这个投资精英所在的等级境界。这种人通常既是优秀的企业家，又是优秀的投资家，因为他或她能够同时创造企业和投资机会。

资本家的目的是通过把别人的钱、别人的智慧和别人的时间和谐地组织在一起来为自己和他人赚取更多的钱。

真正的资本家挣钱不需要自己有钱，因为他们知道如何使用别人的钱和别人的时间。他们创造投资，然后把它们卖给市场。当他们在报纸上读到一个国家陷入麻烦时，真正的资本家很快就会到那里，这是因为他们知道如何管理风险，在没有钱时如何能够挣到钱。他们让别人富裕，创造工作机会，当然前提是自己有利可图。如果你想迅速变富，就要从这些等级中找出一些符合自己的特征，克服你的性格缺陷，增强你的优点，努力改进自己，使自己首先成为第四级投资者，并以发展第四级投资者的技能，进而达到第五级或第六级投资者。

第三节 成功企业家具备的素质

性格决定命运，观念决定成败。

☺企业家应具备的二十个条件

企业管理者成功的首要因素，将不再是专业知识和业务技能，而是个人特征——愿意甚至渴望采取重大而又痛苦的决策。

企业家应该具备以下条件：

1. 要身体力行。重大事情事必躬亲，把握第一手材料。

2. 自信心很强。对于既定的目标充满信心，务必将它坚持到底。

3. 拥有广博的学识。既要全面了解面临的情况的细枝末节，又要掌握解决问题的原则和技巧。

4. 有超常的聚合力。对于杂乱无章的事物，都有办法理出一套合乎逻辑，事理的头绪出来。

5. 不在乎一时的得失。一心追求既定的目标，站得高、看得远。

6. 持有客观的人际关系。凡事对事不对人，不讲情面，公正无私。

7. 建立有支持的嫡亲和朋友间的关系网，这是一个人增强情感方面支柱的最有效方法。

8. 有效利用时间，坚持要事优先的原则。

9. 适当调配自己的活动，不会休息就不会工作。

10. 分清事物的轻重缓急，有些事情要放手让别人去做。

11. 不断充实自己，不断创新，凡事三思而后行、尽量减少损失。

12. 适应外在环境。不要墨守成规或碍于面子，灵活机动掌握时机。

13. 制定短期、中期和长期行动目标，目标要具体，不要可望而不可即。

14. 具有改变自己生活的强烈的欲望，欲望是一种强大的力量，也是迈向成功的动力。

15. 果断力。凡事应当机立断、无论日常生活还是重大决策都要拿得起放得下。

16. 忍耐力。具有百折不挠的坚强意志，这是做任何事情成功的基石。

17. 根据自己的条件创办企业。树立独一无二的观念，以得到你的选择的价值和意义所在。

18. 争取相应机构的帮助。与其他同行保持接触，争取热心机构和个人的支持，具有向自己的智力、精力挑战的勇气。

19. 慎重挑选合作者。商业第一，友谊第二。

20. 避免或减少非生产性投资。注重本行业的知识、技巧和措施方面的投资。包括经营策略、专利商标知识、融资方式、业务计划、质量控制、营销方案、生产控制、财务管理、人事管理等。

☺创业者应具备的心理模式和能力结构

当你决定踏上创业之路，作为一个创业者，你会发现很多事情并不如你当初预料的那样。许多创业者的失败都有一个共同的特点，往往不是一些专业问题决定了某项事业的成功与否，而首先是观念、意识以及相应的行动方式问题。这意味着什么呢？意味着如果你要成为一个成功的创业者，你的人格魅力、你的动力来源乃至你的行为方式会发挥更关键的作用。也就是说，创业者的能力与素质决定着公司的未来。概括地讲，创业者应该具备以下素质和能力：

创业家的心理模式

1. 诚信和自信的原则

诚信是企业的立足之本与发展源泉，创业者的品质决定着企业的市场声誉和发展空间。同样，自信是创业者的动力，人的意志可以发挥无限的力量，可以把梦想变成现实。

2. 科学的思维方式

这是创业家心理模式中的核心组成部分。对于某些问题，创业家之所以能产生超常的认识看法，是由于他们有着与众不同的思维方式。一是战略性思维方式。创业家在企业中的统帅地位要求他具有战略头脑、广阔视野和远见卓识；从空间上看，他必须顾及各个方面，并有整体观念。从时间上看，他要考虑整个过程及各个发展阶段，并能敏锐地预见未来的发展趋势。二是系统性思维方式。系统思维建立在系统理论的基础上，是一种从系统的具体构造到系统的综合、从局部到全局、从现象到本质的思维方式，同时，也是一种散发式的思维，思考者对思考对象的任何相关方面都应该去认真地想一想。三是创造性思维方式。创造性思维方式是对已有知识、经验的突破，它以丰富的想象力为基础，不受传统观念的束缚，不受逻辑推理的先入之见的影响，能够打破常规，取得出奇制胜的效果。

3. 健全的知识机构

创业家要最大限度地获取知识，并将知识转化为能力。具体来说就是，强烈的求知欲望，用企业成就事业的雄心壮志；为此目标不怕吃苦、不畏议论、不怕失败的奋斗精神；以诚待人、待己；开阔的视野、多角度的观察和思考方法；强烈的获取信息和知识、化知识为资源的动机；善于与人交流、简捷地把握要领。这些都是创业家必备的素质，而这些素质并非必须在课堂上培养，也可能课堂上培养不出来，课堂培养的是知识与方法，只有将这些知识和方法不断进行自觉训练，才能形成创业家的素质。创业者首先要具备

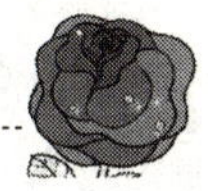

做计划和预算的能力；要了解公司的财务管理和控制；要培养对市场分析、预测的能力。同时要了解广告、促销等营销手段、方法、技巧。

4. 价值取向是创业家核心素质

创业家的内涵已成为国内外许多经济学家的探讨对象。并提出企业家必须具备以下十大能力：创新能力、决策能力、指挥能力、控制能力、协调能力、组织努力、交际能力、表达能力、计划能力、学习能力。然而，在创业家所具备的众多素质中，核心在于其价值的取向。

5. 优秀的思想

品行不端则行为不轨，在创业家良好的心理模式中，优秀的品行的确不可缺少。日本知名的企业非常注意这一点，曾提出一个优秀的创业家应具有十项品质，即使命感、信赖感、责任感、积极性、进取性、诚实、忍耐、热情、公平、勇气。权威人士认为，除此之外，一个优秀的创业家还应具有宽容精神和公德意识。长期以来，“从严治企”指的是严格管理企业，并不意味着“从严待人”。但就创业家个人的品质作风而言，还是要学会严谨。

创业家的能力结构

创业家所具备的能力应该是各种能力的综合体，这种综合体表现为一种能力结构，其状况如何，直接决定了企业管埋绩效的优劣。

1. 决策能力

决策能力的强弱和决策水平的高低是评价企业家能力结构状况的一个主要标志。创业家的决策有两个特点，一是“大”，二是“新”，创业家的决策既关系到企业和创业家本人的未来的命运，同时又大都是非程序化的决策，这就决定了创业家具备的决策能力。现代企业管理史表明，一个企业的兴衰与该企业领导人的决策能力有直接关系，有些企业或保持长期不败，或能够起死回生，究其原因无不与创业家的正确决策有关。相反，有些企业却由于领导人的决策失误而蒙受巨大损失。

2. 应变能力

现代企业在复杂多变的环境中运作，要求创业家必须具备快速反应能力，把握好机遇，及时调整既定目标、计划、战略与策略，以适应外部环境和内部条件的变化，比如，在有地区差别之时因地而变；在有季节差别之时因时而变；在有经营差别之时因竞争对手的变化而变；在有需求差别之时因顾客消费心理的变化而变等等。

3. 创新能力

作为一名创业家，他很大程度上具备创新能力，而且客观上也要求他具备一定的创新能力。一个创业家只有把自己定位成"更高层次的企业家"之后，才能更深地挖掘并辐射出他的素质魅力。创造基于潜能，潜能基于人格，而一个人的价值观在很大程度上决定了一个人的人格层次，而人格层次的高低，不但决定了这个人的创新能力，还决定了这个人的发展潜力。

4. 沟通能力

人是一切活动的主体，尤其是在商业活动中，最棘手的工作就是"管人"。怎样才能管好人呢？世界500强企业大都已认识到：沟通是基础。高效的沟通是提高企业核心竞争力的必由之路。作为企业的高层领导者，应该把20％的时间花在思考战略方面，把80％的时间花在与各层人士的沟通上，这样才能把公司的战略思想传递给员工，进而推动他们，提高他们的执行力。

5. 自我管理能力

成功的创业者，需要过硬的自我管理能力。主要表现在人格的自我完善；行为的自我约束、自我激励；工作方法上科学、严谨等等。要理智、客观、妥善地管理好企业的人、财、物、信息等各种资源，管理好自己的投资、决策、市场及战略行为。

☺创业者应遵循的十大原则

1. 做你自己最热衷的事

兴趣是最高天才，任何人都可以在他感兴趣的事情上获取成功。

2. 不断试着跳出框架思考事情

只要你以开放的心态和开放的思维面对一切，你就会发现任何事情都会有良好的解决办法的。

3. 效法产业中最佳的竞争者

学习和借鉴别人的经验可以节省许多时间和金钱。

4. 造一个更好的捕鼠器

及时地掌握一切与你的企业相关的信息，迅速地调整你的一切经营策略。

5. 一定要取得充足的资金

尽一切办法筹措自有资金进行经营。必要的负债经营时，要时刻警惕自己的资产负债率不要超过最低偿还能力的比率。

6. 好好照顾你的员工，尊敬你的客户

没有满意的员工就不会生产出优质的产品或提供优质的服务；你不尊敬客户，客户就会离你而去。

7. 尽早承认自己的错误

客观地看待自己，承认自己不是什么都行，主动承担责任，这不仅可以使你的损失最小，还可以获得员工的尊敬。

8. 注意细节，仔细控制成本

节省一元钱，相当于增加两元钱的利润。切不可以因善小而不为。

9. 充分运用科技，吸引更多注意力

企业由单纯生产、服务型向价值型方面转换，是企业未来发展的趋势。

10. 坚守核心价值

避免金钱的诱惑,致力于自己擅长的领域,打造主业的核心价值,是企业长盛不衰的秘诀。

第四节　高明的领导艺术

能培养出领导者的人才是真正的领导。

☺体现出领导力的十五条原则

我们正处在一个需要真正的领导者的时代,领导者应该是集团前进的领袖、群体行动的导师。领导者与管理者的概念不同。"管理"体现的是一种强制性,是强化各种手段迫使或约束人们的行动,而"领导"体现的则的调动下属的自觉性,让人们心甘情愿地追随。管理者率领的只是一群下属,而领导者率领的是一群领导者。领导的力量来源于激发个人和团队的最大潜能,那么怎样才能充分体现出领导力呢?其原则是:

1. 对下级进行企业未来走向及远景规划教育,使他们能专心致志地投身于为实现目标的工作中。

2. 在批评下级之前,先肯定其长处,这不仅可减轻或化解下级的防护心理,而且使批评或纠正变得更容易接纳。

3. 良好的指责是在不损及被指责者的尊严下进行并获得解决问题,因此,指责应在私底下,而不应公开执行。

4. 及时解决下级心里的冤情,提高士气。

5. 制定的工作目标要略高于下级的能力,使他有信心面对一种实质性的挑战。

6. 领导者的首要任务在于激励、训练与指挥下级,而不在于执行规章。

7. 领导者不要对自己的缺点、错误文过饰非，要敢于认错以维护下级的自尊。

8. 实行“分层负责、逐级授权”的原则，给予下级适当的训练并从事主管工作。

9. 切莫“一视同仁”，要掌握下级的长处和短处，并根据他们的能力，要求他们竭尽所能。

10. 给予下级提示概略的工作要领，并令他们自行探讨工作细节，则其工作效率远比为他们解说工作细节时高得多。

11. 要理解与人为善的艺术，善良是力量的特征。

12. 要永远放弃两面派行为，信任那些值得信任的人。

13. 善于听取不同的意见，不要断然地把下级人员或意见分成“好的”和“坏的”。

14. 不要忽视下属的不同层次的需求，因人而异，适当满足他们。

15. 不要总是以领导者自居，认为下属在任何情况下干好工作都是理所当然的。

☺领导者工作的十项法则

1. 塑造领导魅力

——在你往上爬的时候，一定要保持梯子的整洁，否则你下来时可能会滑倒。

点评：进退有度，才不致进退维谷；宠辱皆忘，方可以宠辱不惊。

——谦虚不是把自己想得很糟，而是完全不想自己。

点评：如果把自己想得太好，就很容易将别人想得很糟。

——测验一个人的智力是否属于上乘，只看脑子里能否同时容纳两种相反的思想，而无碍于其处世行事。

点评：思可相反，得须相成。

2. 掌握统御之道

——刺猬在天冷时彼此靠拢取暖，但保持一定距离，以免互相刺伤。

点评：保持亲密的重要方法，乃是保持适当的距离。

——鲦鱼常以强健者为自然首领，即使这强健者失去自制力，行动也发生紊乱，但其他鲦鱼仍像从前一样盲目追从。

点评：下属的悲剧总是领导一手造成的。下属觉得最没劲的事，是他们跟着一位最差劲的领导。

——对于一个领导来说，最要紧的不是你在场时的情况，而是你不在场时发生了什么。

点评：如果只想让下属听你的，那么当你不在身边时他们就不知道应该听谁的了。

3. 充分利用沟通

——在哪里说得越少，在哪里听到的就越多。

点评：只有很好听取别人的，才能更好说出自己的。

——人有两只耳朵却只有一张嘴巴，这意味着人应该多听少讲。

点评：说得过多了，说的就会成为做的障碍。

——避雷针是用金属线与埋在地下的一块金属板连接起来，从而保护建筑物等避免雷击。

点评：善疏则通，能导必安。

4. 协调产生能量

——组成人体蛋白的八种氨基酸，只要有一种含量不足，其他七种就无法合成蛋白质。

点评：当缺一不可时，“一”就是一切。

——即使是二流的零部件，只要在考虑了整体性能的前提下进行组合，也会成为一流的机器。

点评：所谓最佳整体，乃是个体的最佳组合。

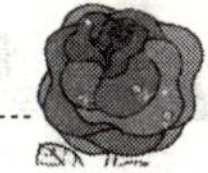

——新组装的机器，通过一定时期的使用，把摩擦面上的加工痕迹磨光而变得更加密合。

点评：要想达到完整的契合，双方都须作出必要的割舍。

5. 指导获得亲和

——当遭受许多批评时，下级往往只记住开头的一些，其余就不听了，因为他们忙于思索论据来反驳开头的批评。

点评：总盯着下属的失误，是一个领导者的最大失误。

——跟一位朋友一起工作，远较在“父亲”之下工作有趣得多。

点评：可敬不可亲，终难敬；有权没有威，常失权。

——工作危机最确凿的信号，是没有人跟你说怎样做。

点评：真正危险的事，是没人跟你谈危险。

6. 用人别具一格

——如果我们每个人都雇用比我们自己都更强的人，我们就能成为巨人公司。

点评：如果你所用的人都比你差，那么他们就只能做出比你更差的事情。

——用人上一加一不大于二，搞不好就等于零。

点评：组合失当，常失整体优势；安排得宜，才成最佳配置。

7. 决策举重若轻

一个人若身处隧道，他看到的就只是前后非常狭窄的视野。

点评：不拓心路，难开视野；视野不宽，脚下的路也会越走越窄。

——在筑墙之前应该知道把什么圈出去，把什么圈进来。

点评：开始就明确了界线，最终就不会作出超越界线的事情来。

——没有必要作出决定时，就有必要不作决定。

点评：当不知如何行动时，最好的行动就是不采取任何行动。

8. 调控张弛有度

——当人们知道自己的工作成绩有人检查的时候会加倍努力。

点评:只有在相互信任的情况下,监督才会成为动力。

——最有效并持续不断的控制不是强制,而是触发个人内在的自发控制。

点评:有自觉性才有积极性,无自决权便无自主权。

9. 公平有效评估

——评估就是要扶持强者的成长,把缺乏效率的部分剔除出去。

点评:如果你不能辨出哪些员工或业务取得了出色的成绩,哪些表现最差,则只能让公司遭受损失。

——公平和有效的评估系统可以把一些公司从默默无闻提升到卓越的层次。

点评:如果你希望把最优秀的人才吸引到自己的团队中来,就必须勇敢地执行区别考评制度。

10. 激励恰当及时

——以评估结果为依据,对企业的每位员工实行奖惩,做到奖其功,罚其过,从而激励员工保持最大限度的工作热情。

点评:如果你奖惩不当,那么不仅白白浪费了企业的资源,而且还会产生负效应。

——当一位员工有值得奖励的工作绩效或成就时,就应该尽快地奖励他。

点评:有效的奖励应该是越快越好的,让他明白你希望他继续那样做。

第五节　如何建立你的企业

企业的完善系统可以使你不在场时照常运转。

☺完善系统的四种优势

想知道如何成功，你先要了解为什么那么多人都失败了。据统计表明：4/5 的企业在开业 5 年之内要失败。在剩下的 1/5 的企业中，又有 4/5 的企业在接下来的 5 年之内要失败。这就是说 9/10 的企业在 10 年内要失败，为什么会出现这种现象呢？关键的问题是，这些企业没有建立一套完善的企业系统。他们只是有美好的梦想，他们把所有的钱都投资于开创事业，做好了一切准备——人员、设备材料、房屋、律师盛行便笺和商品卡片等等。但是，他们从未去培养过企业成功所需要的基本规则和管理技巧。在整个计划和行动中他们忘记了最基本的一点：客户——怎样吸引并留住他们。

拥有自己的企业意味着要学习一种全新的商业技能，创造你的对手从不具备的四种关键优势，建立一套完善的企业系统。这四种优势是：你的知识、你的营销、你的员工、你的体制。

你的知识背景是你将来做任何事的基础。那些比你富裕的人并不一定比你更聪明，他们只不过比你更了解经商办企业的规则，在这方面倾注了大量心血，不断地学习而已。

营销是保持住优势的第二个关键性条件。一流的产品很可能找不到市场，二流的产品可能在市场上大行其道，其中的奥秘在于：你要让你的营销方法达到别人没法照搬的程度。

你的员工是你最重要的资本——品牌。设备或产品却无法和他们相比。你要知道，这些人的技术能力和用心程度是企业顺利发展的保证。无论你的产品多么优秀,你的服务多么完善,最终靠的还是这些人去创造,生产和销售。照料好你的员工等同于照料好你的企业,说起来明白,真正做起来的企业太少了。

体制是给你的时间赋予价值色彩的唯一途径,它保证了你在企业中的创造性,而不仅仅让你将时间浪费在维护企业正常运转的琐碎事情上。当管理一家企业时,你不得不在一大堆的管理技巧上投入精力,然而,你的时间很宝贵,你的价值在于你的创造性。体制的出现让你获得了解脱,不用为管理再费什么心,属于正常运转的东西都交给了明确的程序和步骤,从而以尽可能低的成本获得高的收益。体制让你从低价值的劳动转向高价值的思想。你可以集中精力反思过去,运筹将来,为企业创新思维,才会有大的成功。

总之,增加你个人的知识,集中精力做营销,选择理想的员工,制定行之有效的体制,建立一套完善的企业系统,这将是你创建并发展企业的成功指南。

☺赚钱行业的三个条件

为什么有的行业赚取得钱多,有的行业赚取得钱少?这主要取决于以下三个条件:

1. 是否掌握了最大的趋势?

掌握趋势比掌握资讯更重要。

2. 是否存在巨大的市场?

选择目前顾客使用的产品或服务虽不太多,但将来顾客使用的会很多的行业,即未来市场成长快、空间大的行业。你若希望市场的成功,就必须选择最优秀的人为你工作,以及生产最好的产品和进行宣传、宣传、再宣传的销售。

3. 是否竞争对手非常少?

想方设法建立竞争者进入的门槛。

☺企业运营的十二条策略

在激烈的市场竞争中，如何才能保障私营公司稳步发展，闯出自己的品牌，拓展市场，立于不败之地呢？答案很简单：就是结合中国人的思维、办事、社会关系的特点，认真规划出从创业初始到发展壮大直至获取巨大财富的全套战略方针，稳扎稳打地运作，你就会实现你所渴望的梦想，成为一名成功的企业家。

胜利是一种远见，就像你内心燃起的精彩。每一位私营公司的老板们，在企业运营的每一步都要时刻保持敏锐的头脑和旺盛的斗志，制定好以下各条策略：

第一条 创业策略

渴望财富、渴望成功，在追求金钱的过程中实现自己的价值，可以说是成为企业家的首要条件。其他条件依次为：正直诚实、朴实节俭和积极的心态。一个精力充沛，充满活力的人总是创造条件使他心中的愿望得以实现。

创业是一场惨烈的战争，是创业者与市场机会的搏斗。在你投身创业之前，应认真思考下列一些问题：

1. 你适合创办哪类公司？
2. 你怎样才能转变为合格的商人？
3. 如何进行有效的市场调研？
4. 如何做好公司的投资决策？
5. 如何正确估量你的投资机会？
6. 如何筹集投资资金？
7. 怎样享受优惠政策？
8. 如何才能在大企业的夹缝中立足？

对于上述提出的思考问题概括地解释是：确定企业的性质，是独资还是合伙经营。把自己的思维习惯向商业方面转变，做任何事情都要有一个成本、利润的概念。利用一切机会，采用多种方法详细调查市场空缺项目。从两个重要方面分析备选项目和投资：从战略角度考虑投资项目是否有发展远景？从技术或数量的角度考虑投资会带来多少收入？在扣除费用之后，能否有足够的收益？编制投资预算，对投资的规模与时机，规划出旬、月、年的财务报表，确定最适合竞争的理想资本结构，保持较低的债务水平。确定适合自己的行业，选择你所擅长领域里的投资机会。创业者取得资金的外部来源，主要是负债，自有资本或两者混合的公司债券。当然，最新兴起的担保公司也是融资的一条渠道。创业者应当尽早与担保公司打交道，平时注重各种信用，并在担保后保持密切的联系。充分利用国家对一些地区，一些行业的优惠政策，可以使公司跨越低利润的起步时期，保护或增多纯利润，但不要触犯国家的法律法规。

一个企业的建立，要想在激烈竞争的市场中站住脚，关键的一点就是量力而行。不断开发各种产品的边缘产品，建立多元化的销售渠道，留住人才，管理好财务，进入良性循环的轨道。

第二条　管理策略

私营公司是集人、物、财权于一身的专制体系。企业的成败往往由私营老板的素质决定的，无疑存在着很大的局限性。所以，私营公司应从健全经营理念，建立管理制度等方面着手，努力做到以下几点：

1. 树立为社会做贡献的使命感。既能获得财富，又能造福于人，才是正确的经营理念。

2. 坚持“创造利润、分享员工”的理念，才会在企业内创业，使企业更上一层楼。

3. 拥有“部属比自己行”的胸怀，礼贤下士，适时地“制造人才”。

4. 倡导团结合作的新时代伦理，走出家族管理的误区，坚持所有权和经营权的分离，实行决策层和执行层的分离，使各方面的

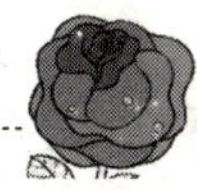

行为规范化、制度化。

5. 建立"开明"的人事制度、公平考核、定期评估经营绩效制度，加速培养"合格"的接班人。公司应尽力创造一个既有钱赚又有前途的工作氛围，员工才愿意为企业的升级卖力。

6. 加速推动专业化制度管理。公司应在采购、生产、销售、财务、总务、人事等方面坚持公平、公开、公正的原则，早日实行专业化管理制度。

诚然，这或许都是一些非常普通的规则。但最具挑战性的任务就是要坚持不懈地在实践中去实施，并适时地随着周围的变化而变化，才能达到成功的彼岸。

第三条　品牌策略

品牌的定义，广泛来讲包括三个层面的内涵：

1. 品牌是一种商标，强调的是它的注册、使用、所有、转让权等法律内涵。

2. 品牌是一种招牌，人们所注意的是这个牌子所代表的商品的性能、质量、满足效用的程度。换言之，这时品牌所表征的是商品的市场含义。

3. 品牌是一种格调，一种品位。强调的是品牌的档次、名声、美誉给人们心理上的好感。

随着产品的过剩，中国迎来了一个新的时代——品牌竞争的时代。一位成功的企业老板必须拥有成功的产品。成功的产品有六大特性：新颖、质高、价廉、精巧、多能、方便。

品牌产品的开发应按下列步骤进行：

1. 在产品结构上"弃旧图新"；在产品组合上"弃旧图新"；在发展方向上"弃旧图新"。

2. 要确定项目的必要性、可行性、经济合理性和创新性。

3. 采用实验提升法、移植综合法、自然模拟法、科学原理推演法。

4. 设计草图、编制计划书、生产性试制，市场试销。

品牌商标是公司身份的重要组成部分，它充当着无声推销员的重要角色。所以说，愚笨的人卖产品，聪明的人卖牌子。在现代的经济竞争中，同类产品之间的竞争，主要表现在品牌之间的竞争。好的产品名称，恰似一块金字招牌。在当今社会，只有那些既有高质量又有金字招牌的公司，才会在品牌的天空中自由飞翔。

第四条　营销策略

在当今市场发达，商品进入买方市场后，如何依靠市场需求进行分析，进而采取灵活的营销策略，是一个企业成功的秘密所在。

营销的作用在于将产品及相关的信息告知顾客并说服顾客购买，其目的是激发顾客作出对销售有利的反应。由于企业与顾客在商业活动中是相辅相成的，所以说，沟通和说服是其基本要素。这主要体现在以下两个方面：

一、营销的功能：

1. 扩大产品需求，引起购买欲望；

2. 提供信息情报，引起用户的注意；

3. 树立企业形象，突出产品的特点；

4. 使消费者了解和信任公司的产品，起到稳定销售，巩固市场的重要作用。

二、营销的重点：

1. 提高公司的竞争力。使公司本身的运作方式越来越接近社会大众，成为大众关心的主题，进而影响对品牌的选择。

2、产品人性化。在产品的本身设计和包装上，表现得更有个性化。

3、强化竞争优势。重视市场情报，充分运用营销资源，保持一流的营销人员，导入新的营销系统，强化执行力。

4、解决矛盾。市场营销的作用是解决生产者与消费者之间的矛盾。常见的矛盾有：空间分离、时间分离、信息分离、价格分离、

数量分离、产品分离等。只有解决这些矛盾，才能满足消费者的需求。

面对新的经济形态，知识经济将使营销环境发生实质性的变化。随着收入的增长和教育提高，人们不仅消费领域在拓宽，消费观念也日趋科学化。在消费取向上将表现为独立消费，自觉维护生态平衡，增加知识含量。在消费形态上将呈现高级化、软性化、个性化、健美化、自然化、感性化、智能化和全球化。因此，营销的作用将更加迷人，企业老板也应更加仔细观察分析，采摘适合自己的鲜花。

第五条 竞争策略

创业者必须是个战略家，尤其是在当今竞争激烈的商场中，对技术更新迅速、市场需求多样化等问题，创业者都要从全局上考虑，平衡各种关系。

企业在创业初期的主要问题是生存，常采取拾遗补阙或追随者战略。当企业站稳脚跟之后，就开始寻找竞争优势的资源，并着手向竞争对手实行进攻战略。首先，要弄清楚谁是竞争者。一般来说，一个公司与你的公司达到“三近四同”的情况时，那么，它就是你的竞争对手。

1. 生产规模接近。由于双方成本趋同，在价格战中就极有可能针锋相对。

2. 产品形式接近。这主要表现在五个方面：使用价值、性能、名称、生产工艺、包装工艺。

3. 价格接近。零售价格反映着顾客的接受程度，它决定着市场占有的成与败。

4. 销售界面相同。一般公司面对的销售界面有三种：中间商、零售商、消费者。销售界面相同的公司，就如同在同一战场作战，竞争就会在所难免。

5. 定位档次相同。产品的定位分为高、中、低档三种也有分

为豪华型和普通型的。如果产品的档次相同，就意味着它们的目标市场基本相同，也就意味着具有竞争性。

6. 目标顾客相同。营销的起点在生产、终点在消费。如果两个公司生产相同的东西，又把东西卖给相同消费群体，必然引起竞争。

7. 开拓市场努力程度相同。在目前的形势中，销售成本能占生产制造成本的40%已经称得上是营销型公司了。它们在广告、促销和市场推广上都表现出惊人的勇气和不懈的努力。所以对公司来说，销售流汗，贵于生产流血。公司双方开拓市场的努力程度越大，市场竞争就越激烈。

通过这七项条件的对比，才能找准方向，制定出占有市场的总战略。军事上有句术语，叫做战略上藐视敌人，战术上重视敌人。商场上竞争也应该这样，一个公司在制定了总体竞争战略之后，在具体竞争战术上宜采用下列一些措施：

1. 在大公司夹缝中穿梭自如，不要与实力雄厚的大公司直接竞争，而是在大公司漏掉的生意中发大财。

2. 选择一些在别人看来既不赚钱又无前景的项目，就会减少竞争，时间长了就会有利可图。

3. 避免扎堆，独辟蹊径。采取“人无我有”，“人优我转”的策略，及时转弯掌握商机。

4. 打造专业精品。经营任何一种产品，都不能总是停留在一个水平上，要时刻观察市场需求和竞争对手的动向，不断推陈出新，生产出在同行业具有优势的专业精品。

公司在竞争中应避免的误区是：

1. 盲目扩张；

2. 妄自尊大；

3. 坐以待毙；

4. 家族管理；

5. 入乡不随俗；

6. 扬短弃长；

7. 因循守旧；

8. 广告称雄。

公司在竞争中的获胜步骤：

1. 循序渐进地实行；

2. 经常检查自己的计划；

3. 寻求互补性联合；

4. 不要“眼高手低”；

5. 善于安排工作程序；

6. 加强现金处理和借贷能力；

7. 将企业的利润导向以顾客为基础；

8. 顺应市场需要，预测市场变化；

9. 使员工朝着企业目标努力；

10. 全力以赴地付出代价。

“先苦后甜”是创业者对创业的认识，如果未来的结局正如你现在所设想的，才算是真正的成功。

第六条　做强策略

公司成长是从市场份额、盈利、资本及组织等方面的低级规模水平向高级规模水平的扩大过程。在这个过程中，公司可以在现有行业，现有产品业务领域内，通过扩大市场寻找发展机会；可以通过开发新产品，扩大公司现有产品种类扩大市场覆盖面；可以新建或收购与目前业务有关联的上游或下游的业务，谋求公司纵向发展；可以抓住时机从小量市场行业转移到大量市场行业，实现公司跨行业成长；公司还可以采取多元化经营，进入与原有经营内容毫无关联的新业务领域，取得在多种行业的同时发展。

选择公司的成长途径，必须要注意公司发展的实际情况。例如，在公司创业初期，如果选择跨行业经营或纵向发展，就会因为公司实力不够而事倍功半造成发展中断。这时的公司资金不多，融资能力很低，技术力量和经营能力也有限，因此，最好选择行业内市场拓展的途径。进入公司扩张阶段以后，应该及时掌握时机采取纵向发展或多样化战略，引导公司迅速扩张，迈进更高成长阶段。公司到了割据阶段以后，最好要考虑全球市场的战略要求，采取纵向发展，多行业成长等各种途径相结合的方式。

以上这些是公司成长过程中的一般规律，实践证明，在公司成长过程中不同的途径都会给企业带来不同的变化，极大地影响着公司的成长速度与增长水平。因此，采取哪种成长途径，是公司成长战略中极为关键的重要决策。

公司做强应采取下面一些策略：

一、打好扩张市场的基础：

1. 建立技术熟练的员工队伍；

2. 建立严格的质量检验制度和完善的质量检验系统；

3. 运用新技术开发新产品；

4. 加强售后服务。

二、确定自己市场的目标：

1. 向竞争对手“做得好的”市场扩张；

2. 向竞争对手“做得不好的”市场扩张；

3. 向竞争对手“没有做的”市场扩张；

4. 向竞争对手“正在做的”市场扩张；

三、扩张的方式：

1. 学会尊重顾客，与顾客保持联系；

2. 研制在质量、功能、附加值等方面领先的产品；

3. 制定挑战性价格、结算、金融优惠体系；

4. 发布摄心性广告，产生强烈的听、视觉冲击力；

5. 采取短宽体销售渠道；

6. 趋同化结盟。

在市场扩张中，公司总经理的经营哲学升华程度，是向超速企业家转变的关键一步。希望富有进取心的公司老板一定要记住：树立长期发展的目标，先考虑顾客和产品，然后再考虑利润。防止自满情绪，能为人之不能为，时刻想着创新、开拓和进取，这样，既能保住眼前利益，又能更上一层楼。

第七条　谈判策略

经济谈判的目的是为了各自的利益寻求合作，是在互相接受条件的同时，作出适当的让步以达到双赢的结局。

具体运作应掌握以下一些技巧：

一、做好市场调查。

1. 市场分布大势，诸如政治经济条件、市场分布状况、运输条件、地理位置、市场潜力等等。通过摸清本产品能在哪些市场销售，确定销售计划，有助于确立谈判目标。

2. 产品销售情况，诸如买方需求程度及过去一段时间的销售量及价格；消费者对产品的评价及要求；季节性因素；潜在的消费团体及购买该产品的决定者；能有效影响潜在顾客的媒体等等。以此来确定谈判对手及产品销售数量。

3. 产品竞争情况，诸如该类产品的种类、占有率、变动趋势、竞争对手使用销售组织的规模、售后服务的方式以及顾客对这种服务的满意程度等等。以此寻找竞争者的弱点，争取己方产品的销路。

4. 产品分销渠道，诸如，经销路线、批发商和零售商的数量、中间商有无仓储设备、什么应由制造商提供、什么应由批发商负担等等。由此可掌握谈判对手的运输等管理成本状况，在谈判时做到真正的心中有数。

二、制胜的三大招数。

1. 谋求双方共同利益；

2. 各得其所、皆大欢喜使双方都感到自己得到了 60% 的满足；

3. 以战取胜，经过深谋远虑，在取得更多好处下作出让步。

三、巧妙地进行磋商。

1. 了解对手的性格、经历、地位及接受能力；

2. 强调对方优势，不要把自己放在与真理相同的地位；

3. 要有灵活多样的表达方式，同一种内容有上百种说法；

4. 让满意的服务替代有形的利益让步；

5. 伺机使出“撒手锏”，攻击对方的薄弱环节；

6. 采取折中的办法，破解对方“最后一手”。

成功的谈判者，要把剑术高明者的机警、速度和艺术家的敏感相融合。要随时准备抓住对方的破绽，随时洞察对方策略上的变化，及时地把握谈判的主动权。

第八条　签约策略

签订经济合同要了解对方的资信状况和履约能力，既不要因自己占便宜而沾沾自喜，又不要马马虎虎上当受骗。所以，公司老板应注意下列事项：

一、合同条文要全。

1. 合同的前文应有序言、名称、缔约日期及地点、地址等。

2. 正文条款要包括基本条款，如品质、数量、包装、价格、装运、支付等条款。还要包括一般条款，如检验、保险、准据法、索赔、仲裁、不可抗力，违约及解除权条款等。

二、合同签字要慎重。

1. 签字前要审核合同文本是否与达到的结论与条件相一致；

2. 确认签字人是否具有法人代表的资格；

3. 注意要约和承诺的内容一致性和其履行期限。

三、警惕合同诈骗。

1. 广告诱惑，签订不打算履行的合同；

2. 骗买骗卖，获取定金；

3. 投饵诱鱼，骗取信任后诈骗；

4. 轻信他人，盲目充当担保。

四、避开签订合同的误区。

1. 单方面拟订合同；

2. 口头协议，无据可凭；

3. 对方不是法人或法人委托人；

4. 合约条款太简单，意思不清；

5. 没有分析对方是否超越了经营范围；

6. 没有注明违约的责任；

7. 没有见证、公证；

8. 草率预付定金。

五、如何履行合同。

1. 合同履行的条款应包括同时条件、先决条件、后随条件；

2. 合同履行的原则是，实物、适当、协作的履行原则；

3. 合同履行的程序是，备货、报验、审证和改正，制单结汇；

4. 订立的合同由于一方情况变动可以变更和解除，但不能损害国家和对方的利益；

5. 在合同具有法律效力的前提下，违约方要承担违约责任；

6. 索赔方式有，修复、赔款、退货还款、补交、替损，罚款收货、拒付货款；

7. 解决途径有，司法诉讼，调解和仲裁。

第九条　公关策略

如果你想在实业界取得成功，就必须掌握与人沟通的技巧。企业要保证生产经营活动的正常进行，获得利益和发展，就要协调好公共关系。就公关活动的功能和作用来说，可归纳为以下几点：

1. 搜集情报，关注环境；

2. 传播信息，沟通公众；

3. 开拓市场，促进销售；

4. 协调决策,处理危机;

5. 增进效益,提高形象。

就公关活动的开展来说,可分以下几个步骤:

1. 确定公关活动的目标,包括公众群体、主题鲜明、传播渠道、有利时机和预算费用。

2. 确定传播信息的内容,设计信息的结构与语言以及信息传播的方式。

3. 拟定多种形式的外部公关手段,诸如有奖销售、退款售物、先形夺人、打造形象、反客为主、语言如蜜。

4. 拟定内部公关措施,诸如精诚合作、奖罚分明、团队精神、知人善任、富有人情味。

5. 树立企业形象,开拓、巩固和占领市场。

企业公关要打破以往习惯的公关模式,不断创新,以适应人们的心理和市场的变化,才能富有生机和活力。

第十条　用人方略

企业无人则"止"。正如管理学家巴纳德所说:"企业,是由人组成,由人运转,为人服务的系统。"因此,可以说企业因得人才而兴,因失人才而败。

那么,什么样的人才可称为人才呢?人才就是最适合于在该公司工作的人。他能够适于公司氛围并安心工作的人。人才是对他所在的岗位最适合的人。只要他精于某一行当并且工作效率非常高,他就是一个人才。人才是公司把他放对了位置的人。即所谓"人尽其才"的说法。

公司老板在使用人才时注意下面几个方面:

1. 用"通才观"指导企业用人。树立"人才是企业最重要的资本"的新观念。全方位地开发、培养技术、管理、营销等方面复合型通才。

2. 加强团队建设。在选人、用人、利益分配等方面要彻底冲

破按工龄、按级别、按职称等违背按劳分配的传统观念。

3. 尊重人格，积极激励，善于倾听，权力平衡，人人参与。

4. 重视知识型人才，重视企业文化建设，重视领导方式的转型。

5. 树立真实的远景规划，包括公平、关怀和应得的待遇，以便赢得人心。

6. 兼顾人才的工作与家庭。平衡工作做得越好，效能、热诚和创造力也就越大。

第十一条　理财策略

理财是公司的一个重要而且具有技巧的方面，不仅包括对赚钱含义的清楚认识，也包括对资金投向、效率、风险等关键问题的判断和把握。因此，科学地理财是十分必要的。

首先，树立投资理财的新观念：

1. 对资产做最大的运用，尽量用现有的钱不断地赚钱。

2. 投资不以数字多寡计算，保本为先，利润为次。

3. 把钱集中在适当的项目上，资金雄厚时，适当分散投资，降低风险。

其次，做好财务工作：

1. 制订计划、明确目标、建立假设、销售预测、制定预算、每月总结、解释差额、差额调查、采取措施、效果评价。

2. 合理配制自有资本，即资本公积、投入资本、未分配利润、盈余公积。

3. 管理日常现金，即现金预算，有价证券管理，应收账款管理，信用期间，账龄分析表，制定收账政策。

4. 融资原则，即量力而行，投资效益要与融资成本相结合，兼顾消化与配套能力，适当保持公司的控制权，掌握好长、短期资金的适当比例，设法降低筹资风险。

5. 融资方案，可采用文字说明、表格或编制资金筹措来源表

与分年度融资计划表的方式，对融资的结构、成本和风险进行分析。

6. 内部融资，常用的方法有，贸易信贷、客户预付定金、加强内部各项费用的管理。还可以将企业权益出售给其他投资者，以取得资金。

7. 债务融资，主要渠道有商业贷款，特别的信贷工具及与需要相关的政府贷款项目。例如，银行、商业金融公司，应收账款销售、人寿保险公司等。

8. 融资技巧，要讲究信誉、主动、热情配合银行开展工作，写好投资项目可行性研究报告，选择适宜的借款时机，突出项目特点。

一个老板理财能力的高低表现在你是否能够确定一个合理的日常现金持有量。如果你融资不足，将会影响你计划中的业务发展，限制公司的壮大；若你筹借的资本过多，就会造成一部分资金闲置增加了成本，甚至可能会发生负债过多而到期无法偿还损坏你的信誉。所以说，对企业的投资理财，公司老板要学会管理并且永远也不要忘记控制。

第十二条　广告策略

在现代市场经济条件下，没有知名度，没有影响力，那是注定要失败的。在商业竞争中，不研究广告，不运用广告，必将寸步难行。

企业要想搞好广告策划，须按下列几个步骤进行：

1. 广告调查。主要是收集消费者的观点、基本情况、消费态度和消费行为；全面了解产品情况和与广告活动有关的情报，并据此作出分析、提出建议，为策划、实施广告活动服务。

2. 广告宣传。应给消费者新鲜感和新奇感受。宣传要迎合顾客心理，借用“众人之口”诱发公众的消费心理。

3. 广告定位。定位应从产品开始，然后扩展到商品、服务、机

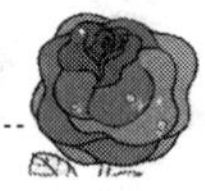

构甚至到个人。广告定位要从维护消费者利益出发，以产品质量为基础，真实地向人们介绍产品，引导消费者树立消费观念，引起购买欲望，扩大销售。

4. 广告策略。知己知彼不打无准备之仗，时刻关注竞争对手的动向，集中兵力有重点地给予反击。聚集博识多闻并谙熟竞争艺术具有创新精神的广告策划人。

5. 广告预算。主要包括调查、策划、设计、制作、发布、行政办公和特殊情况支出等项的费用。

6. 广告形式。报纸、杂志、电视、电台、广告、户外广告、交通广告、直邮、电话、优惠券等。

广告策划活动是集思广益的动态过程。其目的是占据顾客的心智，从而赢得顾客，赢得市场。

第六节　企业成功的基本条件

在任何行业中，走向成功的第一步，是对它产生兴趣。

☺企业成功的十个基本条件

1. 先设定一个合理的目标

开始创业时，要根据自己的个人能力和财务状况制定一个正确而合适的目标。目标太小，不敢尝试新的发展趋势，不知道适时扩大或转项投资，就免不了被淘汰出局，目标太大，就容易手忙脚乱，力不可支导致失败。

2. 盯牢你开始的成本

当资金没有问题时就可以开始创业了，但为了有效地经营下去，必须针对每项成本加以管制，这样你才可以找出财务问题的症

结,进而解决营运的问题。我们必须把开始所需的资产列出来,并且做好详细的计划,切不可忽视预料之外的成本发生,要确实证实你的成本结构。

3. 钱要用在刀刃上

你要养成不乱花钱,不随便借钱的良好习惯。应该特别注意到固定资产及作业资产之间应有一个恰当的比例的投资额。在开始时,应尽量投入更多的金钱在作业资产上,而在固定资产上的投资资金则越少越好。

4. 善加利用融资与贷款

要想使你的事业成功,最好能够完全不靠自有资本,全部以融资或贷款来经营你的事业。因此,你必须有一个健康的财务结构方向。

5. 以数字为导向

资金的周期是小投资人的事业中最重要的一环,它是事业成败的关键,千万不要单靠一己之力去周转资金。你的责任是根据资金周转的基本构架去做完整的规划。许多中小企业面临失败的原因,不是资本不足所造成,而是面临资金不足缺乏完整而正确的规划。计划资金周转,只不过是在推测你能赚到多少钱,然后再减掉预计时的开支,要在计划时做最坏的打算,才是比较保险的明智之举。

6. 善用时机

创业的时机有好有坏,如果这个事情的本质是周期性的,或者地点上有因时制宜的时候,这可就是特别真实了。许多小型企业创业期都是旺季开始前一个月左右,你有了一个月的缓冲时间,就可以在旺季销售得到收益,有了这些营业盈余,就可以不愁淡季的来临了。

7. 尽快销售

你的事业开张,就会有开销,所以你必须定一目标,以便尽快

促销。依据你的事业的性质、地点、竞争力迅速建立起声誉，使促销大幅度增长。

8. 别让欠账把你拖垮

大部分企业都有资金不足的困难，所以买卖时不能赊账。要不然的话，只有账簿上的应收账款不断增加，但迟迟拿不到现金，这样一来，很快就周转不灵。

9. 减少固定开支

就刚开业的中小型企业而言，每一元钱开支都要直接和收益联系起来。只有收益和开支平行并进时，资金才不会流失。根据销售量来定销售人员的佣金或定租金，比较能保存资本。利用什么样的广告形式，什么样的促销方式，都要精打细算。

10. 和债主拉好关系

小型企业创业时因负债太多而倒闭，其主要原因是没能和债主拉好关系，要想挽救这种危机的话，最好是你常和债主保持联系，让他们了解生意进展的状况，让债主耐心等待，等到企业的财务稳健了再还债。如果你不能按约定日期还债，就要在还没有拖欠债务之前通知他们。

☺商业成功的十大原则

1. 任何企业任何时候都不要忘记最基本的、不言而喻的任务：

(1)制造符合市场需求的产品；

(2)关心公司管理者、员工和顾客；

(3)注意财务数据是否正确。

2. 永远把人和产品放在最首位，而不是制度。采取灵活变通的方式管理人，注重产品的质量和成本控制，时刻保持产品的竞争力。

3. 正确挑选管理人员比对其经常地培训更为重要。挑选人

才的标准顺序应是德、识、才，而不是反过来。优秀的人才不是最贵的，而是免费的。千万不要使用廉价的管理人员，那样会给企业带来许多意想不到的损失。

4. 永远不要忘记最低层管理者的重要性。战场上决胜在士兵，企业决胜在于班组长。处于低层的管理者掌握着最直接的，最有价值的资讯，如果忽视他们，那么给企业造成的损失将是隐形的、巨大的。

5. 即使面临所有短期压力，也永远不要忘记企业长远计划和长期发展目标。要恰当地把面临的问题分为重要的和不重要的；紧急的和不紧急的四种情况。然后决定解决问题的优先顺序，这样就可以缓解压力，而且还不会影响长期发展目标的实现。

6. 正确的时间安排是成功的重要因素。企业的任何事情都要有时间期限安排。各项工作的衔接要紧凑，每个人的工作要配合默契，切不可以顺水推舟，顺其自然。一切事情要做好充分准备，应对特殊情况的发生。

7. 努力使组织结构符合企业的规模和结构。不要利用其他业务部门的收益帮助长期无利可图的业务。严格管理成本，实行一切可以提高经济效益的改革。

8. 各个领域的创新都是非常重要的。即使某个方面创新的难度较大，但也不要忘记创新的可能性，要不断地观察、试验、总结，一旦条件具备，立即投入试验，在实践中不断完善。

9. 在奉行市场经济的社会中，市场始终是行动的准则。遵守商业游戏规则，树立双赢思维，以客观事实做依据，高瞻远瞩，自有主见，谨慎行事，量力而行。

10. 不要忘记最重要的管理品质，永远都要公平、公开、公正，做到值得信赖，做到奖惩分明，保证言行一致。

☺控制经费开支的六个要点

财务管理是按照资金运动的规律，对资金来源和资金运用进行合理安排，对生产经营过程的物质，劳动消耗和经营成果进行计划、监督和分析的一项综合性工作。其内容应包括：项目、预算、支出、差额、工资、人事费用、固定费用、变动费用、利润、理由、分析及对策等。具体措施是：

注意做好对下列六项开支的控制：

1. 雇员的薪资总额不得超过预算经费的一半：

薪资总额除以经费总额乘以100%小于50%

2. 人事费用与销售总额比例要小于6%：

人事费用除以销售总额乘以100%小于6%

3. 经费与销售总额之比要在15%以内：

经费除以销售总额乘以100%小于15%

4. 经费与销售总利益之比要维持在80%以内：

经费除以销售总利益乘以100%小于80%

5. 固定费用占总经费之比，应为85%以上：

固定费用除以总经费乘以100%大于85%

6. 变动费用占总经费之比，应为15%：

变动费用除以总经费乘以100%小于15%

对于超过这六项标准的开支，一定要坚决削减，以保证财务的健康。

☺成功经营的十项原则

1. 道德原则

一个企业的成败主要在于它是否有效运用组织成员的能力和才智以及如何保持共同的目标和方向。诚心做事，赢得信赖，这种无形的理念是企业经营的重要原则。

2. 互利原则

企业在追求利益最大化的同时,不能不考虑人与人之间的互利。老板应该以互利原则作为自己经营思想的出发点。第一考虑顾客的利益;第二考虑员工利益;第三考虑股东利益。注意这里互利原则的顺序不要颠倒,才能使企业发展迅速,长期不衰。

3. 效率原则

企业必须在市场经济的激烈竞争中,不断提高生产效率,降低成本,才能立于不败之地。同样,效率原则还可以用于其他方面,诸如时空观念、工作效率、电子计算机进化,等等。总之,评价效率的高低要以经济收益的高低为标准。

4. 市场原则

市场原则即是经营思想要随着企业外部环境的变化而变化。生产出产品,必须销售掉,产销平衡,才能获利。这就要求企业不要只考虑"卖主"的情况,还必须考虑"买主"的情况。

5. 竞合原则

"有钱大家赚"的内涵是经营者要遵循市场游戏规则,行业之间既要竞争又要合作,企业要靠独特的经营策略取胜,而不是进行恶性竞争。互相维护对方的利益,才能保障同行业的企业都有钱赚。打价格战,互相诋毁的结果是谁都赚不到钱。

6. 获利原则

经营企业必须获利才能保障企业生存下去。这个看似浅显的道理却往往被许多人所忽视。一些人看到有利可图的项目,就忽视自有资金占多大比例,也不详细计算资本回报率是多少,更不明白怎样合理使用资金,即刻上马。待到经营了一段时间之后,才发现入不敷出,为时已晚。

7. 并吞原则

企业发展到一定阶段,就要考虑做强做大,就要考虑如何成为行业的巨头。实现这个目标的方法之一,就是收购或兼并其他企

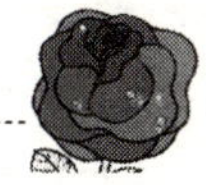

业。值得注意的是，企业在进行重组之前，必须先进行文化的整合。只有双方价值观的一致，才能保证重组的成功，否则，不论行业前景多么广阔，也不会长久。

8. 应变原则

企业家要想实现自己的目标，就要密切注意社会环境的动态，潜心研究如何把握时代的命脉，做到以变应变，在科学预测的基础上作出决策，求得企业的生存和发展。

9. 避险原则

企业发展的不同阶段存在着不同的风险，比如家族经营与过分专业化的风险、财务风险、多元化风险、资本运营风险、投资风险、制度创新的风险以及道德风险等。因此，企业在开始创办之初，老板就应该具有规避风险的心理准备，任何决策都必须遵循把风险降低到最小的原则和自己能够承担得起的损失程度。

10. 平衡原则

企业的经营与发展要保持六个方面的平衡：企业规模要与市场份额平衡；资本投入要与回报率平衡；权益资本要与筹措资本平衡；有形资本要与无形资本平衡；利润收入要与员工收入平衡；老板财富要与社会财富平衡。

第七章

人际交往的秘诀

社会中的人分成三类：愚蠢的人、狡猾的人、聪明的人。愚蠢的人一切听从别人的安排，狡猾的人从愚蠢的人身上获利，聪明的人按照自己的意愿做事。

第一节　塑造人格魅力

人性至深的本质在于渴望获得尊重。

☺人格魅力的六种表现

魅力——很能吸引人的力量。它主要是指人的心理、精神、外表气质，充分展现了人格的特殊气质。

人格魅力是心理素质和修养的外在表现，它直接反映一个人的道德品质、思想感情、性格气质、学识教养、处世态度等，展现出

一种吸引人随同的力量。

生活的经验和事实证明，那些在事业上获得重要成功的人除了知识以外，总是还具备一种人格魅力。这种人格魅力所起到的作用和产生的影响力，有时往往超过权力、制度的范围。魅力不是天生的，而是一个人在磨炼自己，完善自己的过程中塑造而成的。塑造魅力的关键一步，就是洞察自己并找出自己的盲点，改掉自己的不良癖性，使自己真正地像一个人。

一个人的魅力，常常会显现于一个人的容貌之中。诚然，每个人都无法为自己天生的面孔负责，但是，我们应该提高自己的各种修养和素质。因为精于一艺或是完成某种事业之士，他们的容貌自然具有凡庸之士所没有的某种气质和风格。

要想提高自己的修养和素质，应该在下列一些方面提起注意：

1. 服饰仪表。所穿的服装应符合自己的身材与肤色，职业和身份；还要符合时代、场所、收入程度和周围环境。仪表整洁、精力充沛、显得富有自信。

2. 言谈。魅力需要诚实、谈话要言之有物，既不能言过其实，又不能信口开河，声音缓慢低沉，抑扬顿挫，自信而固执，倔犟不妄才。要学会倾听，适时短暂的沉默对说话者意思的传达，并与听者思想上产生共鸣具有良好的作用。

3. 尊重对方人格，背后勿论人非，举止得体，温文尔雅，讲话注意分寸，给人有成熟可信赖之感，保持真我是给人留下美好形象的秘诀。

4. 处事宽容大度，乐于帮助他人。不要做了一点好事，生怕别人不知道。不要对人太刻薄、吝啬，帮人做了一点事就图回报。

5. 自我暗示寻找偶像并转化为自己外在的表现方式。以中外历史名人为楷模，以文学作品中的优秀人才为榜样，自觉培养高尚的气质和修养。

6. 敢于承担责任、一个人迈向成功的第一步是敢于承担责任。不要好事归自己，坏事归别人。不要见名利就上，见困难就躲，见责任就推。

☺人格成熟的十种特征

1. 能正确看待自己和别人，具有对事物的敏感和创新能力。

2. 能清楚地区分真、善、美和假、恶、丑，其实际行动与道德认识是一致的。

3. 追求目标远大，经常考虑“我对社会能作出什么贡献”。

4. 在对现实的客观认识方面，能区别事物的本质和表面现象。

5. 在纷繁复杂的现实环境中，具有自己的独立思考能力。

6. 对部分人常有深情的依恋，不无端仇视别人。

7. 有广阔的视野和远见，其活动以是否具有价值为指南。

8. 看人重实际而不重表面，对有优良品格的人抱有友爱态度，无出身、门第、地位等偏见。

9. 能意识到目的和手段的区别，既注意目的，也不忽视手段。

10. 能忍受孤独和寂寞。

第二节　如何建立人际关系网

人若先将自己明白透了，世上一切物理人情，无不迎刃而解。

☺建立关系网的技巧与规则

人际沟通能力是成功的决定因素，成功建立关系网的关键是和适当的人建立稳固的关系。良好的人际关系能够拓宽你生活的视野，让你了解周围所发生的一切事情，并且提高你倾听和交流的

能力。

那么，编织人际关系网该从哪几个方面着手呢？

1. 主动与人联系

建立“关系”的最基本原则就是：不要与朋友失去联系，不要等到有麻烦时才想到别人。若是半年以上不联系，你就可能失去这位朋友了。通过你目前熟悉的人去认识他们的熟人，不断扩展你的关系网。

2. 进行感情投资

现代人生活、工作忙忙碌碌，很多人忽视“感情投资”这个人际交往中的基本问题，一旦关系好了，就觉得没必要再去维持它了，特别是在一些细节问题上该通报信息的不通报，该解释的情况不解释，结果日积月累，便会渐渐疏远。“感情投资”应该是经常性的，从生意场到日常交往，都应该处处留心，善待每一个关系伙伴，从小处着眼，时时落实到实处。

3. 建立关系网

要织一张好的关系网，首先得筛选。把与自己的生活范围有直接关系和间接关系的人记在一个本子上，把没有什么关系的记在另一个本子上。

其次，分析自己认识的人，列出哪些人是最重要的，哪些人是比较重要的，哪些人是次要的，这要根据自己的需要而定。由此，你自然就会明白，哪些关系需要重点维系和保护，哪些只需要保持一般联系，从而决定自己的交际策略，合理安排自己的精力和时间。

最后，对关系进行分类。生活中一时有难，需要求助于人的事情往往涉及许多方面，你需要各方面的帮助，要根据具体情况，选择恰当的求助人选，这样既可以节省时间和精力，又可以节省钱财。

求人办事要设计一种“联络图”。对于那些与自己所求助的事

情有重要关系的部门人员，一定要清楚、熟悉他们的工作内容和业务范围。要熟悉办事的程序，先从哪儿开始，中间有哪些环节，最后由什么部门决定都应非常清楚。

4. 调整关系网

在实际生活中，要随时调整自己的人际关系网。比如，当你的奋斗目标变了，或者改换职业了，或者工作地点变动，或者某些人际关系已经断裂，人际关系结构自然就会发生变化。选择可以助你一臂之力的人，排除那些虽相识已久但对你的职业生涯无所裨益的人员。维持那些对你毫无益处的酒肉朋友关系，其实只会意味着浪费时间。

事实上，你与这些关系紧密的人的联系至少每月一次，通过电话、聚会、信件等，他们会激发你的创造力，使彼此的灵感得到充分的发挥。建立关系网必须遵守的规则，不是“别人能够为我做什么?”而是“我能够为别人做什么?”要与关系网中的每个人保持积极的联系，唯一的方式就是创造性地运用你的日程表，记下那些对你的关系特别重要的日子，比如生日或周年庆祝等。打电话给他们，至少给他们寄张贺卡，让他们知道你心中想着他们。

良好、稳固、有力的人际关系的核心必须由10个左右你能靠得住的人组成。这首选的10个人可以包括你的朋友、家庭成员和那些在你职业生涯中彼此联系紧密的人。因为他们能让你发挥所长，而且彼此都希望对方成功。

5. 创造性技巧

当你的关系网成员升职或调到新的组织去时，祝贺他们。同时，也让他们知道你个人的情况，去度假之前，打电话问问他们有什么需要。当他们落入低谷时，立即与他通话，并主动提供帮助，这是表现支持的最好方式。

富有建设性地利用你的商务旅行，如果你旅行的地点正好邻近你的某位关系成员的话，不要忘记提议和他共进午餐或晚餐。

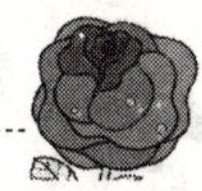

优秀的关系网络是双向的，时刻关注网络成员有用的信息，互相提供并分享这些信息是一个很关键的问题。关系网中的每一个成员，要互相信任，互相尊重。但不能互相支配、互相利用，谁只想利用你，就要让他为此付出代价，要坚定、要公正。为了真正的成功，你必须有充足的动力和精力，并把所有的精力完全倾注在你所要达成的目标上。切记不要把成功视为理所当然。

第三节　朋友与同事

想结冤家，就凌驾于人之上；想交朋友，就让别人凌驾于你之上。

☺朋友关系的三个效用

人都渴望友谊，没有友谊内心就像一片荒野；没有友谊，才是最纯粹最可怜的孤独。由于人性中存在着各种各样的弱点，所以，人与人之间建立支谊，维持长久朋友关系的人少之又少。那么什么样的人，才是真正“朋友”意义的人呢？

朋友就是对你了如指掌，却依然喜欢你的人。一般来讲，我们交的朋友，第一应该是志趣相投、正直、博学的书友；第二是敢于直言进谏，指出自己过错的诤友；第三是能指导我们工作学习的益友；第四是遇难时能尽力帮助自己的密友；第五是贫贱之交的挚友；第六是能在你快乐时全心全意支持你并与你分享快乐的趣友。要做到这一点有时更难，因为人们在为你骄傲并支持的情感中混杂着竞争和嫉妒的情感。因此，一个人要建立亲密的友谊需要谨慎的挑选，但要放弃对理想友谊的一些幻想，因为即使最好的朋友也只是有某些相同点的朋友，任何人都不可能成为另一个人所需要的全部。

朋友的主要效用之一就是它能调理并支配感情、心情上的平和，使人心中的愤懑抑郁之气得以宣泄释放，这些不平之气是各种的情感都可以引起的。闭塞的疾症对人的身体是危害最大的，在人的精神方面也是这样。你可以服用药物，以便通肝理肺，健脾醒脑，而内心的疾症除了一个真心的朋友之外没有一样药剂是可以奏效的。对一个真心的朋友你可以传达你的忧愁、欢悦、恐惧、希望、疑虑、谏诤，以及任何压在你心上的事情。

朋友的第二种效用就是它能驯养并支配理智，使人从黑暗和乱想之中作出明智的抉择。这主要指一个人从朋友处得来的忠谏而言，即在得到这个之前，任何心中思虑过多的人，若能与朋友畅所欲言地讨论，那么，他的心智与理解力将变为清朗而有别，他的思想和行为将更为灵活，其排列将更有秩序，他终于变得比以往更聪明。

朋友的第二种效用还可以指一个人能借助言谈的方式，增长自己的知识，把自己的思想表达得更加鲜明，并且把自己的机智磨砺得更加锋利。

朋友的第三种效用就是它能起到“朋友者另一己身”的作用。朋友对于一个人的各种行为、各种需要，都有所帮助，有所参与。因为一个朋友比一个人的己身用处还要大得多。一个人有一个身体，而这个身体是限于一个地方的；但是，假如他有朋友，那么所有的人生大事都可算是有人办理了。就是他自己不能去的地方，他的朋友也是可以代表他的。还有，有许多事是一个为了颜面的关系，不能自己说或办的，这一切的事由朋友嘴里说出来是很好的。类此，一个人还有许多身份上的关系，是他不得不回避的。比如，自录有功、低首退求、夫妻吵架、仇敌讲和等，办这些事就不能不顾虑自己的体面，但是一个朋友却可以就事论事，而不必顾虑别人的体面。总之，一个人若具有某种事自己不能很得体地去做时，让朋友代办是最恰当不过了。既然朋友在一个人的生活中具有如此重

要的效用，所以，我们在交结朋友时需慎之又慎地选择可以做朋友的人。

☺协调同事关系的技巧

在现实社会中，一个团体内能脱颖而出的往往不是最有才能的人，而是比较善于处理人际关系、乐于与人合作的人。虽然同事之间存在利害关系，但不是水火不相容的关系。同事之间既有竞争，又有合作，而且，合作大于竞争，只有善于合作，才能在竞争中胜出。再说一般同事之间很难做到心无芥蒂完全真诚地合作，而是各有各的心计，互相攀比、互相扯平，谁要想只是和领导处好关系，必将引起同事的嫉妒，他就是再有才能也不会出人头地。至于当领导的，他不会为一个人才去冒众人非议的风险，甚至丢了自己的官职。因为，在我们这个社会体制中，重视组织，重视大多数的观念终究占上风。

在同事之间协调关系，既要在生活上关心每个同事的大事小情，也要在工作中宽宏谦让；既要正确估计自己，勇于承担重任做那些自己力所能及的事情，又要区分同事对你的夸奖是真心捧场还是阳奉阴违。比如说“你真棒，什么事分给你，一定能顺利完成”，“这件事交给别人去做，肯定不行……”等，说这些话的人十之八九是假意制造你高不可攀的形象，为的是让其他人看不顺眼。当然，也可能只是不识时务，帮了倒忙。他们这些话，听在别人耳里，很可能引起反感，他们会尽量挑你的毛病，贬低你的价值，攻其一点，不及其余，把你搞得狼狈不堪。尊重同事，求大同存小异，不要为了无原则的小事伤了和气，撕破面子。

凡是有人群的地方，都有左中右三种派别，你应该了解一个团体中领导成员之间，上下级之间，平级之间人与人的关系。得知这些资讯、并不是为了个人的利益而不择手段地搞派系斗争，而是为了避免卷入不必要的烦恼之中。这是在一个团体内生存的明智选择。

第四节 男人与女人

男人们要能够明白女人们所想的,就必须对她们再加二十倍的谨慎。女人们须知,再坚强的男人也有他软弱的一面。

☺如何与女人相处

男人的首要财富应该是妻子和儿女。他把自己的生命、未来及所有财富作为赌注,以赢得一名女子的欢心,并愿意使她快乐幸福。因此,我们要向做丈夫的欢呼致意,并且相信,既然他已有结婚的勇气,那么就一定会愿意接受某些提示,以增进自己的婚姻幸福。一个男人如何在结婚之后与妻子以及与其他女人相处,确实是值得认真研究的课题。

1. 妻子的真相

男人在外工作表现好,或做成一笔大生意,就会很快被晋升、加薪或在同事中得到表扬。而女人们则不同了,她们在家里操劳,却一点也不知道自己的成绩如何,除非她生命的一半告诉她、肯定她。因此,你对她的感谢和赞美是她唯一的奖励。只要你不忘记时时称赞她,感谢她给你生活带来的舒适,她就会心甘情愿地为你服务。她乐意与你同甘共苦,甚至不会怨天忧人地穿着那件仅有的旧外套。注意你周围那些快乐的男人,十之八九都是把妻子给哄好的人。

2. 要注意妻子的需要

许多女人所需要的不一定是花钱的慷慨,有时你可以说一些体贴的话,或者在别人面前特别对她表示一些关心,都会使她感到

你对她的重视，体会到真正的慷慨。

3. 注意自己的形象

太太们总是希望自己的丈夫衣冠楚楚，容貌整洁，这样可满足妻子的虚荣心。尽管男人的魅力不全在外表而在于才华，但邋遢的男人总会使妻子面子丢尽。

4. 共度休闲时光

男人们的工作较具挑战性，通常下班后需要安静，不愿意陪伴妻子参加社交活动，这对家庭主妇不太公平。男士们应想办法稍作妥协，让妻子了解丈夫的工作性质和环境，有机会参加令人鼓舞的社会活动，使两人的生活不至脱节。

5. 分享她的嗜好

在处理任何家庭事件时，"你"和"我"的心态必须改成"我们"。有些男人认为对女人家的事务表示兴趣会损及大男人的尊严。要知道，你要想让家庭充满情爱和欢愉的气氛，最好在工作之余和妻子共同做一些家务。想想看，当你告诉太太一些公司的趣事时，她的神情显得多么高兴。那你为什么不可以在太太告诉你一些家务事时，你也表现出一点兴趣呢？

6. 懂得爱

女人们总是希望男人对她说爱，爱上一名女子并不只是感情横溢的情绪问题，同时还包含一个人的所有品质。如知性、感性、礼节及对人是否敬重，等等。许多男人把自己在这些方面的弱点，归咎于"女性是难以理解的动物"是十分片面的。这样会常常引起双方的不愉快。假如你打算去了解自己的妻子，最好由爱她开始做起，并让她知道。其实，女人是天生的恋爱者，太太们并不迟钝，她们会从各种无言的暗示中体会出你的心意来。如在外出时，轻握她的手，出乎意料的拥抱，等等。

男人们不要以为自己承担着家庭的经济负担就万事大吉了，其实还需花很多时间接受如何做个好丈夫、好父亲的教育。妇女

并非只靠面包生活，她们还有心理上的各种需要。经济能力只是男性责任和开端，而不是终了，更不是全部。你要想与另一个人极亲密地生活在一起，便必须具有关爱别人的能力，否则你最好是自己独处。这才是成熟的表现。

☺如何与男人相处

女人们的最大投资应该是丈夫。所以，女人们应该展开以“如何与男性相处”为中心课题的讨论。下面我们归结出几个重点以供参考：

1. 要脾气好，善解人意

男性在寻找另一半的时候，最注意的是对方是否具有好脾性。女人与男性相处，无论对方是丈夫、上司，还是同事，甚至是面对自己的儿子时，都要特别留意自己的脾气，这比你套裙的款式重要得多。你即使在许多方面的能力都欠佳，但只要你有好脾气，男人们也会给你许多优惠。

2. 当名好听众

许多男性常常报怨女性唠叨不休，这主要是因为女人们不了解听的艺术。聆听的品质十分重要，可以鼓舞讲话的人表达出完整的意思。因此聆听并不是指必须保持沉默，你大可以从旁加进几句鼓舞的话，这才是善于聆听的人。

一个好的听众除了要专心以外，还要懂得合作。在你听讲的时候，要心情放松，时而插上几句话，如此可显示你是在倾听，并且希望进一步了解得更多。有时也不妨提供一些不同的看法，以刺激鼓舞对方讲下去。

听讲的艺术不仅能帮助你与男性相处，对其他人也都一样。它还可以帮助我们迈向成熟。

3. 要能适应各种状况

基于某些理由，女人们总是很难接受突然的兴致，除非她们自

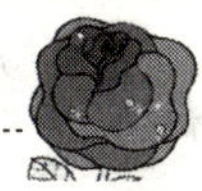

己有什么打算，而对于男性的突发兴致和安排缺乏适应。每当一位男人邀约她从事一项活动时，她们常常感到手忙脚乱，为了维持体面，往往失去许多乐趣。你若想获得男人的爱，就要顺应男性的心情。这就是适应性。

4. 要能干

但不要能干得过分。一个女人应该把你的能干放在工作上，让上司知道你的勤劳奋发，但下了班以后，最好让你的男伴觉得他是与一个女人相处，而不是和一个大脑做伴。女人就应该像个女人样，留点时间、留点空间给男人，让男人有机会替你做一些小事。这样，你们才会体会到在一起的愉快。

5. 保持自己的本来面目

女人不要违反成熟女人魅力的重要原则——保持自己的本来面目。所有违背自己的天生条件而一味地取悦男人的性格、发型、言谈举止，都会使男人的胃部难受很久。我们应该强调显示自己优越的部分，并扬弃有缺陷的部分。这是每个人都能做得到的，而不论其性别是什么。

6. 要乐于做个女人

为了与男性建立比较合理、和谐的关系，女性必须先喜欢自己。她必须接受先天的禀赋，在人类生存过程中扮演特定的角色，并尊重女性所担负的基本功能。

一个人是否能愉快地接受自己的性别，与其是否结过婚并没有什么关联，而是与其个人的心理态度和情绪状况有关。一个人如果不能接受自己的性别角色，则两性之间的幸福很难达成，反而会把一生中最重要的时刻用来争斗不已。

男女之间如何相处，实在难以找出一个正确的公式来让人遵循。这必须因每个人的见识的深浅、个性的明朗与否而有所不同。但是，男女两性应彼此互相了解，彼此携手，以爱和友谊来共同达到理想的境界。

第五节 求人与送礼

人总是求助于权宜之计，以避免思想的痛苦。

现代社会分工起来越来越细，协作程度越来越紧密"万事不求人"只能是小农经济的产物。为了事业上的发达，生活的顺畅，我们常常需要求助于别人，赢得别人的合作。

☺求人的技巧

1. 看对方的身份地位说话

个人的私事求助于有身份地位的人时，应求他们一些重要的具体的事情，这些事情不要花费他们太多的时间和精力，他们只需打个电话或与相关的人说几句话，或他们本身就有权力和能力办到的事。

至于公事上求助于有身份地位的人时，要审时度势，申明道理，切勿寄希望于徇私舞弊，因为这些人很少会依情断事。他们深知只有依理断事才能维持自己的身份和地位。除非是那些太重私利的人，才目光短浅、急功近利，而这种人办事往往是不可靠的。

你若想求助于一些普通的平民百姓，即使是他仅仅为你捎买了一些东西或带个口信或找他借用一些物品等琐碎小事，你都要切记不要让他赔钱，适当给他们一些回报，否则，就很可能下不为例了。

2. 看对方的性格说话

一般而言，一个人的性格特点往往会通过自身的言谈举止、表情等流露出来。例如，那些快言快语，举止敏捷，眼神锋利，情绪冲

动的人，往往是性格急躁的人；那些坦率热情，活泼好动，反应灵敏，喜欢交朋友的人，往往是性格开朗的人；那些表情细腻，眼神稳定，说话慢条斯理，举止注意分寸的人，往往是性格稳重的人；那些安静、抑郁，不苟言笑，喜欢独处，不善交往的人，往往是性格孤僻的人；那些口出狂言，自吹自擂，好为人师的人，往往是骄傲自负的人；那些懂礼貌，讲信义，实事求是，心平气和，尊重别人的人，往往是谦虚谨慎的人。对于这些不同性格的人，一定要具体分析，区别对待。对性格急躁的人，可求他一板子能拍定的事，不让他劳心费力太多；对性格开朗的人，要经常催促，因为他们忘性大；对性格稳重的人，可托大事，但不易让他答应；对性格孤僻的人，要动其情，成为朋友，他才能尽力而为；对骄傲自负的人，不妨使用"激将法"；对谦虚谨慎的人，要给他一个帮你办事的理由，否则多求也没有用。

3. 看对方的心理说话

不同年龄、性别、职业、地域的人，其心理特征不同，求人办事时，应注意下列几个方面：

(1)年龄差异。对年轻人应采用煽动的语气；对中年人则可以讲明利害，供他们参考；对老年人应采用商量的口吻，尽量表示尊重的态度。

(2)性别差异。对男性采用比较强有力的劝说语言；对女性则可以温和一些。

(3)职业差异。要运用与对方所掌握的专业知识，联系比较紧密的语言与之交谈，这样会大大增强对方对你的信任感。

(4)地域差异。对我国北方人，可以采用粗犷、直率的态度；对南方人，则可以委婉细腻一点。

(5)性格差异。对性格豪爽的人，可单刀直入，直切主题；对性格迟缓的人，则应事无巨细，耐心阐述；对生性多疑的人，则应面面俱到详谈细节，使其打消顾虑。

(6)文化程度差异。对文化程度低的不应采用简单明确的方法,多运用一些具体数字和例子;对于文化程度较高的人,则应采用抽象说理的方法。

(7)兴趣爱好差异。俗话说:“话不投机半句多”。与人共事要观其所好,挑对方感兴趣的话题开头,使对方兴致盎然,无形中对你产生好感,为你托人办事打下良好的基础。

(8)个人出身差异。对出身优越的人说话,要说些与他出身、经历相关的奉承话以满足他的虚荣心;对出身卑贱的人说话,切忌说破对方的身世,回避对方敏感的话题,如出身、金钱、职业等,保留对方的自尊心。

4. 看对方的修养说话

事业心很强的人,一旦做起事来,便会全身心地投入,在时间上安排比较紧凑,没有十分重要的事,不愿与人闲谈。要找这种人办事,首先不要怕碰“钉子”,还应有足够的耐性。其次要尽量随其本人的时间安排,以对方为中心,可能进展顺利。

文化教养很高的人,希望与他共事的人也具有较高的素质,希望对方言谈举止礼貌大方,做事严谨,言而有信。

与生活上整洁的人处事,要尊重对方的生活习惯,不要弄脏人家的室内环境,切忌坐在人家的床铺或干净的坐垫之类的椅子上,说话与人不要太近,声音不要过高。

☺送礼的学问

人与人之间关系大部分是互助互利的关系。有时提供这种关系的双方本身具有互助的能力。这种关系既然是双方本身提供的互助,就谈不上答谢,也就谈不上送礼。而有时人求人办事,被求的人还要借助某种权力、关系或其他的人帮助才能办到,那么,这时对提供帮助的人,就要表示适当的谢意。这是人之常情。但是,送礼是一件大事,而且也是一件难事,千万不要一相情愿地认为

“伸手不打送礼的人”，只要有钱就可以办好送礼这件事。殊不知，有时不送礼还好，送了礼反而闹得不愉快的事情经常发生。送什么人？送什么礼？怎样送？什么时候送？由什么人去送？等等，都是必须仔细考虑的因素。只要一个环节出了差错，都会产生不良的后遗症。送重了不好，送轻了不行。早送不对，晚送了也不对。是亲自送，还是叫别人转送？送给本人，还是请别人代收？送到家中，还是送到工作场合？样样都要规划妥当，以免送了礼还要挨骂，花了钱还得罪人。

其实，人与人之间没有彼此信任，就没有互助互利；没有较深的感情，就没有彼此的信任。只有彼此信任的人才肯收你的礼，而且也不计较是什么礼、什么时候送等细节。然而，对于你所求的人并没有太深的感情交往，而是因为你遇到了某种难题，且非得求这个人帮忙不可的话，那么送礼就要讲究上述的一些学问了。

首先，送礼要送人家求之不得的礼物，就是说对方喜好什么你就送什么。礼物的轻重要量你的收入而定，你的经济状况很好，就送贵重一些的礼物，否则人家会认为你太小气或者不是诚心诚意答谢人家，因为你有财力送礼送得贵重一些。如果你的经济状况一般，就尽力送一些比较好的一点的礼物。比如同样的品牌的物品都有高、中、低档之分，就你财力而言，送些中档物品，对方就会认为你已经够诚意的了。

至于怎样去送礼，那要看你求的是什么人而定，如果你本人直接求助于某人，当然，答谢送礼就必须由你本人亲自去送，这样会显得你对对方的尊重。如果你是托人间接求人办事，那么送礼就还是请中间人给你代劳，由中间人替你去答谢。这样，一来可以避免受礼人推辞不纳，二来还可避免受礼人接受一个不熟悉的人的礼那种尴尬局面。

还有一种情况是一个人给另一个人送礼的原因，并不是这个人曾求助过某人，而是为了充实自己的人情账户，为日后急时有人帮做铺垫准备。这时的送礼，不仅指物质利益，还有精神利益。被求助的一方不一定立刻就给你回报，而是应让他明白帮助他就是帮助你自己，帮助你自己就是帮助他的道理。

物质上的礼品最好是“雪中送炭”或“投其所好”，所送的礼正是对方求之不得的。“雪中送炭”的另一种情形是善于结交下台人和失意的文人，假如人家在困难的时候你帮助解了围，人家自然不会忘记，他在成功的时候，最容易记住和报答的就是你。

天下人无不好利，抓住了人们这一心理，什么事情都可以办成。求人办事时，对方并非情愿为你白忙活儿，他希望你也能帮他做些事，有的甚至希望他帮你办事之前，你得先为他办成。如果你了解对方这种心理，主动满足他的欲望，他就会很痛快地帮助你。假如对方并没有什么需帮助的事情，此时，你要让对方精神上得到满足，表现出对他的崇拜和尊敬，不断地夸奖对方的权势、能力和人品，这就是精神上的一种礼品。当然，精神上的礼品有很多，待你届时自己去选用。

此外，生活中常有这样的人，帮了别人的忙，就觉得有恩于人，于是就有了一种高高在上、不可一世的优越感。这样态度是很危险的，常常会引起反面的结果。也就是：你帮了别人的忙，却没有增加自己人情账户的收入，因为你骄傲的态度已经把这些账给冲销了。因此，最好的办法就是双方心知肚明，永远不要说破，让对方真正从心里感激你。

当你求某人办事，并且送了礼，而某人并没有兑现自己的承诺，建议你按以下几点去做：

1. 决不声张

原因很简单，声张会使你得不偿失，不但失去的得不到进一步的补偿，而且可能会把你已经到手的利益，或者失去了以后还可能再得到的利益，统统丢掉。声张就会败坏某人的名誉，这是任何人都难以容忍的。切记不可竖怨太多因小失大。

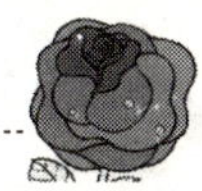

再说，你公开自己被人耍了一场的内幕，也是不会得到你周围人的同情，更有可能他们会聚在一起，幸灾乐祸地引以笑柄。他们会以为你是咎由自取、自作自受，还会导致没有人愿意与你打交道。秘密地解决问题，可以避免使你露丑，也不会导致事后的恶化。更为重要的是，它为你灵活地运用各种交际手段提供了余地，日后，某人很可能因为你的“大度”而回报于你。

2. 利用与反利用

当你知道自己被人耍了以后，你应该对某人有所暗示：“我为你付出了很多，你应该对我有所补偿，你让我不好过，我也不会让你舒服。”这样，别人就不会认为你软弱可欺。一般而言，人都不会把事做得太绝，你的这种暗示是会起到一定效果的。

人区别于一般动物的重要一点在于人有“智”。所谓“吃一堑，长一智”就是说，你被人耍了以后，要总结经验教训，找出失败的关键环节，才不会在同一个地方第二次跌倒。

第六节 防范小人

君子得势以行其道，小人得势以扬其欲。道行则国治，欲行则国乱。

☺小人的心理特征

正常的人格意味着人的自尊心、责任感、善良和智慧。而小人则不然。小人是有别于愚蠢的人、狡猾的人、聪明的人之外的另类群体。这种人存在着心理上的畸形，人格上的缺陷。他们既不像愚蠢的人那样任凭别人摆布，也不具备狡猾的人那种骗人术，更不像聪明的人那样有自己光明磊落的人生准则。

小人的心理特征表现为：

1. 猎奇心理

喜欢言过其实、耸人听闻的消息，喜欢传播与切身利益相关的小道新闻。

2. 趋同心理

喜欢随大流，不是害怕风险就是不愿承担责任，要不就是见风使舵，人云亦云。

3. 鱼目混珠心理

喜欢造谣生事，挑拨离间，为了个人的目的不择手段地制造人与人的矛盾，好从中取利。

4. 走上层路线心理

喜欢阿谀奉承，阳奉阴违，好打小报告贬低别人。

5. 趋炎附势心理

喜欢狐假虎威。喜欢损人利己，把个人的快乐建立在别人的痛苦之上。

6. 避实就虚心理

喜欢对人落井下石。好事归自己坏事归别人。转眼不认账，蛮横不讲理。

☺防范小人的对策

现列举一些小人的处事方法，略详一二起到举一反三的作用，供人们鉴别防范。

1. 投机取巧；
2. 假公济私；
3. 造谣生事；
4. 指鹿为马；
5. 会吊胃口；
6. 心怀叵测；
7. 笑里藏刀；

8. 趁火打劫；
9. 瞒天过海；
10. 一锤子买卖；
11. 看人下菜碟；
12. 活用美人计；
13. 随机应变；
14. 拉帮结派；
15. 反复无常；
16. 死不认账；
17. 出尔反尔；
18. 假装正经；
19. 过河拆桥；
20. 见利忘义。

由此看来，小人不论对集体还是对个人都会造成很大的伤害。所以我们要识别小人，防范小人，制约小人，预防小人给我们造成的伤害。具体做法有以下几个对策：

1. 先发制人

与小人共事需掌握主动权，千万不要让小人抓住你的弱点或者让他掌握你的把柄。心理上产生优越感，事情就容易按照你的步骤进行。

2. 单点突破。小人常常以偏赅全，对一个人的人身攻击，攻其一点，不及其余。这时，最好的办法就是幽默地顺着他的话题自嘲，单点突破，使问题的焦点变得模糊不清，这样常使对方无言以对，无地自容。

3. 乘胜追击

面对矛盾激烈的小人，故意把自己表现得心灰意冷，以自己的“低姿势”使他人掉以轻心，待他戒心解除，再反守为攻一举获胜。

4. 软硬兼施

小事谦让,大理坚持,晓之以理,动之以情,求得赞同,化干戈为玉帛。

5. 群体压力术

人类都有趋同心理,在某些环境中,大多数人团结一致往往很容易使某人的观念改变。

6. 曲折迂回术

对付小人的态度,最好不要发生正面冲突,那样会导致事态向不利于自己的方面转变。即使自己有理的事也要得理让人。君子成人之美,保全别人的面子,遇事站在第三者的角度,采取曲折迂回的方式达到坚持自己观点的目的。

第七节 处事的妙方

许多人被愚钝毁了,许多人被聪明毁了,不聪不愚才能养成完善的人格。

☺处世妙法二十六种

人类社会在从野蛮向文明进化的漫长历史发展中,逐步建立了比较完善的道德体系和法律制度。从而制约着人们的社会行为。

诚然,人们都希望和平共处,平等博爱,共同走向高度物质文明和精神文明的理想境界。但是,人们不同的经济状况、社会地位决定着人们对事物的不同看法和行为方式。并由此导致人们并不总是遵循道德体系和法律制度行事,而是常常为了个人的利益置道德、法律而不顾,铤而走险,恃强凌弱,游戏人生。

因此,我们为了正常的生存安全就得研究一些正常之外的处事

方法，即使我们并不提倡阴谋诡计，但起码地说，学会以其人之道还治其人之身可以防止我们吃亏受欺辱，可以减少我们生活中的失败和痛苦。因为，现实生活中，老实人上当受骗，遭陷害、受欺辱的例子太多太多了。常用的实际处事方法列举如下，很可能挂一漏万，以偏赅全，望读者细心揣摩，达到触类旁通，举一反三的效果。

1. 求官的妙法

礼节、恭顺。这四个字你不研究透了，就不要做当官的梦。一个人的本事再大，也要有人提携。

2. 做官的妙法

装聋做事。你要是当了官，只要自己公正廉明，就要对人们的说长道短，充耳不闻。小不忍则乱大谋，光会做事不会妥善处理矛盾，上级也不会喜欢。

3. 做事的妙法

不要超出自己的能力。费力不讨好的事做了还不如不做。

4. 借钱的妙法

求人办事最好别求人借钱，尤其是别找很亲密的朋友借钱。你有困难可以婉转地向朋友说出，他若有能力帮你，你不吭声，他就会帮你，你若吭声了，他又有难处，就会造成误会，于朋友的关系有害无益。

5. 与女人交往的妙法

与女人交往或者说不上交往，只是工作、学习或生意上的接触时，最好的方法就是和她不远不近。关系太近，她会认为你图谋不轨，不怀好意；关系太远，她会认为你假装正经，色大胆小。

6. 与小人接触的妙法

千万不要和小人共事，无论有多么诱人的好处都不要信他。但千万也不要惹他，惹了他你就会吃不了兜着走。

7. 与上司处事的妙法

你不要在公众场合指出上司的错误，即使是最好的关系，你也

不要说破。有些人死要面子，有时他明知自己错了也不改变，例外情况很少。

8. 与同事处事的妙法

不要在同事面前显出你的才干。人出于众人必非之。你有本事可以在自己单独承担的工作范围内发挥。

9. 被人求的妙法

当有人求你办事时，你能办到的就尽力给人家办，不要吊人家胃口。你办不到的事，不要给他出主意，有时好心没好报。

10. 拖延的学问

有时你遇到了自己办不到的事，而又不便拒绝，这时，你最好找理由拖延一下，也许随着时间的推移，事情可能会出现转机，或者这些事会自动解决。

11. 学会撒一点小谎

有时处于尴尬境地，你要撒点小谎以求回避；自己为了保全面子，也撒一点小谎；为了安慰别人还可以撒一些小谎。无伤大雅的善意谎话，倒是人际关系的润滑剂。

12. 邻里关系

俗话说：远亲不如近邻。邻居之间相处得好，确实互相提供许多方便。如果你遇到不明事理的邻居，记住千万不要针尖对麦芒，吃点亏忍让一些。留着面子，不要伤和气。若是你们处得不好，自己家花许多钱买的房子，你是住还是不住呢？

13. 与朋友合伙做买卖

要先小人后君子，利害关系摆布清楚。要做到账目有字据，协议正文。君子协定往往会反目而视。

14. 买卖关系

与人做生意要一手交钱，一手接货。欠账的买卖尽量少做或不做。有些人一欠就没日子还，甚至有人欠账就不打算还。

15. 难得糊涂

在现实生活中，人们说话做事往往是以个人利益为出发点，没理搅三分是有些人的常用手法。遇到这种人，只要不会对自己造成太大的伤害或者经济利益不会受太大的损失，就不要明察秋毫，人至察则无朋，人太精明了反而会被精明误。

16. 越级之妙用

有时我们想向上级提出一些建议，或者个人有些生活中的困难需要向领导反映，如果你逐级反映，很难奏效。一个原因可能是中层领导出于嫉妒或个人私心把你的情况压下不报。另一个原因可能是即使你的情况给汇报上去，由于上级领导不认识你，可能不太重视而被忘至一边。这时，你的做法最好是直接去见有决定权的人物。不要怕见大人物，大人物往往是表面给人平易近人的感觉，你有事直接找他，他很可能很快就会给你帮助。让人感恩更能使大人物心理上获得满足。

17. 用人妙法

任用平凡的人比任用有才无德的人较好一点，在特殊情况下任用有才干的人比有德的人较为有用，任用德才兼备的人是最恰当的。在政务上用人应求其资格一般的人，因为，如有破格用人之举，则被用的人不免嚣张，其余的人也要愤懑。

用人须量才任事，如勇敢的人可派他去争辩，巧言的人可派他去劝诱，机警的人可派他去探察，冒失荒唐的人可派他去办理那些不免稍微亏理的事务。

有野心的人最好别用，万不得已时，须要调度得使他们常处于前进而不后退的状态方为有益。对付这种人的最好办法，就是利用和他们一般骄傲的人与之对抗。有野心的人因出身、性格不同，更要慎重选择使用。有野心的人，假如他出身微贱，就比出身高贵的人危险性少；天性暴烈的人就比能忍耐而得人心的人危险性少；新被提升的人就比一向有势从而变得善防的人危险性少。

任用人才时,还要把好事的人与愿意做事的人辨别出来。选用那些责任感胜于权力欲,并且为良心而爱做事非为显扬而爱做事的人。

18. 善与不善不道

做人要正直,要善待善人。不可做"滥好人"。对任何人在起初的时候不可过于重视,因为,你一开始就与某人亲密,以后发现难以相处时关系再疏远,必定树怨太多。要经过深思熟虑后再与人做深层的交往。

面对奸诈、贪婪的人,做人不能太善,人善有人欺。这个"欺"字不单单指人格上受人欺辱,更有可能指做事上被人欺骗。而且,你的亲戚、朋友、同学、同事都有可能利用你的善良占你的便宜。这一点要慎之要慎,否则你会伤财惹气,人财两伤。

19. 交涉的妙法

与人交涉事务多半是用口头谈话比用信函、电话等方法好。俗话说:人怕见面,树怕剥皮。人与人一见面关系就显得亲近,面谈可以使对方产生敬意,还可以使人保留否认或解释的自由。由第三者居间比本人亲自去办要好。选择为你办交涉的人,最好是选那些诚实的人,那些肯定照你委托去办,而且肯定会回来向你忠实汇报的人。而不取那些巧于利用他人的事务以利己的粉饰汇报,以图讨任用者欢心的人。与已经达到所欲的人办交涉,不如与那欲望正炽的人办交涉的好。一个人没有理由要求人先尽他的义务,而是你要与人交涉做事就必须首先履行条件。

20. 斗争中求统一

人生在世,对人应当该仁则仁,该争则争,该礼则礼,该兵则兵。既不可莽撞行事咎由自取,又不可忍气吞声任人宰割。交往像弹簧,你强他就弱,你弱他就强,适当地给人点颜色,倒会笼络住人,你若太随和,人们就会轻视你、排挤你,使你陷入困境之中。

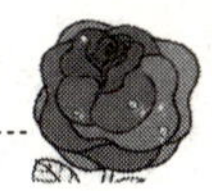

21. 消费模式原则

一个人如果在某一项上消费过多，就必须要在别的一项上节省。一个人的消费应控制在你的收入三分之一以内。日常开销不可忽视小节，与其卑躬屈节以求小利还不如减少零花钱较为得体。但是在那些只有一次没有下次的消费上，则不妨较为大方一点。做任何事情，在达成协议、签字之前，对所有条款必须确认清楚明白无误。

22. 掩饰的利与害

人与人最大的信任是进言的信任。从来最有能力的人都具有坦白直爽的行为，信实不欺的名誉的。他们知道何时当说真话，何时当做真事。那些才智较弱的人常常会自我掩饰。

掩饰有三种情况：

一是缄默和隐秘，不让别人有机会看出他的真正为人；

二是以真为假，故意露出迹象端倪，教别人错认他的真正为人；

三是乔装打扮，有意并且显著地装出实际非是的那种为人来。

掩饰有三种益处：

一是可以使反对者不疑而我可以出其不意。

二是为己留一个安全退步。

三是可以有较好机会看破别人的心思。

“撒一个谎以便发现一件真事”这是一句很好、很精明的西班牙成语。

掩饰有三种害处：

一是掩饰有畏惧的心态，不免阻挠直达目的。

二是使许多人心中迷惘，很难有人与其合作。

三是剥夺了一个做事的主要资本——信任。

最好的结合是既有坦白之名，又有适当掩饰的能力。

23. 制定目标的技巧

计划什么也不是，进行计划却是一切。一个人不要给自己设下

过大或过小的工作，因为过大的工作将因为常常失败的缘故而使他灰心；而过小的工作，虽然能使他常常成功，但是将使他进步甚小。

一个人不可强加给自己一种不断继续的习惯，而应当稍有间歇。因为一则这种休息或间歇可以援助新的尝试；二则，假如一个德行不完全的人永远继续练习的话，他不仅练习了他的优点，而且也练习了他的缺点。

一个人学习或从事与他的天性不合的事物，应当有固定的时间；凡是与天性相合的事物，就不必有什么规定的时间，因为他的思想自然而然就会用到那方面去的。

24. 提高效率的妙法

不论你是制订学习、工作计划，还是出门旅游或办一件事情，都要进行周密的思考，分清主要的、次要的人和事；各个环节需用多少时间，用什么材料，采取什么方式，乘坐什么交通工具，先办什么，后办什么，去什么地方，找什么部门，找什么人等，即可节省时间、精力，又可节省钱财。

25. 托人的技巧

许多很好的事情是由存坏心眼儿的人担任的，也包括狡猾的心眼儿在内。在每种情况之中总不免有是有非，有曲有直。遇到自己不很懂得的请托之事，最好去请教一位忠实而有见识的朋友，这个朋友可以说出来究竟这种请托之事是做得还是做不得，但是这种顾问需要审慎选择，否则可能会受骗。

在请托之中做事机密是成功的一个很好的办法。如果自行声张，说某项请托进行得如何顺利，是会刺激引起他人从中破坏阻挠的危险。在选用替自己办请托事的人时候，最好选用那最适宜办那种事的人而不要倚仗那最有力量的人，选用那专办某种事的人而不要用那些包揽一切的人。

如果一个人初次的请托被拒绝了，他既不沮丧也不愤懑，那么他下次再有所请托时就会得到与初次请托一样的补偿。

26. 制怒的妙法

引起人发怒的原因有三：

一是性情过于纤弱细致的人，一些微小的事情都会使他们受到刺激而常常生气。而这些事情在天性粗狂、健壮的人是很少感觉到的。

二是当一个人受到轻蔑的时候，因为受轻蔑之心，好像比伤害本身还要厉害一点。

三是当一个人认为他的名誉、利益受损的时候，也会增加并加重怒气。怒气确是一种低贱的品质，它使我们的身体常常处于伤口之中，在所有的抑怒之道中，最好的调剂术是延长时间。假设预见将来有一个报复的机会，而现在需要静默等待。

为了做到虽然生气而不招致祸患，有两件事必须特别注意：一是避免使用尖刻而涉及个人的话语，并不可泄露秘密。二是不可一阵怒气之中，把相互关系决裂了，无论你怎样表示愤懑，都不要做出任何无法挽回的事来。

第八节 沟通的技巧

知人者智，自知者明。

☺沟通技巧的关键是主动和双向

常言道：人心隔肚皮，知人知面不知心。人与人之间不能及时有效地在思想上沟通，造成了许多误解，造成了精力和财力上的浪费，造成了武力和诉讼。为什么会出现这些现象呢？

一个原因是人们各有主见不愿意互相沟通。另一个原因是人们缺乏互相沟通的技巧。

为了避免人与人之间缺少沟通给人们带来的烦恼，应从两方

面着手、改善并增进互相沟通的技巧。一方面，一个人要想改善人与人的关系，增进友谊，提高办事的效率，须从主观上具有沟通的愿望。另一方面就是应该研究人与人之间互相沟通的方式方法，也就是所谓的技巧。

视沟通为第一要务。不论你工作学习多忙，都必须保留沟通的时间。你可以利用正式，非正式的许多方式进行人与人的沟通。比如，开会、面对面交谈、与人一起散步、用餐、购物等等。沟通必须是双向的，你必须学会分享你的想法并聆听他人的想法。对他人保持开放的态度，不论他人的位置是高于你，低于你，还是与你平行。

沟通必须摒弃障碍。一般人们对沟通思想上都存在顾虑，担心别人不见得会说出自己的真实想法，而且缺少接纳的态度聆听所说的话。一个人只有对别人的话感兴趣，人家才会对你的话感兴趣。沟通容不下一点点虚伪。首先你本人须诚恳地表示沟通，其次是当别人把真正的想法告诉你时，就绝对不能给予任何惩罚。

现就这方面作一些详细阐述：

1. 要尊敬他人

对人说话办事彬彬有礼，人们就会消除隔阂。

2. 要主动沟通

自己心中有什么不明白或有什么疑问，就要开诚布公，直言请教。

3. 不要揭别人的短

人类存在各种各样的弱点和缺陷，所以，人与人交往只能求大同，存小异，在某些方面达成共同点就可以了。不要因某些小节问题互相指责，争论不休，更不能理亏时揭人之短。

4. 不要忽视小节

与某些迟钝的人处事，你就要面面俱到地布置完善，待他们弄明白了再放手让他们去干，否则准会出错。

5. 女性的简捷

与女人处事和谐的秘诀在于：处处依着她的意图做事。当然

指的是家庭内和个人生活中的小事。在原则上的大事意见不统一时，不要试图说服他，只需多给她一些爱就行了。

6. 与上级沟通的妙法

对上级布置的事情要及时询问，不要惧怕，不要猜测行事，保证做到一丝不苟，功成愿满。

7. 与下级沟通的技巧

要询问下属对所负责的事情是否清楚明白了。今天在下属身上多花一分钟，明天就可能节省一小时，更重要的是可避免不必要的损失。

8. 说话的艺术

谈话中最可贵之处在于引起他人的话头，以及能节制自己的话语离题太远。在言谈之中，最好是有所变化，在叙事中夹以议论，发问中抒以己见，诙谐中和以端庄。多问的人将多闻，而且多得人的欢心，尤其是他问的问题适合于被问者特长的时候，他可以得到许多知识。慎言胜于雄辩，用适当的话与人交谈比言辞优美还要紧。一个人说话只是善于滔滔不绝，而不善于问答，则显得他说话迟滞；若只善于应答而不能做到有始有终的言辞，则显得他的言语浅薄无力。在说到正题以前叙述许多枝节话是可厌的，若全然不顾枝节，又显得太直率了。应避免语锋辛辣伤人之心，这是一种应当制止的脾气。

9. 沟通恰当的时间、地点

在人与人之间非重要的事情，可以随时随地进行沟通，不必讲究时间、地点。但是，比较重要的事情，或者与重要的人物沟通就必须讲究选择恰当的时间、地点。比如沟通的时间应避开对方工作繁忙的时间或者对方休息、吃饭的时间等。沟通的地点应选择对方工作的办公室而且有时应回避别人在场。在对方与人会晤或从事工作的现场等情况下，最好还是暂时不要沟通为好。当然，选择对方心情好的时机，是最容易沟通顺利成功的。

第八章

休闲养生的大法

财富、地位、荣誉……一切都是健康的衍生物。有了健康，它们为您的生活锦上添花；没有健康，它们对您的生活毫无价值。

第一节 饮食调理

民以食为天。

饮食是供给人体营养物质的源泉，是维持人体生长、发育和生命延续的基本条件。讲究科学饮食可以增强健康的体质。科学的饮食关键在于营养合理、膳食平衡，所谓过犹不及，物极必反。营养不良会生病，营养过剩也会致病。人体需要的主要营养成分有：糖、脂肪、蛋白质、多种维生素和各种微量元素以及水。保证人体正常生理活动的饮食，以米、面、杂食、蔬菜为主，以各种肉、蛋、鱼、水果为辅。食物搭配合理，营养充足全面，人体内血脉就贯通，筋骨就强壮。

☺如何改进你的膳食

1. 多吃米、面、杂粮和蔬菜，少吃鱼、肉和鸡蛋。

2. 做菜时少放盐和味精，摄入太多的钠对健康不利。

3. 少吃油炸食品、多吃海产品和豆制品、蒸煮食品。

4. 早餐吃好，午餐吃饱，晚餐吃少，饭前一杯水，患病概率少。

5. 运动后，饭后，睡觉前都不宜喝大量水。

6. 多喝茶、少喝饮料。但要注意：早晨空腹、饭前、睡觉前不能喝茶。

7. 少量地隔日饮一些酒，有防病作用。

☺八种食品能养颜

1. 水是大自然最好的润肤圣品，多喝白开水少喝饮料。

2. 草莓富含维生素C，是防止致癌物亚硝胺在骨中形成的有效抗氧化剂。

3. 芒果含有丰富的维生素A，能使肌肤平滑润泽。

4. 豆类能提供纤维，使皮肤不致因便秘而干燥。

5. 裸麦面包含有维生素B，避免因焦虑造成分泌失调。

6. 小麦胚芽含维生素E，能促进血液循环，使面色红润。

7. 包心菜含有丰富的钙质，可补充女性所需的矿物质。

8. 牡蛎能保持皮肤的光泽。

☺人体健康与五味

1. 甜味。中医认为，甜味入脾，具有补养气血，补充热量，解除肌肉疲劳，调和胃脾，缓急止痛，解热等作用。但过食甜品，则会壅塞、泄气、血糖升高、胆固醇增加，使人发胖、甚至诱发心血管疾病。

2. 酸味。酸味入肝。可促食欲，增强肝脏功能，提高钙、磷元素的吸收。醋酸还具有消毒作用。但过量食用会引起消化功能紊乱，所以脾胃有疾病者宜少食。

3. 苦味。苦入心，有解除燥湿，清热解毒，泻火通便，利尿与健胃等作用。多食则会引起腹泻，消化不良等症。

4. 辣味。辣入肺，可发散，行气活血。能刺激肠胃蠕动，促进机体的新陈代谢，以及祛风，散寒，解毒止痛。但食用过量，会刺激胃黏膜，使肺气过盛。所以患有痔疮、消化道溃疡，便秘及神经衰弱、皮肤病患者不食为好。

5. 咸味。咸入肾，它有调节人体细胞和血病的渗透压平衡及正常的水纳钾代谢作用。在呕吐，腹泻及大汗后，适量喝点盐水，可防止体内微量元素的缺乏，一般人每天吃10克盐即已足够。

☺血型与减肥食谱

O型：肉食主义

对O型血的人来说，动物性蛋白和剧烈运动同样不可减少，而谷类、面包和豆类是应该尽量避免的。控制体重的要诀，首先是严格控制小麦制品“进口”，其次要注意控制食量和少摄入脂肪，尤其注意少吃那些影响甲状腺荷尔蒙的分泌的食物，多吃那些加强人体新陈代谢的食物。

避免或少吃：小麦、玉米、红豆、白豆、卷心菜、豆芽菜。

提倡或多吃：鱼类、碘盐、动物肝脏、瘦肉、菜花。

除进食外，O型血的人应经常进行剧烈的运动，才帮助他们的肌肉酸性化，充分燃烧体内的脂肪。在运动量不足的状态下，他们反而会感到疲劳，压力大，导致失眠和代谢紊乱等不良现象，甚至发展成哮喘和免疫系统疾病，同时体重也会无休止地增长。

适宜的运动是：有氧健身运动、游泳、速跑等增强代谢功能的剧烈运动。

A型：素食主义

大部分肉类会在A型人体内变成脂肪储存起来，而植物性食

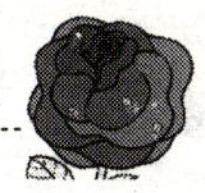

物却能帮助他们消化和排泄。A型血的人不能很好地消化乳制品，所以最好多吃低脂肪食品，比如青菜与谷物的搭配就是上策。对A型血的人来说，摄取植物蛋白比从肉食中摄取蛋白更有益于增强体质。

避免或少吃：肉类、乳制品等。

提倡或多吃：植物油、大豆制品、青菜、菠萝。

当然，A型血的人也不必顿顿要全素，而是尽量选择白色肉类，如鱼、鸡肉，并且让肉完全熟透。

A型血的人适合的减肥运动是：安静而使精神高度集中的运动，如太极拳、瑜伽、慢滑冰、慢跑等。

B型：杂食主义

最佳的B型食谱是没有一定章程、富含多种成分的“杂货全食”。但这并不是说B型血的人可以随意大吃大喝，而是说他们应该注意摄取足够的营养成分，保证饮食多样化。适量的乳制品有助于保持营养平衡。为了减少精神压抑和免疫系统疾患，B型血的人最好食用红色瘦肉，不要多吃鸡肉，因为鸡肉中所含的凝血素会影响B型血液流通。

B型血的人适宜的减肥运动方式是不紧不慢。如结伴徒步旅行、自行车出游、网球、有益健身运动等。

AB型：一言难尽

定居的A型，移动的B型，他们结合的产物就是AB型血。

AB型食谱应该把前面A型和B型的部分结合起来，同一种食物，有时能对AB型血的人减肥起积极作用，有时又起反作用。比如：AB型血的人兼有A型胃酸量少和B型偏好食肉的特性。虽然喜欢吃肉，但由于胃酸不足而难以彻底消化，未被消化的部分变成脂肪存于体内，并导致肠内积存毒素。所以必须控制食肉量，用少量的肉与青菜、豆腐同食，促进肠胃蠕动，以利于排毒。

避免或少吃：肉类、种子类、玉米、荞麦、小麦制品。

提倡或多吃：豆腐、鱼类、乳制品、青菜、菠萝。

AB型血的人的减肥运动，也要兼顾A型和B型的活动。开始阶段不宜紧张、剧烈，先静下心来，集中精神，打打太极拳，做做慢跑、慢滑冰等，热身后可以进行一些剧烈活动。AB型的人特别应注意预防病毒感染。

第二节　性健康

人类对性的问题，男子则重好看，女子则重好用。换句话说：男子多重色；女子多重欲。

就广义的性欲而言，不单单指两性之间的肉体接触、而且指受到异性的尊敬、爱慕、信任和依赖等高级的心理享受。表面看来那些拼命追求金钱、权力、名誉和地位的人好像就事论事，其实这一切的背后都隐藏着一种真实的动机：获得异性的爱，那种身心交融的爱。

性欲是人最不容易获得满足的欲望。性欲之外的人的各种欲望，人们都可以通过努力奋斗逐步实现。而性欲的满足却受到了先天的限制。由于人们天生的容貌、体魂、出身、政治、经济、文化等方面的条件差异，造成了许多有情人难成眷属。人们心理上存在的沟通障碍，更使许多男欢女爱擦肩而过。

真正的快乐都是通过感官获得的。人是具有高度抽象思维能力的高级动物，永远不会满足于那种没有灵魂上合谐的原始的肉体接触。只有一个人真正达到与所爱的人的灵与肉的结合，才可以说他真正获得了性欲的满足。

要实现这种愿望，有两点必须注意：一是慎重选择自己的性伙伴，不要违心地屈就于其他外界条件，一步走错，你会遗憾一生。二是了解异性的性心理，相辅相成；了解异性的性技巧，采阴补阳，走出性生活心理误区。常见的性生活心理误区有以下几个方面：

1. 女性对性的兴趣弱于男性。

2. 性交过程中，女性应扮演被动角色。

3. 妻子性欲过旺，性行为过于放纵，会造成丈夫阳痿。

4. 夫妻间性欲的程度是无法调和的。

5. 夫妻双方同时达到性高潮才是性生活的理想结果。

6. 男性 18 岁时性欲最强。

7. 性行为时注意力越集中越好。

8. 老年人的性生活会随着生理机制的衰退而减少。

☺良好性生活心理十则

1. 性生活是一个连续的过程。夫妻间应在做受前创造激发性爱的浪漫生活情调。

2. 为了性生活的快乐，当一方有性要求时，另一方要主动积极地配合。

3. 适时地表达愿望。配偶之间议论性或作些指导，能增添性生活乐趣。

4. 不要使性生活成为“例行公事”，要留意在性牛活中的那些变化，防止产生厌烦。

5. 让想像力帮助得到新的乐趣。这样能使性爱升华，达到美妙的境界。

6. 避免在做爱前谈论不愉快的事。在不高兴或愤怒时，不要过性生活。

7. 不要总是以自己为主。应调整自己的心态，适应配偶的性需求。

8. 应轻松自如地过性生活。一本正经地做爱，很难体会到乐趣。

9. 如果有问题，应求助于医生，怕羞心理会造成问题更加严重。

10. 应现实地看待性生活。一个人并不是每次性生活都会产生激情。

如果你希望在性生活中获得快乐,可尝试以下性爱技巧:

1. 迅速做爱。在某些活动之前或利用空闲时间突然地产生做爱的兴趣,可以获得意外的刺激,并可制造只属二人的神秘感。

2. 适当的抚摸并说出感受。不要为自己说出放荡语言而感到羞耻。

3. 变换做爱的场所。在不同的地方做爱会体会到不同的乐趣。

4. 学习取悦对方。注意观察对方喜欢哪种抚摸方式和做爱方式,把观察所得运用出来,对方一定大感满意。

5. 保持性高涨。在性关系良好的夫妻中,他们可以随时燕好,并可迅速回复原状。一般来讲,双方互相赞赏,互相抚摸,一起淋浴,一起为对方穿上内衣等,都能制造热切期望的气氛。

6. 提高性爱技巧。参考有关书籍,制订性爱计划。带着计划上床,一边阅读,一边尝试新的性爱技巧。

☺性活力强健法与饮食营养

1. 缓步跑

缓步跑能增强肌肉强劲和血液循环,还能增长“新胃上腺素”,促进人的性功能。

2. 强健腰腿肌肉

做法:

(1)直立,两手抱住柱子,臀部用力配合使身体下沉数十次。

(2)上述动作完成后,转换成两手紧握柱子,挺胸,头微向上指的动作,一腿弯曲支地,一腿向后踢起,蹬伸直。两腿交替做数十次。

3. 强健阴道肌

做法:

(1)直立,两手向后拉一支持物,两脚尖压地面,脚跟提高,双腿先蹬直,一腿利用脚尖用力压向地面,脚跟着地,此时,另一腿膝部弯曲,脚跟离地,两腿交替,一曲一直不断压地,提高,像用脚尖

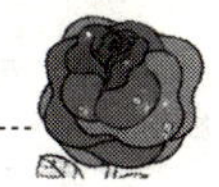

用力踏自行车一样，交替练习数十次。

(2)立正，两手叉腰，一腿脚尖向外，另一腿利用脚尖提高时，膝部弯曲并再用力使腿蹬直，使肌力一直传向阴部和小腹。在一腿进行动作时，原来支撑于地面的腿的膝部也随之自然弯曲，两腿交替做数十次。

(3)坐在躺椅上，背靠紧躺椅，两手扶把手，两腿蹬直、抬高、与椅面高约成30度角，两脚交替做绷直、屈起的动作，然后还原，连续做数十次。

(4)坐在躺椅上，背靠紧躺椅，两手扶把手，两腿蹬直，并分开约60度，两腿分别抬高与椅面高约20厘米，两脚腕绷直，然后两腿迅速分开、再合拢，连续做数十次。

4. 强健性肌肉

做法：双手拉着脚踝坐于地板上，两脚相抵，合起脚掌，双膝尽量分开，然后使身体反复性地向前后摆动。双手不要放开，而一直用力拉着脚踝，就像不倒翁般的运动。重复练习数十次。

为了提高性功能，只靠壮阴阳生精的食药多半只是暂时性的，非长久之计。其实，饮食中营养才是性爱持久力的物质基础。从营养学和精液的组成角度来看，生精壮阳的食品大致可分为以下四类：

第一类，即富含性激素及合成激素的胆固醇、卵磷脂等，这些食物多是动物的内脏、肉类、鱼类、禽类等，都对生精有益。

第二类，即富含精氨酸、核酸和多糖成分的食物。如海参、墨鱼、鳝鱼、章鱼、龟和蚕蛹等。此外，还有一些富含精氨酸的素菜，如豆腐，花生，核桃和紫菜等。精氨酸具有消除疲劳，提高性功能的作用。

第三类，即富含精氨酸、核酸和多糖成分的食物。锌有“夫妻和谐素”的雅称。含锌量最高的食物当首推牡蛎，其次是瘦肉、芝麻、花生、核桃、紫菜，动物内脏和粗杂粮等。

第四类，则是既能入药，又能上席之品。中医称其有“补肾生精”之功。主要有羊肉、鹿茸、海马、腽肭脐、摩萝子、肉苁蓉等。

第三节 运动

生命在于运动

体育活动直接和人体的肌肉关节功能，循环功能，呼吸机能及神经机能有关。适当的活动可以维持和强化这些系统和器官的生理机能，促使这些组织细胞的新陈代谢，增强它们的生命力。通过各种锻炼活动，不仅可以防病治病，还可以使人体动作灵活，经络之气顺畅，从而达到强身健体推迟生理性老化。

☺积极参加体育锻炼的十个理由

1. 增强心血管功能，使其更有效地泵血；
2. 强健肌肉，并能承受更大的张力；
3. 改善心情，可奇迹般地减少焦虑和抑郁；
4. 燃烧热量，加速身体内新陈代谢；
5. 减少应激，增强应对各种压力的能力；
6. 增加柔韧性，运用伸展肌肉舒筋活血；
7. 增强力量和精力，提高身体进行持久工作的能力；
8. 保持骨骼强健，可以防止钙质缓慢丢失；
9. 减少发病的危险，能预防多种严重疾病；
10. 增添活力，延缓衰老，增添寿命。

☺体育锻炼的原则

一、身体耗氧量不超过休息时的3倍的运动，对健康颇有一些益处。这个范围内运动的内容有：慢散步、中低速骑车、缓慢游泳、打高尔夫球、玩保龄球、坐着钓鱼、家务劳动、乘机动小船等。

二、身体耗氧量不超过休息时的6倍的运动，也就是说成年人每天进行30分钟以上的运动，就会减少疾病，有延年益寿的作用，这类运动的内容有：

1. 快步走，每小时5公里的速度。

2. 骑车，每小时15公里的速度。

3. 游泳、中度用力。

4. 机械健美训练和普通徒手操。

5. 球拍的运动，如乒乓球，羽毛球，网球等。

6. 钓鱼，站立或抛掷钓绳。

7. 用力划船，每小时6公里速度。

8. 平整草坪，大扫除。

☺养生十六宜

1. 发宜常梳。功效：醒脑健脑，止痒健发，防治头痛和神经衰弱。

2. 面宜常揉。功效：改善血液循环，减少皱纹，防治迎风流泪、牙痛鼻塞。

3. 目宜常运。功效：明目清脑，解除眼疲劳，防治目疾及头昏脑涨。

4. 耳宜常掼。功效：消耳鸣，保视力，增记忆，防耳疾。

5. 腭宜常舐。功效：润燥生津，助消化，固牙齿，防治咽喉炎、牙周炎。

6. 齿宜常叩。功效：滋阴清热，防口干舌燥、咽炎、牙龈炎。

7. 津宜数咽。功效：灌溉五脏六腑，杀虫补虚痨，润泽肢体毛发，延缓皮肤衰老。

8. 气宜常呵。功效：消除积聚，通调肺气，预防胸闷气短、喘喘不适。

9. 背宜常暖。功效：壮腰补肾、防治腰肌劳损、肺气肿、骨质增生等疾。

10. 胸宜常护。功效:强心解闷,预防冠心病、肌肉发育不良等症。

11. 腹宜常揉。功效:增食欲,防治胃病、肠炎、腹泻、便秘、遗尿等。同时对遗精、脱肛、子宫脱垂、痛经等有一定疗效。

12. 肢宜常摇。功效:疏通经络、增加柔韧,防治关节炎、热挫伤等症。

13. 足宜常搓。功效:清热降火,固肾暖足,防治头昏耳鸣、失眠、高血压、下肢痉挛等症。

14. 谷道宜常撮。功效:调节肌体的气血阴阳,强壮脏腑,促进胃肠及肛门的血液循环,从而治疗多种肛肠疾病。

15. 皮肤宜常干。功效:促进皮肤表层毛细血管微循环,防止湿寒气侵入。

16. 大小便宜禁言。功效:有利于排泄顺畅,对防止肛门疾患很有裨益。

这十六宜的关键是个"动"字,即"以动养生"。

第四节　借天之功

人体的某些疾病并非总是靠药物所能治疗的。

☺三分吃药七分养的精髓

养生之道并不是只靠医学的规律就能够尽善尽美的。一个人依据自己的观察体会,获得什么对己有益,什么对己有害的知识,是最好的保健药品。

在吃饭、睡觉、运动的时候,心中坦然,精神愉快,是长寿的秘诀之一。在这些方面最重要的一点就是一个人应当把各种相反的

习惯都变换着练习，在轻重之间应当稍重那有益于人的一端，禁食与饱食都应当练习，但应稍重饱食；警醒与睡眠应偏向睡眠；安坐与运动应着重运动。

一般认为，生活上的习惯应该一变而随之多变。把你认为有害的习惯试行逐渐戒绝，保留与自己身体相适应的有益性习惯。避免过度的欢乐、暗藏的悲哀。应该心存希望、保有情趣，以光辉灿烂的事物充满内心。这些远非药物所能奏效。

如果你在健康的时候完全摒弃医药，则到了你需要它的时候将感到医药对于你的身体很不习惯。如果你平日过于习惯医药，则疾病来时，医药将不生奇效。所以，我认为，一个人若不是得了十分严重的炎症疾症并疼痛难忍，就不一定非得用药不可。因为人身体天赋的强力足以产生免疫力，加之随着自己的身体状况和季节变换食物都可以变更体气而自然得到康复。这就是所谓借天之功。

在病中，主要的是注意饮食调剂和保持心情愉快，在健康的时候，主要的是注意劳逸结合和体育锻炼，对于人体上任何新的症候，须要向人求教。医生中有些人对病人的习惯过于迁就，以致不能迅速收治疗之效；有些医生则是照治病的学理行事，十分谨严，以致对病者的实情不充分注重。选择医生时最好选一性情适中者，或请那个对你身体熟悉的医生。

“借天之功”的另一层意义是：一个人好比一个机器。操作机器的人只有熟悉各部分的软、硬、强、弱、合理使用和保养，才能延长这台机器的使用寿命。

人的肌体也是这样。人体这部机器中最易损耗的部位是胃、心脏和大脑。胃好身体就好。胃口是人进食的加工区是最易磨损的部位，所以，进入胃的食物，首先要经过牙齿的细嚼慢咽，并且要稀干搭配，软硬适中，黏爽有度，冷热平衡，才能有效地保护胃壁的功能，防止病变。心脏的保护主要是靠科学合理的食物和劳逸结合的张弛有度的生活规律达到的。

人的大脑与其他身体部位不同的一个特征是：身体任何部位的疲劳都可以采用休息的方式得到解决，而大脑的疲劳恢复就不单单靠休息得到解决，尤其是生存压力大的人们。还要靠调节变换活动的方式和内容，放松大脑特定神经区的紧张程度，采取积极的休息方式得到解决。就是说要合理安排主要工作和次要事情，以及工作、学习和休闲娱乐的时间。这样做不仅提高人们的工作效率，还能起到保护大脑的作用。上述三个方面都属自然养生的范畴，具体做法，因人而异，养成良好的生活习惯，并应该提起注意尽早实施，切勿病入膏肓，后悔莫及。

☺自我保健十法

1. 搓脚心法

每晚用热水洗脚后，取坐姿搓两脚心，每次五至十分钟。按摩脚心，同针灸涌泉穴一样，有益精补肾作用，活跃肾经内气，防止高血压及动脉硬化。

2. 意守丹田法

当工作、学习引起疲倦时，闭上眼睛，舌尖顶着上腭，排除杂念，使整个意识集中在脐下的丹田部位，时间可灵活掌握。做后会感到精力充沛。

3. 强壮心脏法

经常按压手心的劳宫穴，有强壮心脏的作用。可用两手拇指互相按压，也可将两手顶在桌脚上按劳宫穴，时间自由掌握。

4. 壮腰健肾法

以扭摆腰部起保健肾脏功能作用。站立，两手插握在腰部，上身向前稍倾，慢慢将腰部左右扭摆动作，逐渐加快，使腰部感到发热时为宜，每日早晚各做一次。

5. 暖肾法

每晚临睡前，用两手交替轻轻按摩睾丸各八十二次，动作如手

中握着两个球来回滚动，坚持经常。

6. 按摩小腹法

每晚临睡前，将右手放在丹田部位，先顺时针按揉若干次，再逆时针按揉若干次。有理气、助消化、健脾胃之功效。

7. 灸足三里穴法

将足三里穴处擦净，取艾绒捏成三角形，放置穴位上，用火柴点燃，约一分钟，使皮肤感到发热为度。七至十天，双侧各灸一次。

8. 牙齿保健法

大、小便时，将嘴闭住，憋足一口气。长年坚持可保护牙齿，使其坚固不易脱落。

9. 促进睡眠法

每晚睡前半小时，先擦热双掌，而后将双掌贴于面颊，两手中指起于“迎香”穴向上推至发际，然后两手分别向两侧额角后而下，食指经“耳门”穴返回起点。如此反复按摩数十次，可治疗神经衰弱症，促进睡眠。

10. 散步法

坚持每天散步可增加大脑中的氧，饭后散步有助于消化。如身体过胖，饭前走十五分钟，可减少食欲，有助于控制体重。

第五节　心理自我调适

人生只有一条路可以快乐，那就是停止担心超乎我们意志力之外的事情。

☺心理健康的标准与维护

人内心的忧虑常常莫须有地造成身体上的许多疾病。因此，保持良好的情绪，饱满的精神，既有助于病人的早日康复，也能使

健康的人延年益寿。

中医认为，内伤七情：喜、怒、忧、思、悲、恐、惊，外感六淫：风、寒、署、湿、燥、火为致病的主要原因。如果对这七情六欲处理不当，就会影响肌体的神经、内分泌，免疫系统等功能的紊乱，从而使人生病。只有充满信心，以顽强的意志保持乐观的情绪，才可调动肌体内的抗病力量，达到扶正祛病的目的。

心理健康的标准：

1. 对现实具有敏锐的知觉，能够准确、客观地接受现实；
2. 了解自己的特点，坦率、真实，自发而不随波逐流；
3. 热爱生活、热爱他人、热爱大自然，能够愉快体验常新；
4. 在所处的环境中能保持独立和宁静，有社会兴趣和自主精神；
5. 注意基本的哲学和道德的理论，人际关系理念深刻；
6. 对于最平常的事物像朝晖夕阳，都能经常保持兴趣；
7. 能和少数人建立深厚的友谊，并有乐于助人的热心；
8. 具有真正的民主精神态度、创造性观念和幽默感；
9. 以自身以外的问题为中心，能承受欢乐与忧伤的考验；
10. 能够形成各种技能和能力，专注和高水平地胜任自己的工作。

心理健康的维护是现代人预防心理疾病所必须注重的一种心理教育内容。因为每个人所处的环境不同，遇到的问题也不同，也就没有一套用于各人而皆准的方法，下面介绍的一些维护心理健康的方法，全在于你以平常心去做。

1. 认识自己，悦纳自己

人最难认识的就是自己。所谓认识自己，意思是说人应该摒弃自卑、自傲心理，建立自信心，对自己的动机、目的有明确的了解，对自己的能力有适当的评价，从不随意说“我不行”，也不无根据地说“不在话下”。人只有充分正确地认识自己，才能发挥最大潜力。

2. 面对现实，适应环境

心理健康者总是能与现实保持良好的接触。一方面他们能发挥自己最大的能力去改造环境，以求外界现实符合自己的主观愿望；另一方面在力不能及的情况下，他们又能另择目标或重选方法以适应现实环境。

3. 结交知己，与人为善

乐于与人交往，和他人建立良好的关系，是心理健康的必备条件。与人相处时，应怀有尊敬、信任、喜悦等心情。与人相处的原则是：对得起他人，对得起自己。

4. 努力工作，学会休闲

一个人若是能够努力工作，不仅可以获得物质上的报酬，还可以带来两方面的好处：一方面工作可以表现出个人的价值，获得心理上的满足；另一方面工作能使人在团体中表现自己，以提高自己的社会地位。当然，人还应该学会休闲，注意身心健康的维护，多参加一些社会性的活动和户外活动，使休闲日丰富多彩，以更多地获得恢复体力、调剂脑力、增长知识、获得健康的时机。

5. 否定歪曲，内外辐射

当人遇到不愉快或痛苦的事情时，应该采取否定歪曲，内外辐射的心理防卫办法。也就是说，否定已发生的事情，或者把外界事实加以曲解，以求符合自己内心的需要。至于内外辐射的意思是说，把自己不能接受的欲望、感觉或想法外射到别人身上，或者将外界的因素吸收到自己内心，成为自己人格的一部分。这些办法都可以减轻心理上的痛苦。

6. 潜抑转移，反向抵消

一般而言，人们都会产生一些不能忍受或能引起内心挣扎的念头、感情或冲动。这时若能很好地运用潜抑转移、反向抵消的心理调节办法，就能很好地维护心理的健康。潜抑的作用是把不愉快的心情，在不知不觉中“有目的地忘却”，以免心情不快；转移的

作用是指把对某一方的喜爱、憎恶、愤怒等情绪反应转移到另一方较安全或较为大家所接受的对象身上，以求得情绪上的发泄和心理上的舒畅；反向的作用是指采取一种与愿意相反的态度或行为来处理一些不能接受的欲望与冲动，以缓解心理上的压力；抵消的作用是指以象征性的事情来抵消已经发生了的不愉快的事情，以补救心理上不舒服的感觉。

7. 升华利他，幽默补偿

人的维护心理健康较为高级的办法是升华利他，幽默补偿。升华的作用是指把被压抑的不符合社会要求的原始冲动和欲望，用符合社会要求的建设性方式表达出来，使原始的动机和冲突得到宣泄，消除焦虑情绪，保持心理上的安宁与平衡，还能满足个人创作与成就的需要。利他的作用是指采取一种行动不仅能直接满足自己的欲望与冲动，同时所表现出的行为又可帮助他人，有利于他人并受到社会赞赏。当一个人处境困难或陷于尴尬境地时，有时可使用幽默来化险为夷，或者通过幽默来间接地表达潜意识的意图，它是一种成熟的、高尚的、成功的心理调节办法。补偿的作用是指个体企图用种种方法来弥补其因生理或心理缺陷而产生的不适感，对维护自身的形象及心理健康极为有利，它还可以形成一种强有力的成就动机和有效能的力量，以适应人们改正自己的缺陷，增进安全感，提高自尊心。

消除心理疲劳减缓压力的措施：

1. 让内心情感得以适当合理的发泄。不良情绪应通过适当的途径排遣，千万不要闷在心里。积压在心里的抑郁之情，特别是悲伤，委屈，苦闷，不平等，可以找自己信赖的长辈或知心朋友谈一谈，达到一吐为快，心理得到平衡。心理平衡了，情绪也就正常了。

2. 让注意力转移到使自己愉快，轻松的方面。如果遇到不愉快的事，应设法离开困境，将注意力从消极转移到积极有意义的方面去。或参加一些体育、文娱活动，以摆脱精神痛苦。

3. 善于用生活中的哲理或某些至理名言来安慰自己，鼓励自己同痛苦和逆境作斗争，并在此基础上，把自己原始的需要、动机、欲望、投身到科学、文化等各种领域，执著地追求高尚的目标。

4. 尽量学会从光明面看问题。由于各种原因，一个人在生活和事业中总免不了会有一些缺点坎柯，要善于自我调节，多看自己的优点，使自己变得心安理得，乐观开朗，而不必事事认真，总和自己过不去。

5. 树立正确的人生观，使个人的言行更符合社会规范。正确地对待功名利的得与失。达到不以物喜，不为己忧的豁达思想境界。

6. 善于处理人际关系。为人处世不要求全责备，要以谅解、宽容、信任、友爱的积极态度与别人相处。以热情，积极的心态影响周围，使自己处于一种团结的氛围当中。

7. 积极参加体育锻炼、参加有益的社会活动，合理安排衣、食、住、行，可有效地消除心理压力，保持身心健康。

8. 善于忘却。人的一生就好像一次长途旅行，时而乘车，时而步履，时而行舟、时而飞行，其间或者顺畅或者逆境，而且还是逆境的时候比顺畅的时候多。这就要求我们正确地、客观地认识和评价自己，驱散那些笼罩在自己头上的阴影，忘却那些不愉快的经历。用积极乐观的态度对待人生道路上的是非功过，轻松愉快地度过生活的每一天。

第六节　利用时间的诀窍

世界上有两种东西不能替换：一是生命，二是时间。

☺充分利用时间的十种方法

时间就是金钱，意思是必须有效地管理和利用时间才能产生

金钱。有一点时间与金钱不同,你可以储存金钱,但你不能储存时间。你唯一的选择就是更明智地利用你的时间,这样,你既能休息调养,延长寿命,也可繁衍财富,过幸福快乐的一生。

为此,笔者提出以下建议。

1. 将精力集中于少数关键的事情。你应该懂得,你所做的20%的事情都产生了80%的效果。

2. 学会如何拖延。你应该立即解决那20%的高杠杆的事情而拖延那80%的无足轻重的琐事。

3. 做你最忧虑的事情。每天一开始,你应该确定先做哪件开始,首先解决你忧虑的时事就会感到活力无限,推动一天余下的工作。

4. 将你的活动叠加起来,有效地利用你等待的时间。如乘车途中,排队购物,每项活动开始之前,等等。

5. 委托。有些事情应该交给别人去干,让别人增加你的时间。如果你没有任何人可以委托去办,那么就将你的任务委托给你工作日或工作周中的时间空当。

6. 现在就行动。养成现在就行动的习惯。既使你有再好的计划,如果你害怕将其付诸行动,那它将毫无价值。

7. 回头去审查一下。一天结束时,对你所做的感到自豪的事情,给自己一个精神奖励,对需要改进的事情,想象出正确的方法。

8. 学会休息。不会休息就不会工作,你应该利用去办事情前的等待空隙时间,或者在乘车的途中,闭目养神以及做一些自我保健,这样,你在随后的工作中就会更加精力充沛。

9. 每天挑战你自己。做任何事情,一个人应该越到最后期限越需提高自己的创造性,这就叫自我挑战,使工作产生最大效率。

10. 平衡你生活的六个方面,这是合理分配利用时间的最重要一点。平衡的六个方面是:你的头脑,你的身体,你的灵魂,你的时间,你的人际关系,你的金钱。据说我们只运用了我们头脑潜力

的5%，如果你花时间发掘你大脑的潜力，一定会取得巨大的进步。

保护好你的身体，花时间关照好你的身体状况，既可以使你的生命延长一二十年，又可以使你的现在效率更高。人的灵魂，即是你精神的本质。花时间在你的灵魂方面潜心修养，就会使你对你的生活中每天的压力有更坚定、更宁静、更平和的心态。时间就像一种稀缺的资源，合理地组织你生活中的每一件事，你就会感到时间的充裕和惊人的效率。

人际关系是生活中最基本的元素。你的人际关系怎样？你想改善哪种人际关系？都应该花时间从做一些微小的事情开始进行改善。

金钱对于每个人来说的重要性众所周知，但是你知道为什么没有钱不行，为什么有钱又买不来快乐，你应该花时间去探明真相。

一个人生活中的任何一个方面去了平衡就算不上成功。你是否意识到某个专注于事业的成功但婚姻却遭受不幸的人呢？你是否意识到某个有着很多了不起的主意却由于没有进行很好的组织而从来没有取得任何进展的人呢？你是否听说过某个为了追求财富而忽略身体，最后由于心脏病发作而早死的人呢？还有这样一种人，他看上去似乎将所有其他方面都平衡得很好，但就是赚不到任何钱。

你可能在一个方面很强，但是一条链子却强不过它最弱的环节。除非你将所有的行为协调起来，否则你唯一致命的弱点迟早会阻碍你达到顶峰。

事实证明，生活平衡的人得严重疾病的概率很低，几乎是生活失调的人发病率的十分之一。因此，改变某些习惯，加强你的优点，恢复你的平衡，每天协调生活的六个方面，获得丰富多彩的生活——愉悦的人际关系、巨大的财富、健康的体魄、敏捷而充实的心灵。

这正是笔者衷心对你的希望！

后 记

我一直以为，一个人只要勤奋学习、努力工作就可以自立于世，造福于人了。几十年的生活经历才使我懂得：学校学到的知识是一回事，到现实中运用却是另一回事。书本上的知识可以称为软技术，而社会上学到的知识才是人生的硬技术。人的一生，实际上时时都在与自己的命运博弈，你究竟想成为什么样的人，这主要取决于你对自己命运的整体把握，以及在某一方面努力的程度，而与你的出身、学历及经济状况无关。然而，现实中人们往往总是"顺其自然"地生活，当自己到了"天命"之年的时候，才明白人应该怎样生活，遗憾的是为时已晚。有鉴于此，我才编著了这部拙作，提炼出人生各阶段生存策略的精华，其初衷是为了使人们及早掌握这些智慧，既可以避免身心的痛苦，节省时间和金钱，又可以早日成就自己的未来。通篇词语严谨，意义深刻，无一点矫揉造作之感，希望大家能够从中获益。

在编著本书的过程中，参阅了中外大量的书刊，本人在此对其作者一并深表谢意。我的亲人和朋友也给予了许多精神和物质上的帮助，感激之情溢于言表，我衷心地祝愿世界上所有善良的人们GOOD LUCK!